GUYTON DE MORVEAU, LOUIS BERNARD.

Traité des moyens de désinfecter l'air, de prévenir la contagion, et d'en arrêter les progrès

Paris 1805

Q. BIOE BEAT.
BAS TEINH MAEPH
BIBLIOTHÈQUE
du Dr BEDIN

257

TRAITÉ

DES MOYENS

DE

DÉSINFECTER L'AIR.

TRAITÉ

DES MOYENS

DE DÉSINFECTER L'AIR,

DE PRÉVENIR LA CONTAGION,

ET D'EN ARRÊTER LES PROGRES,

PAR L. B. GUYTON-MORVEAU,

Officier de la Légion d'Honneur, Membre de l'Institut national de France, de plusieurs Académies et Sociétés savantes de France et étrangères.

.... Priùs quàm
Dira per incautum serpant contagia vulgus.

Virg.

TROISIÈME ÉDITION,

AVEC DES PLANCHES ET DES ADDITIONS CONSIDÉRABLES RELATIVES SURTOUT A LA FIÉVRE JAUNE.

A PARIS,

Chez Bernard, Libraire de l'Ecole Polytechnique, et des Ponts-et-Chaussées, éditeur des Annales de Chimie, quai des Augustins, n°. 25, près la rue Gît-le-Cœur.

1805.

NOTE

Des principaux Ouvrages de l'Auteur (*),
chez le même Libraire.

Essais sur quelques sujets de Physique, de Chimie et d'Histoire naturelle. *Dijon, 1772, in-12.*

Elémens de Chimie théorique et pratique, rédigés dans un nouvel ordre, d'après les découvertes modernes, pour servir aux Cours publics de l'Académie de Dijon. 1777, 3 v. *in-12.*

Opuscules chimiques et physiques de Bergman, traduits, avec des notes. 1780, 2 vol. *in-8°.*

Un ouvrage sur les Aérostats, en 1784.

Méthode de Nomenclature chimique (avec Lavoisier, Berthollet et Fourcroy). *Paris, 1787, in-8°.*

Des notes dans la traduction des *Mémoires de Schèele.*

Des notes dans la traduction des *Caractères extérieurs des Fossiles*, de Verner.

Dans l'Encyclopédie méthodique, il a composé le premier volume, pour lequel l'Académie des Sciences lui décerna le grand prix en 1791.

Un grand nombre de Mémoires dans le Journal Physique, les cahiers semestres de l'Académie de Dijon ; dans les Annales de Chimie, et dans les Mémoires de l'Institut.

(*) On ne fait ici mention que des ouvrages concernant les sciences physiques ; on sait que l'Auteur a donné un Traité d'Education ; trois volumes de Discours prononcés comme avocat général au parlement de Dijon ; un Plan de Reformation de Jurisprudence ; un volume *in-4°.* de Plaidoyers, etc. etc.

AVERTISSEMENT.

Ce n'est pas une simple réimpression
que je présente au public dans cette
nouvelle édition. Indépendamment
des observations intéressantes que j'ai
recueillies d'une correspondance très-
étendue, des heureuses applications
que des circonstances particulières
ont suggérées, d'une description plus
exacte des appareils désinfectans, et
des perfectionnemens qu'ils ont successivement reçus, l'ouvrage a été en
partie refondu pour resserrer quelques
articles, et en mettre d'autres dans un

meilleur ordre. Les traductions qui en ont été faites chez l'étranger, la bienveillance avec laquelle il a été accueilli par quelques Souverains, et l'importance que presque tous les Gouvernemens ont mise à le répandre, m'ont déterminé à entreprendre un nouveau travail, malgré la continuité de mes autres occupations, pour porter, autant qu'il me seroit possible, à sa perfection une production qui, par la nature du sujet, avoit excité un intérêt aussi général. Ces efforts m'ont surtout été commandés par la profonde gratitude que m'a inspirée le précieux témoignage d'estime que j'ai reçu, à cette occasion, de NOTRE AUGUSTE SOUVERAIN, et qui me fut annoncé, le 9 ventose dernier, par S. Exc. M. le grand Chancelier de la Légion d'honneur, en ces termes :

Vous ne vous êtes pas contenté, Monsieur et cher Confrère, de hâter les progrès de la chimie, par vos leçons et vos écrits; vous avez voulu, dès votre entrée dans la carrière des sciences, que vos vastes connoissances servissent à diminuer les maux de l'espèce humaine.

L'Europe et l'Amérique savent que, dès 1773, vous aviez découvert que l'emploi des fumigations d'acide muriatique pouvoit arrêter les effets de fiévres contagieuses et funestes.

Vous l'aviez prouvé dans votre patrie, par une expérience remarquable, beaucoup d'années avant qu'un procédé analogue ne fût employé chez une nation voisine, et récompensé avec solemnité par ses représentans.

L'Académie des Sciences et la Société de Médecine avoient applaudi à vos succès.

De nombreuses applications de la décou-

verte qui vous honore et que vous aviez per-
fectionnée, viennent de montrer en Espagne
et dans les Antilles, quels heureux résultats on
doit en attendre pour préserver le monde de
ce mal terrible, qui, connu sous le nom de
fiévre jaune et rival de la peste, a menacé de
couvrir le globe de cadavres.

Vous avez complété votre ouvrage, en ima-
ginant un appareil propre à rendre plus facile
et plus utile le procédé que vous aviez inventé.

La science avoit reconnu votre bienfait; la
reconnoissance publique l'a proclamé; l'humanité souffrante vous a béni; aujourd'hui la gloire
vous couronne.

L'Empereur, qui ne cesse de veiller aux
destinées des peuples, a vu vos travaux, votre
persévérance et vos succès. Il vous décerne une
palme; il veut qu'une marque particulière de
sa bienveillance atteste à tous les yeux, et le
service et la récompense. Il m'ordonne de
vous adresser un brevet d'officier de la Légion
d'honneur.

Il est bien doux pour le plus ancien de vos confrères d'être chargé par S. M. I. de vous annoncer ce témoignage de son estime.

J'ai l'honneur de vous saluer.

Signé B. G. E. L. LACÉPÈDE.

Cette lettre a été imprimée le lendemain dans le Journal officiel. Ce n'est pas seulement parce qu'elle me fait un titre pour solliciter une attention favorable, que j'en conserve ici les expressions ; j'ai dû penser encore qu'elle ne pouvoit manquer de hâter l'époque à laquelle les moyens préservatifs indiqués dans ce Traité seroient pratiqués partout, dès les premiers symptomes de maladies épidémiques ou contagieuses. C'est en ce sens que Son Exc. le Ministre de l'intérieur, écrivoit à MM. les Préfets, dans sa circulaire du 12 floréal dernier : *la récompense honorable que sa Majesté vient d'accorder à l'auteur, semble d'ailleurs en recommander plus spécialement l'usage, puisqu'elle atteste que sa découverte est un bienfait pour l'humanité.*

TABLE

DES TITRES ET DIVISIONS.

Avertissement.................................... pag. v

Introduction.................................... 1

Première partie. Précis historique des premiers essais de fumigations d'acides minéraux.. 7

Seconde partie. Notice des expériences faites chez l'étranger sur la désinfection de l'air par les fumigations d'acides minéraux............ 25

Troisième partie. Examen des opinions sur les effets des différentes méthodes de fumigations acides. Expériences directes pour apprécier les moyens employés comme préservatifs et désinfectans, et pour en déterminer l'application... 62

Ire. Expér. *Air infecté* et eau de chaux........ 72

II. ——————— et nitrate d'argent....... id.

III. ——————— et nitrate de mercure... 73

IV. ——————— et acétite de plomb..... id.

V. ——————— et nitrate de cuivre..... id.

VI. ——————— et sulfure de chaux..... 74

VII. ——————— et substances colorées..... id.

VIII. ——————— et mêmes substances..... id.

IX. ——————— et mêmes substances..... 75

X. ——————— et sulfate de zinc....... id.

XI. ——————— et oxides métalliques.... 76

Conséquences que l'on peut tirer de ces expé-
riences. . . . . .pag.

XII. Expér. *Air infecté* et fumée de benjoin. . . .   1
XIII. ——————— et alcool de benjoin. . . . .   id.
XIV. ——————— et dissolutions alcooliques
                    de résines.   102
XV. ——————— et vinaigre des quatre vo-
                    leurs. . . . .   id.
XVI. ——————— et acide pyroligneux. . . .   103
XVII.——————— et poudre à canon. . . . . .   id.
XVIII. ——————— et vinaigre.   106
XIX. ——————— et vapeur acéteuse.   107
XX. ——————— et vinaigre brûlé.   108
XXI. ——————— et acide acétique.   109
XXII. ——————— et acétite de manganèse. .   id.
XXIII. ——————— et fumée de soufre.   110
XXIV. ——————— et acide sulfureux. . . . . .   id.
XXV. ——————— et acide sulfurique.   111
XXVI. ——————— et acide nitrique. . . . .   id.
XXVII.——————— et le même.   114
XXVIII. ——————— et le même.   115
XXIX. ——————— et acide muriatique.   119
XXX. ——————— et le même en gaz spontané.   120
XXXI. ——————— et le même délayé. . . . . .   id.
XXXII.——————— et le même en gaz dégagé.   121
XXXIII. ——————— et acide muriatique oxi-
                    géné.   122
XXXIV. ——————— et acide muriatique oxi-
                    géné extemporané. . . .   123
Des principes qui peuvent servir à fixer le choix
    des moyens de corriger l'insalubrité de l'air, et
    d'arrêter les progrès de la contagion.   126

XXXV. Expér. Vapeurs d'acide nitrique dégagées à froid..............pag. 161

XXXVI. ———— sur l'expansibilité de ces vapeurs.................... 175

XXXVII. ———— sur le même sujet.......... 176

XXXVIII. ———— sur la condensation de ces va-
vapeurs .... ·177

XXXIX. ———— leur action sur les métaux..... 178

XL. ———— autre appareil pour juger leur
expansibilité.............. 179

XLI. ———— L'acide muriatique, dans les
mêmes conditions......... 180

XLII. ———— Comparaison de l'expansibilité
des vapeurs nitrique et muriatique, à l'air libre....... 181

De la puissance de l'oxigène dans les médicamens
et les procédés de désinfection............. 206

Les oxigénans, et particuliérement l'acide muriatique oxigéné, considérés comme préservatifs de
la contagion............................ 234

Les alcalis possèdent-ils réellement des propriétés
anti-contagieuses ou préservatives?.......... 266

De l'effet de l'air sur les germes morbifiques ; peut-
il en opérer la destruction ?................ 284

Les mêmes moyens peuvent-ils avoir la même efficacité dans les diverses maladies contagieuses
ou épidémiques ?......................... 290

Quatrième partie. Indication des vrais préservatifs et anti-contagieux................ 336

Nouvelles observations de l'efficacité des fumigations d'acides minéraux................... 349

Instruction sur la manière de se servir des pré-

XIV   T A B L E.

servatifs et anti-contagieux , et d'en approprier
l'usage aux différentes circonstances.........pag. 377
Description des Appareils de désinfection....... 386
CONCLUSION.................................... 395
NOTES... 397

FIN DE LA TABLE.

TRAITÉ

DES

MOYENS

DE DÉSINFECTER L'AIR.

~~~~~~~

INTRODUCTION.

1. S_1 l'étude de la nature peut satisfaire la curiosité de l'esprit, elle trouve un prix bien plus flatteur dans l'espérance d'en étendre les fruits à l'avantage de la société; et la chimie en offre chaque jour de nouveaux moyens, depuis qu'elle s'est placée au rang des sciences exactes.

Il faut l'avouer, cependant, ses applications utiles marchent moins rapidement que ses découvertes. On seroit tenté de croire que, lorsqu'un rayon de lumière vient tout à coup étendre l'horizon de nos connoissances, le premier mouvement est de détourner les yeux de l'éclat qui les blesse, et que, pour jouir de ses bienfaits, il faut refaire notre éducation, ou laisser
~~~~~~~

au temps à changer insensiblement nos habitudes.

Que de pratiques sont en contradiction avec les vérités que la chimie moderne a révélées ! Que de théories qui ne subsistent que parce qu'elles n'ont pas encore été présentées au foyer de ses nouveaux instrumens ! Que d'objets qui demandent à être revus par des observateurs exercés à les manier !

Il en est un que les plus tristes événemens rappellent sans cesse à notre attention ; c'est l'effet de la contagion. Il suffit de prononcer ce mot, pour offrir l'image du plus terrible des fléaux qui affligent l'humanité. L'acier s'émousse sur les corps qu'il entame ; le poison reste sans action dans l'organe qu'il a privé de sentiment ; le feu s'éteint hors de son aliment : la contagion s'accroît par le nombre de ses victimes.

Quelle est donc la nature de ces corpuscules invisibles qui ont, comme les êtres organisés, le pouvoir de se reproduire, de s'assimiler tout ce qu'ils touchent, qui semblent prendre vie pour propager la mort ? Leur composition seroit-elle donc assez forte pour résister à la puissance des agens chimiques, qui détruisent presque subitement l'équilibre des élémens dans la matière animée, comme dans la matière brute ?

Quels sont, à défaut de germes essentiellement contagieux, ces effluves non moins redoutables, que les eaux stagnantes, les égoûts infects, les substances disposées à la fermentation
putride, versent continuellement dans l'air; qui
transforment ainsi en poison l'aliment de la
vie; qui changent les plaies les plus bénignes
en ulcères gangréneux; qui naissent spontanément de la seule accumulation d'hommes sains;
qui s'étendent de proche en proche, sont portés
au loin par les vents, et finissent par couvrir
des contrées entières de leur maligne influence?

L'art, qui est parvenu à résoudre le fluide
atmosphérique en ses élémens, seroit - il donc
dans l'impuissance de lui rendre sa salubrité,
en le purgeant de ces pernicieuses émanations?

Voilà les questions sur lesquelles des circonstances alarmantes appelèrent, pour la première
fois, il y a trente-deux ans, mon attention.
L'efficacité des moyens que je proposai pour
détruire, en quelques heures, un vaste foyer
d'infection, surpassa mes espérances. L'authenticité, la publicité de cette épreuve, les jugemens qu'en portèrent les compagnies savantes,
les commissions de santé et les auteurs des
écrits périodiques les plus répandus, me per-
suadèrent facilement que ces moyens seroient
pratiqués à l'avenir dès qu'il se manifesteroit

quelque symptome de maladies contagieuses ou épidémiques; j'ai bien eu lieu de me convaincre depuis, que ce sont les vérités qui intéressent le plus la conservation des hommes, sur lesquelles l'opinion se forme le plus lentement. Je me suis constamment fait un devoir de les rappeler dans toutes les occasions où ces moyens paroissoient pouvoir être utilement employés, occasions qui n'ont été malheureusement que trop fréquentes; mais, en 1800, époque à laquelle une fièvre d'hôpital enlevoit par jour, à Gênes, jusqu'à cinq cents de ses habitans, les récits de ces désastres, portant encore l'affligeante impression de l'inutilité de tous les préservatifs usités, vinrent augmenter pour moi l'intérêt de ces questions; je sentis la nécessité d'en approfondir l'examen. Je formai aussitôt le projet de réunir dans un traité toutes les preuves, tous les développemens qu'exigeoit l'importance du sujet, qui pouvoient le mettre au niveau des progrès de nos connoissances, et déterminer enfin ce degré de confiance, sans lequel les conseils les plus salutaires sont reçus avec tiédeur, les plus petits soins sacrifiés à de légères répugnances, et la plus modique dépense considérée comme une valeur au-dessus de la probabilité du succès.

2. Ce traité a été imprimé en l'an IX (1801), et réimprimé deux ans après, avec des augmentations considérables. Ces deux éditions se trouvant aujourd'hui épuisées, je n'ai pu me déterminer à en donner une troisième, sans enrichir cet ouvrage des observations nouvelles et importantes que j'ai recueillies depuis, et qui vont si directement au but que je me suis toujours proposé, de recommander principalement cette méthode de désinfection par l'impression des exemples et l'autorité des témoignages. Mais je n'ai pas tardé à m'apercevoir que la réunion de tous ces matériaux porteroit la nouvelle édition à deux volumes; et j'ai pensé qu'il convenoit mieux à l'objet de ce traité de retrancher quelques détails, qui ont dû perdre de leur intérêt à mesure que les opinions se sont ralliées pour vaincre la routine et dissiper les doutes, et qu'il suffiroit de placer en notes les pièces officielles, les relations authentiques, et les articles de discussion qui pourroient être détachés du texte.

Je suivrai, au surplus, le même plan.

Ainsi, je commencerai par retracer les circonstances qui ont donné lieu aux premiers essais faits en France, des fumigations d'acides minéraux, les résultats qu'on en obtint, les jugemens qui en furent portés, les épreuves faites pour constater qu'elles pouvoient être exécutées sans déplacer les malades, et les instructions répandues pour en recommander la pratique.

Je donnerai, dans la *seconde partie*, la notice des expériences faites à ce sujet chez l'étranger. Je ferai connoître la méthode particulière du docteur Smyth, celles adoptées par M. Cruickshank, et par les médecins de Madrid.

La *troisième partie* sera consacrée à l'examen des opinions sur les effets des différentes méthodes de fumigations acides. Elle contiendra la série d'expériences directes, par lesquelles j'ai cherché à apprécier toutes les matières, tous les procédés employés jusqu'à ce jour comme préservatifs ou désinfectans, et à déterminer les cas auxquels on peut les appliquer avec confiance.

La *quatrième et dernière partie* offrira le résumé de ces principes, et l'indication des vrais préservatifs et anticontagieux. Elle sera suivie des preuves de leur efficacité, recueillies depuis la publication de ce traité ; et je la terminerai par une instruction sur la manière de s'en servir, et d'en approprier l'usage aux différentes circonstances.

PREMIERE PARTIE.

Précis historique des premiers essais de fumigations d'acides minéraux.

3. Les caves sépulcrales de la principale église de Dijon se trouvant remplies, à la suite de l'hiver de 1773, qui n'avoit pas permis d'ouvrir la terre des cimetières, gelée à une grande profondeur, on ordonna l'évacuation de ces souterrains. On crut avoir pris assez de précautions, en y faisant jeter de la chaux, sans même donner un tuyau de conduite aux vapeurs, et sans soupçonner ce que l'on auroit dû prévoir, d'après les expériences de Macbride, que la chaux, qui prévient la putréfaction, ne fait, à un certain degré, que hâter le dégagement de ses produits. L'infection devint bientôt si insupportable, qu'il fallut fermer l'église.

On avoit essayé, sans succès, de purifier l'air par la détonnation du nitre, par les fumigations de vinaigre, en allumant des brasiers sur lesquels on jetoit différens parfums, des herbes odorantes, du storax, du benjoin, etc. etc.; en arrosant le pavé d'une grande quantité

du vinaigre antipestilentiel, connu sous le nom
de vinaigre des quatre voleurs. L'odeur des effluves putrides n'avoit été que momentanément
masquée par ces opérations ; elle reparoissoit
bientôt avec la même intensité ; elle se répandoit dans les maisons voisines, où les symptômes d'une fiévre contagieuse commençoient
à se manifester, lorsque je fus consulté sur les
moyens d'en détruire la source.

4. Je portai d'abord mes vues sur l'acide
muriatique, dont les vapeurs très-expansibles
pouvoient saisir l'ammoniaque que je consi-
dérai comme le véhicule des miasmes odorans, et les abandonner ainsi à leur propre
pesanteur.

Cette théorie avoit pour base deux faits bien
constans : le premier, que toute décomposition
putride produit une grande quantité d'ammoniaque ; le second, que l'acide muriatique et
l'ammoniaque, quand ils se rencontrent en état
de vapeur ou de gaz, forment presque instantanément un sel neutre. J'avois rendu plusieurs
fois ce phénomène sensible, en mettant sous
une très-grande cloche de verre, remplie d'air
commun et plongeant dans l'eau, deux petites
capsules, l'une contenant de l'acide muriatique
concentré, ou du sel commun arrosé d'acide

sulfurique; l'autre, de l'ammoniaque en liqueur, ou même une dissolution de carbonate d'ammoniaque. On voit, en effet, sur le champ, des vapeurs blanches s'élever, remplir la capacité du vaisseau jusqu'à le rendre opaque, et se condenser ensuite au point que l'air renfermé recouvre sa transparence. Mais, ce qui mérite surtout attention, c'est que, si l'on enlève la cloche, et qu'on la replace après l'avoir remplie de nouvel air, les vapeurs recommencent, et que les mêmes phénomènes peuvent être reproduits plusieurs fois, ou, pour mieux dire, jusqu'à ce que l'une des liqueurs soit épuisée par la formation de toute la quantité de muriate d'ammoniaque qu'elle peut fournir. On pouvoit imaginer que les fluides élastiques opéroient à la fin sur les liqueurs une sorte de pression qui en arrêtoit la volatilisation; mais je m'étois assuré qu'en ouvrant un robinet au dessus de la cloche, les vapeurs s'arrêtoient de même pour recommencer dans un air nouveau; ce qui indiquoit une saturation réciproque.

15. Je proposai donc d'essayer la fumigation d'acide muriatique, comme moyen de désinfection; elle fut exécutée le 6 mars 1773, sur le soir, avec six livres de sel commun (environ 3 kilogrammes), et deux livres d'acide sulfu-

rique concentré (un kilogramme). Le tout fut mis dans une grande cloche de verre renversée et placée sur un bain de cendres froides, qui devoient s'échauffer peu à peu, au moyen d'un grand réchaud. Je supprime les détails de l'opération qui a été décrite avec beaucoup d'exactitude dans le Journal de Physique de cette année, sous le titre de *Nouveau Moyen de purifier absolument, et en très-peu de temps, une masse d'air infectée* (*). Mais une circonstance qui doit trouver place ici, c'est qu'environ deux heures après, quelqu'un s'étant présenté à la porte la plus éloignée du lieu où étoit le réchaud, se sentit saisi par la vapeur acide qui s'échappoit par le trou de la serrure.

Le lendemain, tout ayant été ouvert pour renouveler l'air, il n'y eut plus vestige de mauvaise odeur; tous les assistans demeurèrent convaincus que la désinfection étoit complète : quatre jours après, on y rétablit les offices sans danger, et même sans inquiétude.

Ainsi une seule fumigation, dans les doses que j'ai indiquées, suffit pour purifier entièrement une masse d'air qui ne peut être évaluée à moins de 15000 mètres cubes (environ 2028 toises cubes, ou 43804 pieds cubes).

_____

(*) Tome I, page 436.

6. Un autre événement donna lieu bientôt à une seconde épreuve de ce procédé.

Sur la fin de la même année 1773, la *fièvre des prisons*, que l'on sait être de même nature que la *fièvre d'hôpital*, avoit été apportée dans celles de Dijon par des prisonniers transférés d'ailleurs. Trente-un y avoient déjà succombé ; les progrès de la contagion devenoient alarmans ; on se rappela l'effet de la fumigation pratiquée quelques mois auparavant à l'église Saint-Étienne : je fus invité d'en diriger l'opération ; elle fut exécutée avec le plus grand succès. M. Maret, secrétaire perpétuel de l'académie de Dijon, en fit insérer la notice dans le Journal de Physique de janvier 1774 (*). Une particularité que je ne dois pas omettre, parce qu'elle peut servir à désabuser ceux qui regardent le feu comme le meilleur purifiant, c'est que l'infection étoit si atroce dans l'un des cachots, que l'on ne pouvoit se présenter à l'entrée sans soupçonner que le dernier cadavre n'en avoit pas été tiré : ce fut l'expression unanime de tous les assistans, lorsque j'y fis ma première visite ; et cependant il fut constaté que l'on y avoit brûlé depuis trois bottes de paille ; les murs, la voûte et la porte (qui

---

(*) Tome III, page 73.

étoit en fer) en laissoient voir les traces. Le lendemain de la fumigation pour laquelle on n'avoit employé qu'environ quinze décagrammes de sel commun, et cinq d'acide sulfurique, toute odeur putride avoit tellement disparu, qu'un élève de chirurgie offrit d'y faire mettre un lit et d'y passer la nuit.

7. En 1774, une épizootie presque générale désoloit le midi de la France ; M. Vicq-d'Azyr donna des observations sur la manière de désinfecter les villages, de purifier les étables : la fumigation d'acide muriatique y est indiquée. L'année suivante, deux ouvrages de M. de Montigny, approuvés par l'Académie des Sciences, furent publiés dans le même volume, par ordre du gouvernement : l'un sous le titre d'*Instructions et Avis aux habitans des provinces méridionales, sur la maladie putride et pestilentielle qui détruit le bétail;* l'autre, *Avis aux peuples des provinces où la contagion a pénétré;* tous les deux recommandent également ce moyen de désinfection (1).

8. Je ne dissimulerai pas que ces savans académiciens indiquoient en même temps l'usage des parfums, des résines, des graines de genièvre, de lierre, des fleurs et des baies aro-

matiques, soit pour obtenir plus de docilité, en laissant plus de choix dans les moyens, soit par une sorte de condescendance pour un préjugé qui n'est malheureusement pas encore tout à fait détruit. Je ne dois pas craindre de le dire, quand ils me donnent eux-mêmes la mesure du peu de confiance qu'ils accordoient à ces recettes si vantées. Ces substances *aromatiques* (dit M. Vicq-d'Azyr) *ne font, en brûlant, que substituer une odeur agréable à une odeur fétide ; elles trompent seulement l'odorat, et ne dénaturent point les miasmes putrides ; les vapeurs salines ont le dernier avantage ; elles méritent, par conséquent, la préférence* (*).

L'opinion de M. de Montigny n'est pas moins prononcée. *Pour purifier l'air* (ce sont ses termes), *les vapeurs acides sont préférables aux fumigations aromatiques : celles-ci ne servent qu'à dissiper la mauvaise odeur sans corriger la nature de l'air.* Il place à la suite de cette réflexion le procédé de la fumigation par l'acide muriatique, et rappelle encore les succès qu'elle avoit eus en Bourgogne (**).

(*) Instructions et Avis, etc. page 24.
(**) *Ibid.* page 125.

9. En 1780, l'Académie des Sciences fut consultée par le gouvernement, sur les moyens de corriger l'insalubrité des prisons : elle nomma une commission composée de MM. Duhamel, de Montigny, Leroi, Ténon, Tillet et Lavoisier. L'un des objets de son travail étoit de comparer et d'apprécier tous les moyens connus de purifier une masse d'air infectée. Voici le jugement qu'elle porta de la fumigation suivant mon procédé, et qui se trouve consigné dans son Rapport du 17 mars 1780, imprimé dans le volume des Mémoires de cette année :

« Une autre précaution que nous croyons devoir recommander, et qui contribuera plus qu'aucune autre à la salubrité des prisons, est de les désinfecter, une fois par an, par la méthode employée avec succès par M. de Morveau. Elle consiste à dégager, dans les lieux qu'on se propose de purifier, *une grande quantité d'acide marin dans l'état de vapeurs, etc....* L'acide vitriolique, par son action sur le sel marin, en dégage l'acide, et ce dernier s'élève sous la forme de vapeurs blanches qui se répandent dans toute la chambre, et *en neutralisent les miasmes putrides* ».

En 1786, les Etats de Languedoc consultent le docteur Banau, sur les moyens de se préserver des maladies épidémiques, si fréquentes dans cette partie de la France. Dans le Mémoire imprimé la même année, ce médecin recommande, comme le moyen *le plus sûr, le plus prompt, et le moins dispendieux,* surtout pour purifier l'air des églises et des lieux où il se trouve beaucoup de monde rassemblé, les fumigations par le *sel marin* et *l'huile de vitriol* (acide sulfurique); et il ajoute : « Ce moyen est celui dont s'est servi M. de Morveau, avocat général au parlement de Bourgogne, pour désinfecter l'église de Saint-Médard de Dijon (*).

10. Il y avoit lieu de penser, après une réunion de suffrages aussi prépondérans, que cette méthode seroit mise en pratique partout où les premiers symptomes de contagion en feroient sentir le besoin : elle est restée dans un oubli si absolu, malgré les instructions, les avis répétés dans plusieurs ouvrages, dans les écrits périodiques, et répandus officiellement avec profusion, que l'on seroit tenté d'imaginer que, dans les douze années qui ont suivi, il ne s'est heureusement présenté aucune occasion d'en faire l'application. Cependant les

____

(*) Mémoire sur les épidémies du Languedoc, etc. page 87.

Lazarets n'ont pas cessé d'être abandonnés à la routine des fumigations aromatiques, les hôpitaux et les prisons, à la plus déplorable insouciance, lors même que l'encombrement des malades augmentoit l'infection ordinaire, et qu'elle commençoit à décimer les hommes sains attachés à leur service.

11. En l'an 2 de la république (1794 v. st.), le mal étoit venu à son comble, par le grand nombre de fiévreux et de blessés que l'on étoit obligé de recevoir jusque dans les hôpitaux militaires de l'intérieur ; on s'abusa longtemps en attribuant leur mort aux maladies qu'ils y avoient apportées, ou aux suites de leurs blessures ; mais la contagion atteignit aussi les officiers de santé et les servans : les bulletins n'étoient remplis que de leur nécrologe. Plusieurs médecins, dont la réputation rendoit la perte plus sensible, venoient d'être emportés par la fiévre d'hôpital : je proposai à la convention, le 14 pluviose, de faire rédiger et publier une instruction sur les moyens d'en arrêter les progrès. Le décret fut rendu en ces termes :

« Le conseil exécutif fera rédiger sans délai, par le conseil de santé, une instruction détaillée sur les moyens mécaniques et chimiques de

prévenir

prévenir l'infection de l'air dans les hôpitaux, et de le purifier, soit du méphitisme, soit des miasmes putrides dont il seroit chargé.

» Cette instruction sera imprimée et envoyée par le ministre de la guerre, dans tous les hôpitaux militaires; par le ministre de la marine, dans ceux de la marine; et par le ministre de l'intérieur, dans tous les hôpitaux civils.

» Guyton est chargé de surveiller ce travail. »

12. Le Conseil de santé étoit alors composé de MM. *Daignan*, *Bayen*, *Parmentier*, *Hego*, *Heurteloup*, *Lassus*, *Pelletier*, *Théry*, *Chevalier*, *Ant. Dubois* et *Biron*. Les nommer, c'est faire assez connoître ce que l'on devoit attendre de leur zèle et de leurs lumières : ils firent entrer dans le plan de leur travail tout ce qui pouvoit contribuer à entretenir et à rétablir la salubrité des hôpitaux, des casernes, des maisons de détention, etc., par les soins de propreté, les courans d'air déterminés par le feu, et les fumigations de toute espèce. J'aurai occasion, dans la suite, de rapporter leur opinion sur la valeur de quelques-uns de ces moyens; il ne s'agit ici que de celle qu'ils manifestèrent en particulier sur l'efficacité de la fumigation d'acide muriatique. Voici

B

les termes dans lesquels ils en parloient, dans le projet qu'ils me communiquèrent lors de la première conférence que j'eus avec eux sur cet objet, comme chargé par la convention de surveiller l'exécution de son décret :

« Au nombre des moyens que la chimie a employés avec un succès qui tient du prodige, pour opérer cette dépuration, nous citerons le procédé que Guyton a mis en usage, en 1773, dans la ci-devant cathédrale de Dijon, infectée par des exhumations, au point qu'on fut obligé de l'abandonner. Ce moyen consiste à répandre, dans l'atmosphère, de l'acide muriatique en état de gaz dégagé par l'intermède de l'acide sulfurique (*). »

Ils décrivoient ensuite ce procédé, pour désinfecter une salle de quarante à cinquante lits, en employant neuf onces de sel marin et quatre onces d'acide sulfurique ; mais ils commençoient cette description, en prescrivant d'*évacuer les malades sur une des salles de rechange.*

(*) Instruction sur les moyens d'entretenir la salubrité, et de purifier l'air des salles dans les hôpitaux militaires, rédigée par le Conseil de Santé, en exécution du décret du 14 pluviose an II, etc. page 18.

13. Il étoit aisé de prévoir qu'en recommandant ce moyen avec une pareille condition, c'étoit non seulement imprimer des craintes sur ses effets, mais encore le rendre presque toujours impraticable, et surtout dans des circonstances où, bien loin d'avoir des salles de rechange, on n'avoit pas même l'espace suffisant pour placer les lits à la distance convenable. J'en fis l'observation au Conseil de santé; il prit aussitôt la résolution de surseoir à la publication de l'instruction, jusqu'à ce qu'il se fût assuré, par plusieurs épreuves authentiques, si cette fumigation pouvoit réellement être pratiquée dans les salles habitées, sans incommodité pour les malades, et de profiter de ces épreuves pour fixer en même temps son opinion sur l'efficacité de cette fumigation, par les faits dont ses commissaires auroient été témoins.

Je dois rapporter ici en entier le passage où il rend compte de ces mesures, et des observations décisives qu'elles ont produites.

« Le Conseil de santé, n'ayant pas voulu indiquer à ses collaborateurs un procédé qui pourra être nouveau pour plusieurs d'entr'eux, sans s'être assuré en même temps de son efficacité dans les établissemens qui sont à sa portée, a chargé des commissaires pris dans son sein de se rendre aux hôpitaux de *Saint-Cyr*, de *Franciade* et du *Gros-Caillou*, pour en faire l'épreuve.

» Le résultat de leurs expériences prouve incontestablement (*ce sont les termes du rapport*) que le moyen proposé pour désinfecter les salles des hôpitaux par le gaz acide muriatique, peut être exécuté *sans inconvénient, et avec le plus grand avantage, dans les salles habitées, comme dans celles qui ne le sont pas :* en observant toutefois de dégager, dans les premières, une moins grande quantité de gaz. »

Telle fut la conclusion du Conseil de santé, dans l'instruction approuvée le 7 ventose an II, par le Conseil exécutif provisoire, et qui fut envoyée par le Ministre de la guerre aux commissaires des guerres, aux officiers de santé et employés des hôpitaux militaires, avec injonction, *sous leur responsabilité respective, d'exécuter et faire exécuter les procédés indiqués.*

En l'an III, le Gouvernement chargea MM. Chabert et Huzard de rédiger des *Instructions* sur les moyens de préserver les chevaux de la morve, et de *désinfecter les écuries où elle a régné.* Il fit imprimer, peu de temps après, des *Recherches* de Gilbert, sur les moyens de prévenir les *maladies charbonneuses dans les animaux;* et une *Instruction* du même professeur vétérinaire, *sur le claveau des moutons.* Il n'est aucun de ces écrits où l'on ne trouve l'acide muriatique indiqué comme un des plus sûrs moyens de désinfection. *De toutes les fumigations,* dit le savant professeur d'Alfort, *la plus active, sans contredit, c'est celle dont Guyton-Morveau a donné le procédé.*

14. Le directoire des hôpitaux militaires dans les départemens de la Côte-d'Or et de Saône et Loire, effrayé des progrès de l'épidémie qui s'étoit manifestée en l'an II dans les dépôts des prisonniers, et qui avoit déjà enlevé plusieurs officiers de santé, fit imprimer, avec l'approbation du représentant qui y étoit alors en mission, un *réglement de police et de salubrité*, dont l'article XIX étoit ainsi conçu : *On fera, deux fois par jour, des fumigations dans les chambres et corridors, suivant le procédé proposé par le citoyen Guyton-Morveau.* On y recommandoit expressément aux officiers de santé *de se munir d'un flacon d'acide acétique; et, dans le cas de grande infection, de verser de l'acide muriatique sur un peu d'oxide noir de man

ganèse ; ce qui forme un gaz acide muriatique oxigéné, très-puissant contre l'infection, c'est-à-dire pour décomposer et neutraliser les miasmes putrides. Et l'on ajoutoit :
*Les essais qui ont été faits par plusieurs
officiers de santé dans les hôpitaux, d'après
le conseil du citoyen Guyton, ont été suivis
de succès.*

M. Chaussier, aujourd'hui l'un des professeurs de l'École de Médecine de Paris, qui étoit
alors président du directoire de ces hôpitaux,
m'informa qu'il avoit fait lui-même pratiquer
ces fumigations dans un des hospices militaires
de Dijon, dont il avoit la direction.

On les a employées pendant que j'étois en
commission à l'armée de Sambre et Meuse,
pour purifier quelques-uns des hôpitaux de la
Belgique, que les Autrichiens avoient laissés
dans l'état le plus infect.

En l'an VIII, M. Carnot, alors ministre
de la guerre, m'ayant demandé un précis de
mes vues pour corriger l'insalubrité des hôpitaux militaires, je le priai de se faire rendre
compte de l'usage que l'on avoit fait des
moyens indiqués dans l'instruction du Conseil
de santé ; la lettre qu'il m'adressa le 14 thermidor, me donna la confirmation de ce dont
j'étois informé par des avis particuliers, que

ces moyens avoient été recommandés et employés dans le cours de l'épidémie dont fut affligée, en l'an III, l'armée des Pyrénées occidentales, et, en l'an VIII, à l'armée d'Italie, et dans les divisions méridionales (1).

15. Enfin, lors des lectures que je fis en vendémiaire an IX, de quelques fragmens de ce traité, à la classe des sciences physiques et mathématiques de l'Institut, plusieurs membres assurèrent qu'il étoit de leur connoissance que ce procédé avoit été introduit dans nos ports, pratiqué à bord de quelques-uns de nos vaisseaux. *Le succès n'a jamais trompé les espérances, lorsqu'on a pu obtenir de le mettre en pratique :* ce sont les termes du rapport fait à la classe par MM. Berthollet, Hallé et Vauquelin, composant la commission que l'importance de l'objet l'avoit déterminée à nommer, pour s'occuper de la perfection de ce procédé et des moyens d'en propager l'utilité. L'un des commissaires y a consigné son témoignage personnel, *que l'on faisoit tous les jours des fumigations d'acide muriatique sur le vaisseau l'Orient, qui transportoit en Egypte celui dont les glorieuses destinées sont devenues les nôtres; que personne ne se plaignit de la moindre incommodité; et que*

la flotte, toute soumise au même régime, fit sa traversée presque sans avoir de malades, quoiqu'elle fût surchargée de combattans.

C'est sur ce rapport, qui sera inséré en entier à la suite de ce traité (3), que la classe arrêta d'inviter le Gouvernement à ordonner qu'il seroit fait *habituellement* des fumigations acides dans les lazarets, les hôpitaux, les vaisseaux en navigation, etc.

Ainsi des expériences décisives avoient dès-lors prouvé en France, non seulement l'efficacité de cette méthode de désinfection, mais encore la possibilité de l'employer sans aucun inconvénient dans les lieux habités, même les plus resserrés. Les témoignages nombreux et authentiques que je viens de rapporter me paroissent ne devoir laisser aucun doute à cet égard; quoiqu'il soit vrai de dire, en même temps, que l'on avoit trop souvent négligé d'en annoncer les heureux résultats, pour en répandre la connoissance, pour en recommander la pratique; de leur donner, en un mot, cette publicité qui appelle à la fin l'attention des hommes capables d'en saisir les principes; qui détermine l'opinion de ceux qui ne les prennent que par tradition, qui ne se laissent per-

suader que par l'exemple, et qui ne marchent
que par imitation.

Voyons maintenant ce qui s'est fait chez les
nations voisines, dans les mêmes vues de corriger l'insalubrité de l'air, la manière dont on y
a pratiqué les fumigations, et les effets qu'on
en a obtenus.

~~~~~~~~~~~~~~~~~~~~~~

SECONDE PARTIE.

*Notice des expériences faites chez l'étranger
sur la désinfection de l'air par les fumigations d'acides minéraux.*

16. Dans la première édition de ce traité, le
rapport des expériences faites à Sheerness, en
1795, formoit le premier article de cette partie.
C'étoit, comme je l'ai dit, le seul ouvrage du
docteur Smyth qui me fût parvenu ; mais les
observations qu'il a publiées depuis sur la fièvre
des prisons, et dont nous devons la traduction
à M. Odier, font mention de quelques essais à
des époques antérieures ; je les placerai ici dans
leur ordre , pour ne rien omettre de ce qui
tient à l'histoire des progrès de cette méthode
de désinfection.
~~~~~~~~~~~~~~~~~~~~~~

Sur la fin de l'hiver de 1780, une épidémie de fiévres malignes se manifesta parmi les Espagnols, qui avoient été faits prisonniers et transportés à Winchester : elle en avoit enlevé un septième en moins de trois mois, et alloit toujours en augmentant; le D^r. James Carmichael Smyth, médecin de l'hôpital de Middle-Sex, y fut envoyé par la chambre des communes; on ne peut donner trop d'éloges au dévouement courageux avec lequel il accepta cette commission dangereuse, et au zèle avec lequel il travailla à combattre la contagion, dont il fut lui-même atteint, avant qu'il fût parvenu à en arrêter les progrès, ou, pour me servir des termes de son traducteur, *avant d'avoir découvert les moyens de la prévenir.*

On ne peut révoquer en doute les succès du D^r. Smyth; ils sont constatés par les tableaux hebdomadaires : la chambre des communes avoit chargé un comité de faire enquête sur l'état de cet hôpital, et, après avoir entendu son rapport, elle prit un arrêté portant que S. M. seroit suppliée de prendre en considération les services du D^r. Smyth, dont l'habileté et le zèle avoient d'abord singuliérement diminué l'épidémie qui régnoit parmi les prisonniers de Winchester, et l'avoient ensuite graduellement subjuguée en très-peu de semaines; ce

qui lui valut, peu de temps après, la nomina-
tion à une place de médecin extraordinaire du
roi, toujours accompagnée d'une pension considérable.

17. Au mois de septembre 1795, la fièvre des
prisons se manifesta sur le vaisseau l'*Union*,
qui servoit d'hôpital aux flottes anglaises et
russes, stationnées à Sheerness. M. Smyth fut
invité par l'Amirauté à envoyer quelqu'un à
bord de ce vaisseau, pour faire l'essai des fumigations d'acide nitrique : il en confia la direction à M. Archibald Menzies, médecin de la
marine royale. Le journal de ses opérations
pour arrêter la contagion, se trouve dans un
compte rendu à l'Amirauté, et publié en 1796,
avec son approbation. C'est dans cet écrit que
j'ai cru devoir puiser, comme à sa première
source, l'histoire de cette grande expérience.

A la première visite de cet hôpital, M. Menzies
jugea qu'il seroit difficile d'obtenir des résultats
concluans de ses expériences, parce qu'une nouvelle contagion y étoit chaque jour apportée
des bâtimens russes. Les entreponts étoient partagés en quartiers par des séparations en croix,
avec une libre communication entre chacune.
Les malades y étoient fort serrés, placés sans
ordre, au nombre d'à peu près deux cents, dont

environ cent cinquante dans différens périodes d'une fiévre maligne, dont les progrès rapides et les funestes effets n'annonçoient que trop la contagion. Dès le mois de septembre, où l'on avoit commencé à y admettre les Russes, dix femmes de service avoient été attaquées de cette fiévre, et trois y avoient succombé. Vingt-quatre hommes de l'équipage en avoient pareillement été atteints; un aide chirurgien et deux marins en étoient morts.

M. Menzies fit porter à bord les ustensiles et les matières nécessaires pour les fumigations, et qui consistoient en une quantité suffisante de sable fin, deux douzaines de capsules de terre, de la contenance d'une quarte, autant de tasses à thé communes, quelques baguettes de verre, pour servir de spatules, de l'acide sulfurique concentré et du nitre pur pulvérisé.

18. Il commença les fumigations le 26 novembre 1795. Il fit fermer toutes les portes et autres ouvertures. Le sable, qui avoit été chauffé dans une marmite de fer, fut transvasé, au moyen d'une poche de fer, dans les capsules de terre; et, dans chacune de ces capsules, on enfonça une tasse à thé, contenant à peu près demi-once (*)

____

(*) L'once, poids de Troy, qui est celle en usage dans

d'acide sulfurique concentré. Lorsque l'acide eut acquis le degré de chaleur convenable, on y ajouta peu à peu une égale quantité de nitre pulvérisé ; on remua le mélange avec une spatule de verre, jusqu'à ce que la vapeur se dégageât en abondance ; et ces capsules furent portées dans tous les quartiers par des infirmières et des convalescens, qui les posèrent de temps en temps sous les lits des malades, et dans tous les endroits où l'on pouvoit soupçonner de l'air putride. La fumigation fut ainsi continuée, jusqu'à ce que tout l'espace des entreponts fût rempli de cette vapeur, qui paroissoit comme un épais brouillard.

Je procédai, dit M. Menzies, à ce premier essai avec grandes précautions, suivant moi-même des yeux ceux qui portoient les capsules, pour observer l'effet de la vapeur sur les malades ; et je remarquai d'abord qu'elle occasionna beaucoup de toussemens, qui cessoient à mesure que la vapeur se répandoit. Cet effet me parut dépendre de ce que les capsules étoient portées trop près de la tête des malades, de sorte qu'ils la respiroient au moment même où elle s'élevoit du mélange. Conformément à l'ins-

---

les pharmacies anglaises, répond à 25. 26 grammes (476 grains poids de marc, ou 6 gros 54 grains).

truction du D^r. Smyth, tous les linges et vêtemens des malades furent exposés, autant que
possible, à la vapeur pendant cette fumigation.
Les linges sales furent plongés immédiatement
dans l'eau froide, étendus sur le pont jusqu'à
ce qu'ils fussent presque secs, et exposés à la
fumigation avant d'être envoyés au blanchis-
sage, précautions indispensables en pareil cas.
On porta également la plus grande attention à
entretenir la propreté et le renouvellement de
l'air. Cette première opération ne dura pas
moins de trois heures, à cause de la maladresse
de ceux qui y furent employés. Une heure après,
la vapeur étant tombée, tout fut ouvert pour
introduire de l'air frais; je me promenai dans
tous les quartiers, et je m'aperçus que l'air de
cet hôpital étoit sensiblement amélioré par ce
premier essai.

La fumigation fut pratiquée de même le lendemain : elle fut achevée dans l'espace d'une
heure. Le sable ayant été un peu plus chauffé,
la vapeur se dégagea plus promptement; les
malades n'en souffrirent aucune incommodité,
si ce n'est un léger toussement, qui même fut
moins général que la veille.

On employa,

> 12 capsules pour la fumigation du pont inférieur ;
>
> 10 pour celui du milieu ;
>
> 2 pour la chambre des officiers ;
>
> 2 pour celle des marins ;
>
> 1 pour le lavoir.

Total, 27 capsules.

Ainsi, la dépense fut, pour la fumigation du matin, d'environ 14 onces d'acide sulfurique, et autant de nitre.

Pour celle du soir, comme tout est fermé, et qu'on n'a pas la même facilité pour introduire de nouvel air, on jugea qu'il n'étoit pas nécessaire d'employer la même quantité de capsules ; les matières de la fumigation furent réduites à un peu plus de moitié, et on reconnut que cela étoit suffisant.

L'effet immédiat de cette fumigation pour détruire l'odeur désagréable qui s'exhaloit d'un si grand nombre de malades entassés, fut remarqué même par les infirmiers et les hommes de service, qui n'eurent plus la même crainte de s'approcher des lits des malades ; ces derniers furent mieux soignés, et l'espérance commença à reparoître sur leur visage, qui jusque là n'exprimoit que la crainte que chacun éprouvoit

continuellement d'être une des premières victimes de la contagion.

19. M. Menzies fit continuer lui-même ces
fumigations, pendant huit autres jours, avec
un égal succès; non seulement personne n'en
éprouva la moindre incommodité, mais il observa encore qu'en même temps qu'elle détruisoit le danger de l'infection, elle diminuoit
encore la malignité de la maladie.

Il ne négligea pas de faire laver dans une eau
aiguisée d'acide muriatique les lits que l'on
sortoit des quartiers, suivant l'instruction du
docteur Smyth.

Il remit, le 7 décembre, à M. Bassan le soin
de continuer ces opérations. Depuis qu'elles
avoient été commencées, aucune personne de
l'équipage n'avoit été attaquée de la maladie,
à l'exception d'un seul infirmier, qui avoit
éprouvé une légère rechute par suite d'impru-
dences; aucun des malades entrés postérieure-
ment à cet hôpital n'en étoit mort; et il étoit
déjà très-évident qu'elle avoit produit les meilleurs effets, et pouvoit être pratiquée sans aucun inconvénient pour désinfecter l'air partout où il y avoit beaucoup de monde dans un
espace resserré, même sur les vaisseaux, sans
risque du feu.

A

A la suite de ce journal est l'extrait de la correspondance de M. Bassan avec MM. Smyth et Menzies, où l'on trouve de nouveaux détails sur les heureux effets de ces fumigations. Sa dernière lettre, du 5 février suivant, leur annonça que la fièvre contagieuse avoit entièrement cessé, personne n'en ayant été attaqué depuis le 26 décembre; quoique, dans cet intervalle, on eût journellement reçu des vaisseaux russes des malades ayant la même fièvre pétéchiale putride.

20. Un second journal, tenu par M. Menzies, rend compte de semblables essais faits sur quelques vaisseaux de l'escadre russe, à la demande de l'amiral Hanicoff. Il suffira d'en extraire les principales circonstances.

Le vaisseau *Pamet Eustaphia* fut le premier désigné pour cette purification, comme ayant lui seul envoyé à l'hôpital plus de malades attaqués de fièvres malignes, que tout le reste de l'escadre; ce que le capitaine attribuoit en partie à la nature du lest de ce bâtiment, composé de sable mêlé de beaucoup de terre molle, dont il s'élevoit continuellement une humidité qu'aucun moyen de ventilation n'avoit pu détruire.

Une autre circonstance qui parut à M. Men-

C

zies contribuer à entretenir et augmenter la
contagion sur les bâtimens de cette escadre,
étoit l'espèce de vêtement que portent généralement les matelots russes, qui consiste en une
grande casaque de peau de mouton, la laine
touchant immédiatement le corps; ce qui, dans
un espace fermé et étroit, ne pouvoit manquer
d'occasionner une odeur putride. Malgré ses re-
présentations sur l'inconvenance de cet habil-
lement dans un climat d'une température aussi
différente, les chefs ne se crurent pas permis
de le changer sur le champ, sans des ordres
supérieurs.

M. Menzies éprouva encore bien d'autres
difficultés, rencontrant quelquefois les aumô-
niers qui aspergeoient d'eau bénite les entreponts, n'obtenant pas toujours le feu nécessaire
pour échauffer le sable des capsules, obligé d'o-
pérer dans des bâtimens dont les ouvertures ne
pouvoient être fermées assez exactement pour
retenir la vapeur acide, et le plus souvent
n'ayant point d'interprète pour se faire entendre;
cependant l'effet des premières fumigations fut
si sensible, que les chirurgiens des vaisseaux
russes se portèrent d'eux-mêmes à les continuer.

Elles furent commencées, le 16 décembre,
sur le vaisseau *le Pimen*, de 66 canons, capi-

taine Colokolsoff, où l'infection avoit été à tel point, que la communication en avoit été interdite avec les autres navires; et M. Menzies écrivoit, cinq jours après, que les fumigations y ayant été pratiquées réguliérement, l'odeur, aussi désagréable que malfaisante, avoit totalement cessé.

Le vaisseau *le Ratvezan*, et la frégate *la Revel*, où il s'étoit déclaré des fiévres malignes, furent également mis en possession de ce moyen de désinfection.

21. En adressant ces rapports à l'Amirauté, M. Smyth les accompagna d'un relevé des listes nominatives de tous les gens d'équipage ou de service, et de la comparaison des temps qui avoient précédé et suivi la pratique des fumigations acides; ce qui démontroit à la fois la nature vraiment contagieuse de la maladie, et l'efficacité des moyens employés pour en diminuer la malignité et en arrêter la communication.

Il y joignit la déclaration du capitaine Chechagoff, commandant en l'absence de l'amiral russe, datée de Chatam, le 9 mars 1796, qui certifioit les heureux résultats de la pratique de ces fumigations à bord de ses vaisseaux.

Je ne parlerai pas ici de deux lettres de

M. Keir, imprimées à la suite, et dans lesquelles il établit des opinions dont je réserve l'examen lorsqu'il sera question d'établir la vraie théorie de la désinfection par l'acide nitrique.

Enfin, dans une nouvelle édition que M. Smyth donna à Londres, en 1799, de son Traité de l'Efficacité des vapeurs nitreuses pour prévenir et détruire la contagion, il a publié les lettres qui lui ont été adressées les trois années précédentes, et qui contiennent des rapports à peu près univoques des heureuses applications de ses procédés, par plus de vingt chirurgiens d'hôpital, chirurgiens de vaisseau, officiers de marine et chirurgiens attachés à des régimens.

22. Des faits aussi concluans, des témoignages aussi précis, méritent sans doute d'occuper une place distinguée dans le Recueil des preuves de l'efficacité des fumigations acides contre la contagion. Tous les amis de l'humanité, ceux surtout qui savent combien il faut de zèle et de persévérance pour introduire la pratique la plus salutaire, seront toujours disposés à accorder à M. Smyth un juste tribut de reconnoissance, et à applaudir à la générosité avec laquelle sa nation l'a récompensé; mais les mêmes sentimens les porteront à re

chercher, avec un égal intérêt, à qui en appartient réellement l'invention.

En 1802, les papiers anglais annoncèrent que « la chambre des communes, sur une pétition du docteur J. C. Smyth, *inventeur des fumigations nitriques*, et sur la motion de M. Willberforce, avoit voté, dans sa séance du 24 juin, une adresse à Sa Majesté, pour la prier de faire délivrer au pétitionnaire, tant comme indemnité que comme récompense, la somme de 5ooo livres sterling, dont la chambre feroit bon. »

Le gouvernement français a jugé que la pratique des fumigations d'acides minéraux faisoit une époque assez importante dans l'histoire des découvertes utiles à l'humanité, pour la revendiquer en faveur de la France et de son auteur. On trouvera à la suite de ce traité le rapport fait à ce sujet par le ministre de l'intérieur, et qui fut imprimé dans le Journal officiel du 29 messidor an X (4).

Quand on placeroit en 1780 la première application faite par M. Smyth des propriétés anticontagieuses des acides minéraux, les expériences que j'ai rapportées dans la première partie, et la publicité qu'elles ont reçue dès 1773, formeroient déjà un titre suffisant contre sa prétention à cette découverte. Mais la description des procédés qu'il employa alors à Winchester, le jugement qu'il en a lui-même porté depuis (5), prouvent que ce ne fut réellement qu'en 1795 qu'il obtint quelques succès de l'usage des fumigations acides. La manière dont s'exprime à ce sujet M. Odier, dans la traduction qu'il a donnée en 1801, de l'ouvrage de M. Smyth, rend cette vérité si palpable, que je puis me dispenser d'en faire ici l'objet d'une plus ample discussion (6). J'y réunirai seulement le témoignage plus récent, et non moins précis, d'un savant médecin de Gènes, qui, en m'informant, par sa lettre du 15 février 1804, des succès qu'il avoit obtenus vingt-cinq ans auparavant, pour la désinfection de plusieurs églises, suivant ma méthode, reconnoît les droits de l'inventeur, en même temps qu'il réclame la juste part de gratitude due à ceux qui ont fait jouir leur patrie du bienfait de l'invention (7).

On ne sera pas surpris, après cela, qu'il se soit trouvé, même en Angleterre, des hommes en qui le sentiment des rivalités nationales ne l'a pas emporté sur celui de la justice, et qui se sont portés d'eux-mêmes les défenseurs de ma propriété. Le célèbre Kirwan m'écrivit, le 31 juillet 1802 : « Dès que le parlement impérial eut décrété un prix pour le docteur

Smyth, pour la purification de l'air infecté, j'ai réclamé que de droit il vous appartenoit, puisque vous l'aviez faite depuis plusieurs années ». Le docteur Beddoes m'avoit déjà exprimé la même opinion dans la lettre qu'il m'adressa le 19 février 1801. *I had occasion to defend your application of acid vapours to desinfection, against docteur Carmichael Smyth*. En effet, dans ses Considérations sur l'usage médicinal des gaz (*Part*. IV, *p*. 163), après avoir rapporté mes expériences de 1773, et la conversation qu'il eut sur l'efficacité de ces moyens de désinfection, avec MM. Lavoisier, Fourcroy, Chaussier, etc., qui l'accompagnèrent, en 1787, à la visite de l'hôpital de Dijon, il relève l'assertion du docteur Smyth : que les Français ne paroissoient pas avoir soupçonné que la propriété de détruire la contagion appartînt à tous les acides minéraux; il lui oppose les termes même de l'Instruction insérée dans le Journal de Physique de ventose an II, et remarque que, si l'on ne fit point alors usage en France des vapeurs nitriques, c'est que l'on y avoit plus besoin de nitre pour détruire que pour préserver. Ce savant médecin n'hésite pas d'attribuer les succès de M. Smyth à Winchester, principalement à l'expansibilité spontanée de l'*acide muriatique*, avec lequel *il faisoit laver, tous les jours, le parquet, les lambris et les lits.* Ce sont les termes de la traduction de M. Odier, à la suite desquels M. Smyth place cette observation importante : qu'il ne s'est point aperçu qu'il causât aux malades quelque incommodité.

A ces honorables témoignages, je dois ajouter celui des savans auteurs du *Médical and physical Journal*, qui, en annonçant, dans le cahier du mois d'août 1802, la traduction de ce traité par le docteur R. Hall , s'exprimèrent avec franchise sur une lettre de M. Johnstone, qui vouloit faire remonter à 1756 l'usage des fumigations d'acide marin, et déclarèrent positivement que le fait solitaire dont il se prévaloit avoit été aussitôt oublié, et qu'il n'avoit rien paru depuis sur ce sujet, jusqu'à la grande épreuve que j'en avois faite en 1773, à laquelle on ne pouvoit douter que j'avois été conduit par mon propre raisonnement (8).

23. Après avoir présenté avec autant de détails l'histoire des fumigations acides exécutées sous la direction de M. Smyth, il convient de faire connoitre aussi celles qui ont été pratiquées dans d'autres hôpitaux d'Angleterre, suivant la méthode adoptée par M. *Cruickshank.*

On trouve la description de son procédé dans

un ouvrage du docteur Rollo sur le diabète sucré, imprimé à Londres en 1797. Voici comment l'auteur s'exprime à ce sujet:

« Ayant reconnu que le gaz acide muriatique oxigéné avoit la propriété de détruire l'odeur fétide des ulcères, et la contagion spécifique, et qu'il pouvoit être employé facilement et en toute sûreté, nous lui avons donné la préférence sur tous les autres moyens de désinfection. Pour que l'usage en devienne plus général, nous donnerons ici la méthode de M. Cruickshank, pour se le procurer et l'employer dans les salles d'hôpital.

» On mêle exactement deux parties de sel commun et une partie de manganèse cristallisée (*oxide noir de manganèse cristallisé*) que l'on a auparavant réduite en poudre.

» On met dans une petite capsule deux onces (Troy) de ce mélange, et environ une once d'eau; on y verse ensuite une demi-once d'acide sulfurique concentré; ce qui se fait en différentes fois, pour que le gaz acide muriatique oxigéné ne se dégage que successivement. Une de ces capsules suffit pour une salle de cinq à six lits. On augmente les doses en proportion de la grandeur des salles. »

Si l'on veut rapporter ces quantités à nos mesures nouvelles et anciennes, on les trou-

vera comme il suit, pour ce que M. Cruickshank appelle une capsule :

	Poids anglais.			DÉCIMAUX.	ANCIENS.		
	once.	drag.	scrup.	gram.	once.	gros.	grains.
Sel commun	1	2	2	34	1	«	64
Oxide de manganèse.	«	5	1	16	«	4	13
Eau	1	«	«	25	«	6	39
Acide sulfurique . .	1	4	«	36	1	1	30.

Quoique les proportions ne soient pas ici
d'une grande importance, pourvu qu'il y ait
dégagement progressif de gaz acide chargé d'oxigène, je ferai voir, dans la dernière partie de
ce traité, que celles qui sont indiquées par
M. Cruickshank, doivent être changées, pour
que la décomposition soit aussi complète qu'il
est possible, et qu'il n'y ait point de matière
consommée inutilement.

Peu de temps après que la première édition
de ce traité eut paru, M. le docteur Rollo m'envoya l'ouvrage qu'il venoit de publier sur le
régime de l'hôpital militaire de Woolwich (*),
dans lequel on trouve des preuves multipliées
de la confiance qu'ont inspiré les fumigations

(*) *A short account of the royal artillery hospital at
Woolwich*, etc. *By John Rollo M. D. Surgeon general
royal artillery.* Londres, 1801.

d'acides minéraux, et surtout celle de l'acide muriatique oxigéné, pour corriger l'infection, et détruire les miasmes contagieux, quelle qu'en soit la source, comme fièvre de marais, fièvre des prisons, fièvre d'hôpital, fièvre de gens de mer, etc. Ce savant médecin y comprend nommément la peste, et ne craint pas d'avancer que, *dans l'état actuel de nos connoissances, la contagion ne peut plus naître et se propager que par une absolue négligence* (*).

Il donne le procédé de fumigation d'acide muriatique oxigéné, tel qu'il est employé habituellement à Woolwick, par M. Cruickshank, et cependant avec d'autres proportions que celles qu'il avoit précédemment indiquées, savoir :

Sel commun. . . . . 4 parties.
Oxide de manganèse. . . . 2
Acide sulfurique. 3
Eau. 1

Les quantités du mélange sont réglées suivant les circonstances, c'est-à-dire, le degré d'infection et le danger de contagion. On met d'a-

____

(*) *By the Knowledge of the present day, contagion can only arise, or spread, under absolute inattention and neglect*, ibid. page 141.

bord dans des vases de faïence *(Gally-pot)*, le sel, l'oxide et l'eau; ces vases sont distribués dans les salles, et, s'il est nécessaire, jusque dans les galeries et corridors : on y verse par degrés l'acide sulfurique; la vapeur se répand, pénètre partout, et détruit toute odeur. Cette vapeur, ajoute M. Rollo, prévient toute contagion; *on peut l'employer avec effet, sans aucun danger pour les malades;* ce que l'on fait très-fréquemment dans cet hôpital.

On voit encore, dans ce rapport, qu'il y a une chambre de fumigation pour les hardes, linges et meubles qui ont servi aux malades.

L'auteur a placé à la suite des instructions pour les chirurgiens d'hôpital, des observations sur les moyens de prévenir les maladies dans les camps, sur les vaisseaux, etc., où les mêmes fumigations sont expressément recommandées; enfin, l'extrait d'un réglement approuvé par le roi, au mois de septembre 1799, qui ordonne à tous les chirurgiens de marine, et attachés aux régimens, de pratiquer la fumigation dans tous les cas où il y a infection, fièvre putride, dyssenterie, petite vérole, etc. etc., particuliérement dans les quartiers, toutes les fois qu'on en aura sorti des cadavres.

24. La fumigation d'acide muriatique dégagé

par l'acide sulfurique, telle que je l'ai indiquée en 1773, est connue depuis quelques années *en Espagne*. Le Journal d'agriculture et des arts, imprimé à Madrid en 1797 (*), a annoncé qu'elle y étoit pratiquée avec succès, et même que l'expérience avoit prouvé que l'on pouvoit l'employer dans des salles actuellement habitées, sans aucun danger, même sans incommodité pour les malades, en n'opérant à la fois que sur de petites quantités, et en répétant l'opération. Il recommande cette méthode comme très-avantageuse, dans tous les cas de fièvre pestilentielle, d'épidémie et d'épizootie. Il paroît même qu'elle se répète assez habituellement, pour que l'on ait pensé à tirer parti du sel qui reste dans les vaisseaux ; les auteurs du Journal espagnol conseillent de le donner au bétail, comme rafraîchissant et diurétique, dans de l'eau blanche, préparée avec la corne de cerf calcinée et réduite en poudre. Cela suppose que le sel commun est en quantité suffisante pour que tout l'acide sulfurique passe à l'état de sel neutre; autrement ce résidu ne pourroit être administré sans danger, même à des animaux. Le mieux seroit donc d'en retirer le sulfate de soude par lixiviation et cristallisation.

(*) *Voyez* Annales de Chimie, tome XXII, page 317.

25. Dans l'hiver de l'an IX., M. Manthey, professeur de chimie à Copenhague, qui se trouvoit alors à Paris, me remit une note des expériences qu'il avoit faites lui-même à bord du vaisseau de guerre danois *Whilelmine-Caroline*, pour purifier l'air par les fumigations des différens acides minéraux, et dans lesquelles il avoit *observé que l'acide muriatique oxigéné détruisoit plus promptement que les autres* les mauvaises odeurs. Il ajoutoit dans cette note, qu'au moyen de ces fumigations dans l'intérieur du vaisseau, il y avoit eu très-peu de malades en comparaison des autres.

25. Ce fut, comme je l'ai dit, lorsqu'il n'arrivoit en France que des détails affligeans des progrès de la maladie contagieuse à Gênes, sans aucune mention de l'usage des vrais préservatifs, que je formai le plan de ce traité. L'histoire de cette épidémie, dans les années 1799 et 1800, publiée à Milan par le Dr. Rasori, avoit achevé de me persuader que les moyens efficaces de désinfection étoient absolument négligés ou même inconnus dans ce pays, puisque, loin d'en déterminer la nature et les effets, il semble les assimiler aux anciens parfums, et n'en parle que pour reprocher à la Commission de santé, dont il étoit membre, de s'être attachée

à indiquer les moyens préservatifs usités et communément inutiles, au lieu de s'occuper d'abord à déterminer une méthode curative.

Cependant ce médecin, qui avoit suivi pendant onze mois cette maladie, étoit d'accord avec tous les autres, que c'étoit *une vraie fièvre d'hôpital*, qui avoit pris naissance dans les hôpitaux de Niza et de Gênes, par une accumulation d'effluves putrides, par les émanations de nombreux cadavres mal inhumés; c'est à dire celle de toutes les maladies dont il est le plus urgent et le plus facile d'arrêter la propagation par la désinfection de l'air.

Mais les informations qui m'ont été données directement depuis par les médecins de Gênes, les pièces qu'ils m'ont communiquées, prouvent que les fumigations y ont été recommandées, pratiquées avec succès, et si publiquement, qu'il est également difficile de concevoir ou que M. Rasori ait ignoré ce fait, ou qu'il ait pu le juger assez peu important pour n'en faire aucune mention dans l'histoire de cette maladie.

Dès le 23 janvier 1800, M. Batt fit imprimer et distribuer une instruction sous le titre de *l'ummicazione per gli Hospitali, ed altri loci, etc.*, dans laquelle il indiquoit les fumigationsd'acide nitrique, à la manière du Dʳ. Smyth, comme le plus sûr moyen de désinfecter l'air, dont il avoit déjà fait l'épreuve lui-même, et sur l'efficacité duquel il invoquoit encore le témoignage de M. le Dʳ. de Ferrari.

Dans un autre écrit publié deux mois après, sous le titre de *Reflessioni sulla febre degli spedali*, M. Batt insista sur les avantages du gaz acide nitrique, bien préférable aux aromates, qui ne font que masquer la mauvaise odeur, et il cita l'usage qu'il en avoit fait pour la première fois à Gênes, dans la maladie de M. A. Durazzo.

M. le professeur Joseph Mojon, parfaitement d'accord sur tous ces faits, dans la lettre qu'il me fit remettre par son frère, le 13 frimaire an XI, y ajouta quelques détails, qu'il me paroît utile de conserver, sur les mesures de police salutaires et sur la désinfection de plusieurs églises à Gênes, par le gaz acide muriatique, soit simple, soit oxigéné, dont le premier essai date du 20 mars de la même année 1800 (9).

26. Voyons maintenant ce que l'on a fait en *Andalousie* pour s'opposer aux progrès de la fiévre jaune, qui y fit déjà tant de ravages en 1890. C'est par là que je terminerai le précis-
historique

historique des fumigations employées chez l'étranger pour la désinfection de l'air, avant la première édition de ce traité.

Cadix et *Séville* furent également en proie à ce fléau ; mais quelle différence dans les moyens adoptés pour détruire la contagion et dans leurs résultats ! on auroit peine à l'imaginer si l'on n'en avoit la preuve dans les relations officielles.

« Dans le début de l'épidémie (disent dans leur rapport les médecins de Cadix) on a fait nétoyer les cloaques, ordonné d'inhumer les morts hors de l'enceinte de la ville, recommandé aux habitans d'arroser aux environs de leurs demeures, et de ventiler leurs appartemens : on a allumé sur les places et dans les rues de grands feux de bois de sapin vert, arrosé et parfumé l'intérieur dés maisons avec le vinaigre et les plantes aromatiques, et fait en divers endroits de petites explosions de poudre à canon. » Voilà ce qu'ils appellent *avoir employé tons les moyens propres à purifier l'atmosphère....., avoir pratiqué tout ce qui étoit capable de contribuer à chasser de l'air les particules malfaisantes* (*).

____

(*) *Rapport sur la maladie épidémique de Cadix, traduit de l'espagnol par F. P. Blin*, etc. page 10.

D

A Séville on ne s'en tint pas à ces anciennes pratiques; les fumigations d'acides minéraux y furent employées efficacement. M. Ch. Gimbernat, qui m'en donna la première nouvelle le 18 janvier 1801, et qui avoit fait imprimer à Madrid, l'année précédente, une instruction sur la manière de les pratiquer, me marquoit bien que « les préjugés avoient encore retardé quelque temps l'usage de ce grand remède, mais qu'enfin le zèle et les lumières des deux officiers de santé, *Queralto* et *Sarrais*, envoyés par le gouvernement à Séville, avec les ordres et l'autorité nécessaires pour pratiquer les fumigations acides, avec l'abondance et l'universalité qu'exigeoit l'étendue de la contagion, avoient obtenu le succès le plus prompt et le plus heureux.

» Le commissaire Sarrais, l'un des plus habiles médecins d'Espagne, fut contagié le jour même de son arrivée à Séville, et il mourut le lendemain.

» Les rapports faits par Queralto au gouvernement, attestent que c'est aux fumigations acides qu'on doit l'extinction d'une maladie qui menaçoit d'un deuil général toute la nation. Ces rapports seront imprimés, et je vous les ferai parvenir. »

M. Gimbernat me fit remettre en effet,

quelques temps après, le recueil des relations officielles et certificats des médecins et officiers de santé qui avoient suivi ces opérations, imprimés à Séville en 1800 et 1801. Ces pièces furent jugées si importantes par tous ceux à qui je les communiquai, qu'ils m'engagèrent à en publier la traduction : elle étoit commencée lorsque je reçus de M. Gimbernat l'extrait suivant des observations rédigées par MM. Queralto et Cabanellas (10).

« Vers le milieu de novembre (dit M. Cabanellas) je me rendis au faubourg Saint-Bernard ; j'y trouvai quatre-vingt-six malades de la fiévre contagieuse. J'ordonnai immédiatement les fumigations acides, et elles furent pratiquées le même jour, dans soixante et dix-sept maisons. Depuis ce jour la mortalité et le nombre des personnes contagiées diminuèrent.

» Un succès si grand et si prompt inspira partout la plus grande confiance dans les fumigations, et elles furent depuis pratiquées généralement, matin et soir.

» La violence de l'épidémie diminua rapidement ; les malades furent tous guéris, à l'exception d'un seul, qui s'obstina à ne vouloir prendre aucun remède ; enfin la contagion fut entiérement éteinte en peu de jours dans toute la paroisse.

» Cet heureux résultat dissipa les craintes que les horreurs de la plus affreuse maladie avoient d'abord portées dans tous les esprits, et je me livrai à l'assistance des contagiés, et à l'observation la plus attentive des caractères de la maladie, avec une entière confiance, ayant toujours la précaution de purifier leur atmosphère avec la vapeur de l'acide nitrique.

» Par ce moyen, quoique ma constitution sanguine bilieuse me rendît particuliérement susceptible de l'action des miasmes contagieux, et que le contact d'un grand nombre des contagiés auxquels j'examinois la langue, le gosier, et autres parties du corps, m'exposât continuellement à cette action, je m'en suis heureusement garanti, et convaincu que les acides détruisent la matière contagieuse.

» Desirant pouvoir démontrer, par des expériences plus directes, cette propriété des acides, je plaçai de la viande putréfiée dans trois appartemens : ils furent bientôt remplis d'une odeur très-fétide.

» Je fis des fumigations acides dans les trois appartemens : dans le premier, avec l'acide nitrique ; dans le second, avec l'acide sulfurique ; dans le troisième, avec le gaz acide muriatique. Les fumigations furent répétées fréquemment pendant seize jours, et la fétidité fut détruite complétement dans les trois appartemens; et, pendant toute la durée de cette expérience, j'habitai celui où se faisoit la fumigation de l'acide nitrique, comme s'il n'y eût pas eu de la viande putréfiée, et sans le moindre désagrément.

» N'étant pas encore satisfait des preuves que je venois d'obtenir de l'efficacité des acides pour détruire la matière contagieuse, je résolus de me rendre moi-même le sujet d'une expérience.

» A cet effet, je pris la redingote que le Dr. Sarrais avoit eue sous lui pendant sa terrible maladie, dans laquelle il s'étoit enveloppé, et où il avoit sué, vomi, et enfin expiré. L'ayant placée dans un très-petit cabinet, je fis brûler auprès d'elle une once de soufre, ayant eu la précaution de bien fermer la porte. Le lendemain je l'exposai à une seconde fumigation, qui fut faite avec l'acide nitrique.

» La redingote, ainsi purifiée, fut placée étendue sur mon lit; et, m'étant couché dessus, je dormis depuis onze heures du soir jusqu'à six et demie du matin.

» Je me suis levé, ne mettant rien sur moi que ma redingote, laquelle est restée constamment en contact avec ma peau jusqu'à huit heures du matin, que je me suis habillé.

» Alors je suis sorti de chez moi avec la redingote pardessus mon habit ; j'ai marché dans la ville toute la matinée : je me suis promené longtemps au soleil, avec vîtesse, jusqu'à ce que j'aie eu sur tout mon corps une sueur abondante. Alors je me suis assis et je suis resté en repos, enveloppé de ma redingote, jusqu'à une heure après midi, que je me suis rendu chez moi.

» Regardant cette expérience faite sur moi-même comme suffisamment complète, je crus pouvoir en faire une autre en donnant ma redingote à un mendiant qui n'avoit pas été atteint de la contagion.

» Cet homme prit la redingote sans la moindre appréhension et sans la moindre hésitation, me l'ayant vue sur le corps, et sachant que j'étois un officier de santé.

» Depuis ce moment il l'a portée sans discontinuer, et s'en est servi pour se couvrir dans son lit pendant douze jours consécutifs. Ni lui, ni moi, n'avons gagné la maladie ni éprouvé la moindre altération dans nos santés.

» Il me semble que ces expériences sont de nature à inspirer une grande confiance dans les fumigations acides. J'en ai répété plusieurs autres, et toujours le résultat a démontré que les acides décomposent la matière de la contagion. »

» Dans l'hôpital, dit *de la Sangre*, j'ai purifié un grand nombre de couvertures et de draps de lit, dans lesquels les contagiés étoient morts; je suis resté plusieurs jours dans les salles où la contagion avoit fait les plus grands ravages; souvent je me suis trouvé enveloppé dans la poussière provenant des vêtemens de contagiés, qu'on nétoyoit, et je n'ai pas éprouvé la plus légère action de la matière contagieuse, bien certainement parce que j'étois en même temps dans une atmosphère chargée des vapeurs de l'acide nitrique.

» Un autre fait démontre encore l'utilité des acides contre la contagion. J'ai vu des contagiés à la dernière extrémité échapper à la mort par le seul moyen des bains de vapeurs bien chargés de vinaigre.

» Tous les faits rapportés ci-dessus confirment les découvertes de Morveau et de Smyth, et démontrent, de la manière la plus évidente, que les acides minéraux sont les correctifs les plus puissans de la matière de la contagion, et que, par leur action, l'on peut purifier parfaitement les lieux et les corps contagiés, et sauver ainsi un grand nombre de vies, ainsi que bien des objets que jusqu'ici l'on avoit cru devoir détruire. »

CERTIFICAT *joint, à la date du* 7 *décembre* 1800.

Don Miguel Alfonse de Rosas, officier de santé, certifie :

1°. Que dans le faubourg Saint-Bernard de Séville, la contagion commença dans les premiers jours d'octobre 1800; qu'elle continua jusqu'à la moitié de novembre; qu'alors elle cessa immédiatement après l'introduction des fumigations faites avec les acides nitrique, muriatique et sulfurique;

2°. Que, depuis le premier jour de l'usage de ces fumigations, il ne mourut qu'un malade; qu'aucun de ceux qui servoient les malades n'en fut attaqué; et que ceux qui en ont guéri par l'usage des fumigations, n'ont point eu de rechutes, comme il arrivoit avant qu'on en fît usage (*).

(*) Les termes dans lesquels cet officier de santé rend compte de l'impression que fit l'efficacité de ces fumigations sur les hommes les plus grossiers, méritent d'être rapportés: *La efficacia de las fumigaciones es en el dia tan palpable que hesta las personas mas rudes conocen y publican su utilidad.*

Autre certificat.

Don Juan de Rosas, curé de la paroisse de Saint-Bernard, a rendu publiquement le même témoignage, le 22 novembre 1800.

Cette pièce est également revêtue de la signature du D^r. Cabanellas.

EXTRAIT d'une lettre de D. Celedonio Goncer.

Du 14 février 1801.

« Ayant été nommé pour aller visiter l'hôpital *de la Sangre*, à Séville, dans lequel on avoit réuni les contagiés, je procédai à sa purification de la manière suivante : je fis évacuer une des salles principales, entassant les malades dans d'autres. Je fis changer tous les lits et autres meubles de cette salle, et, ayant fait fermer toutes les portes et fenêtres, j'ordonnai une fumigation copieuse de gaz acide muriatique, suivant la méthode de Morveau. Douze heures après, on rouvrit les portes et fenêtres, et on plaça les malades dans les lits, leur ayant d'avance fait changer de linge. Immédiatement après je fis faire une fumigation avec la vapeur de l'acide nitrique, suivant la méthode du

Dr. Smyth : elle fut répétée le soir autour des malades.

» La même méthode de purification fut successivement établie dans toutes les autres salles de ce vaste hôpital; dans toutes, la vapeur nitrique fut répandue tous les jours, matin et soir; et partout, la mortalité qui étoit au comble, diminua immédiatement en peu de jours. Tous les malades furent guéris, et l'hôpital resta vide.

» Pressé de partir pour San Lucar de Barameda, où l'épidémie faisoit de grands ravages, je n'ai pas eu le temps de noter toutes les circonstances qui ont accompagné l'étonnant et heureux effet du gaz nitrique sur les malades et sur ceux qui les soignoient.

» Le 3 novembre, arrivé à San Lucar, je trouvai la peste au plus haut degré de malignité; l'hôpital de San Juan de Dios étoit encombré de cadavres. Je procédai à sa désinfection de la manière que je l'avois fait dans celui de Séville : j'établis dans la grande salle, qui contenoit un grand nombre de malades, deux lampes fumigatoires, lesquelles répandoient constamment la vapeur nitrique. L'effet fut le même qu'à Séville : depuis ce jour-là il ne mourut presque aucun malade; aucun des servans ne fut contagié.

» Le même succès eut lieu dans la caserne des carabiniers, dans celle du régiment de Sevilla, et dans celle de la milice de Grenada. Dans tous ces lieux l'acide nitrique détruisit les miasmes contagieux ; les malades furent en peu de temps rétablis, et n'éprouvèrent plus de rechute, comme ils avoient fait auparavant.

» Tout ce que j'ai observé dans cette occasion, démontre l'efficacité des acides minéraux en général, et de l'acide nitrique en particulier, non seulement contre les miasmes putrides ordinaires, mais encore contre ceux qui ont tous les caractères de la peste, tels que ceux qui ont causé l'épidémie de l'Andalousie. »

27. Quelque précis que soient ces témoignages, ils n'obtiendroient pas une entière confiance, si je ne les appuyois de l'opinion de la commission médicale formée de trois savans médecins de l'école de Montpellier, (MM. Lafabrie, Berthe et Broussonet) envoyée la même année en Espagne par le gouvernement français.

. Il résulte de leurs observations, publiées sous le titre de *Précis historique de la maladie qui a régné dans l'Andalousie en 1800*, rédigé par l'un de ses membres, M. le professeur Berthe, que cette maladie étoit réellement la fièvre jaune d'Amérique ; qu'elle avoit été apportée à Cadix, au mois d'août 1800, par une corvette américaine venant de la Havane ; qu'elle ne tenoit en aucune manière au génie épidémique ; qu'elle étoit essentiellement contagieuse ; que, quoique sa propagation ne fût le plus souvent favorisée que *par le contact presque immédiat,* plusieurs faits, néanmoins, tendoient à *prouver que l'infection avoit lieu quelquefois par la seule application des miasmes contagieux disséminés dans l'air.*

Les commissaires n'arrivèrent à Séville que vers le milieu de pluviose (février 1801), c'est à dire deux mois après que la maladie y avoit entiérement cessé ; mais les conférences qu'ils eurent avec les officiers de santé, particuliérement avec MM. Queralto et Cabanellas, les mirent à portée de recueillir les notions les plus exactes de l'invasion de cette fiévre, de ses caractères et des moyens employés pour en arrêter la propagation.

Dans l'examen sévère qu'ils font des effets des fumigations, ils écartent avec raison celui que l'on pourroit être tenté de leur attribuer à Cadix, où elles ne furent pratiquées que beaucoup trop tard pour donner des résultats concluans, et même d'une manière très-incomplète. Ils ne pensent pas que les fumigations puissent servir à purifier l'atmosphère d'une province, même d'une ville, lorsqu'elle est une fois infectée ; et leur vraie destination n'est en effet que de tarir les sources qui produisent et grossissent journellement cette masse d'infection. Mais ils n'hésitent pas de déclarer que cette méthode offre les plus grands avantages à tous les individus ; qu'elle peut les soustraire aux miasmes dont ils sont environnés ; qu'elle détruit ces miasmes à mesure qu'ils se dégagent, en un mot qu'elle est la seule qui mérite confiance. (11)

28. Lorsque j'ai annoncé que je réserverois pour la dernière partie de ce traité les nouvelles preuves que j'ai recueillies depuis sa publication, des propriétés anti-contagieuses des acides minéraux, mon intention a été de signaler deux époques bien distinctes dans l'histoire des progrès de cette doctrine. La première, où la routine et les préventions, plus fortes que l'évidence des principes et la manifestation des faits, se sont liguées pour repousser cette méthode salutaire ; la seconde, où la réunion des suffrages des hommes éclairés et la continuité des applications suivies de succès éclatans, ont enfin fixé l'opinion générale et commandé l'attention des autorités tutélaires. Peut-

on ne pas déplorer encore les événemens du commencement de cette dernière époque, lorsqu'on voit que, dans cette même province d'Espagne, où le D^r. Queralto écrivoit, en 1800, qu'il falloit que chacun eût en sa maison une instruction abrégée sur la manière de pratiquer, sans aucun danger, ces fumigations, la même maladie se représente trois ans après, avec les mêmes caractères de contagion, et que ce n'est que lorsqu'elle a opéré de très-grands ravages, que l'on a recours à quelques applications tardives, partielles et sans suite, des vrais préservatifs? N'y a-t-il donc que le retour des calamités qui puisse nous décider à étudier les moyens de les prévenir!

TROISIÉME PARTIE.

Examen des opinions sur les effets des différentes méthodes de fumigations acides. Expériences directes pour apprécier tous les moyens employés comme préservatifs et désinfectans, et pour en déterminer l'application.

29. Je suis bien éloigné de chercher à diminuer la confiance que doivent produire des

expériences authentiques , faites en grand , dans les circonstances les plus décisives, sous les yeux des hommes de l'art, dont les récits ne respirent que le zèle le plus pur pour le soulagement de l'humanité; mais c'est précisément quand on a une masse de faits établis par des témoignages aussi imposans, que l'on peut s'occuper utilement de l'examen des conséquences qu'ils présentent, et asseoir, d'après ces données, quelques points de théorie pour servir, comme la courbe des géomètres, à régulariser une série d'observations.

Les acides minéraux ont le pouvoir de détruire les miasmes contagieux, et l'odeur putride qui annonce leur présence ; ces acides peuvent être portés à l'état de vapeurs , de manière à purifier une masse d'air infectée : enfin, avec quelques précautions peu difficiles, ces vapeurs peuvent être répandues jusque dans les lieux fermés et habités, sans inconvénient, et même sans incommodité pour les assistans. Voilà ce qui résulte bien certainement de ce que l'on a vu dans les deux premières parties. Je n'aurois pas imaginé qu'il fallût autre chose que les procès-verbaux dressés par les commissaires du conseil de santé, dans trois hôpitaux, pour prouver que les fumigations d'acide muriatique pouvoient être pratiquées

même près des lits des malades, sans le moindre danger. Mais, si l'on vouloit encore élever
des doutes à cet égard, je puis faire voir maintenant qu'ils seroient en contradiction avec les
témoignages du D`r`. Smyth, qui rapporte, dans
sa troisième expérience (*), qu'ayant placé un
oiseau sous un récipient, dans lequel il dégagea des vapeurs d'acide muriatique, en jetant
du sel marin dans de l'acide sulfurique, il
ouvrit fréquemment le bec pour respirer ;
mais que, *quand on le retira du récipient, il
étoit aussi agile qu'auparavant.* Il n'a jamais
été question de faire subir à des hommes une
épreuve de ce genre, pas plus avec l'acide nitrique qu'avec l'acide muriatique.

J'ai observé précédemment qu'à l'hôpital de
Winchester, en 1780, le D`r`. Smyth avoit fait
laver, *tous les jours,* les lits avec l'acide muriatique, sans qu'il eût eu une seule fois occasion de remarquer que les vapeurs, qu'il répand même dans l'état de liqueur, aient incommodé les malades. Pour se convaincre que ce
fut principalement et peut-être uniquement à
l'action de cet acide, et à son expansibilité
spontanée qu'il dut ses succès dans cet hôpital,
il suffit de rapprocher de cette opinion le juge-

(*) *Observations sur la fièvre des prisons,* page 69.

ment

ment qu'il a lui-même porté du peu d'efficacité des autres moyens de désinfection qu'il employoit alors. J'ai la satisfaction de trouver une confirmation précieuse de cette opinion, dans un ouvrage de l'un des plus savans compatriotes de M. Smyth, qui, après avoir rappelé la manière dont il combattit si heureusement la contagion de Winchester, et les lotions journalières d'acide muriatique, ajoute : Cet acide a eu probablement une action beaucoup plus efficace que le D^r. Smyth ne l'a imaginé ; *this acid probably acted with still greater efficacy than D^r. Smyth conceived.* Ce sont les expressions du D^r. Th. Beddoes (*). Il appuie ce jugement sur l'observation commune et bien concluante, que l'on ne peut laisser une *petite quantité* d'acide muriatique dans un *appartement spacieux*, sans que le poli des ferrures en soit attaqué. C'est avec la même franchise qu'il témoigne son étonnement de ce que le D^r. Smyth qui, dans le récit de ses procédés de désinfection à Winchester, en 1780, ne fait mention d'aucun autre moyen que d'*acide nitreux fumant* et de *déflagration de*

(*) *Considérations on the medicinal powers and the production of factitious airs, etc.* London, 1796, part. xv, page 165.

E

nitre, qu'il croyoit devoir dégager de l'air
plus pur que l'air commun; qui avoue son
erreur et reconnoît qu'il a appris depuis à distinguer l'acide nitreux de la vapeur nitrique,
affirme néanmoins, dans le même ouvrage,
imprimé en 1795, que seize ou dix-sept ans
auparavant, il avoit commencé à employer,
dans sa pratique particulière, le véritable
gaz acide nitrique, c'est à dire, dégagé du nitre
par l'acide sulfurique (*). Ce n'est donc,
comme il le dit, que la louable persévérance
avec laquelle il a fait continuer, en 1795, sur
le vaisseau d'hôpital l'*Union*, les fumigations
d'acide nitrique, qu'il en a fait connoître l'efficacité. Je n'ai pas besoin d'observer que,
même en reportant à dix-sept ans avant 1795
les premières tentatives de la pratique privée
du D^r. Smyth, il me resteroit encore une antériorité de succès constatés et publiés cinq ans
auparavant.

J'apprécierai ailleurs ce que l'on doit penser
de la répugnance de quelques personnes pour
les vapeurs d'acide muriatique, ou même d'a-
cide muriatique oxigéné, répugnance que l'on

______

(*) *A description of the jail distemper as it appeared
amongst the Spanish prisoners at Winchester in the
year 1780.* London, 1795, pages 174, 193 et 195.

fait naître ou cesser à volonté, par les dispositions de confiance ou de défiance dans lesquelles on met facilement ceux qui n'ont aucune connoissance de leur nature. Il en est à peu près de même de la toux qu'occasionne, dans les premiers momens, le gaz acide muriatique, dégagé subitement en trop grande abondance, et qui, d'après les lettres même adressées au Dr. Smyth, n'ont pas été moins fréquemment excitées par les vapeurs nitriques. M. Snipe, chirurgien du vaisseau *le Sandwich*, lui écrivoit, le 17 juin 1798, qu'elles faisoient *tousser assez fortement les malades poitrinaires*.

Par rapport à l'acide muriatique oxigéné, j'aurai bien d'autres faits à ajouter pour établir que, s'il est le plus puissant des désinfectans, il est en même temps celui dont il est le plus facile de modérer les effets, de manière qu'ils ne puissent jamais être nuisibles. Je m'en tiens, quant à présent, à ce que j'ai dit de son usage habituel dans les hôpitaux, sous la direction de MM. Rollo et Cruickshank.

30. En admettant cependant les vérités établies par cette notice historique, on peut demander encore : *Si ces acides agissent tous de la même manière; s'ils exercent les mêmes*

affinités ; si les effets en sont aussi prompts et aussi complets ; si leur action est augmentée par l'oxigène ; s'il est vrai que ce principe soit mis en liberté dans le procédé de M. Smyth ; si tous les miasmes contagieux sont également soumis à la puissance de ces agens ; si tous les effluves putrides ont nécessairement ce caractère ; si l'ammoniaque en fait essentiellement partie ; s'ils sont toujours accompagnés de gaz acide carbonique ; enfin, si les acides végétaux peuvent aussi opérer leur décomposition ?

La résolution de ces questions ne peut manquer de répandre un grand jour sur les causes et les effets immédiats de la contagion, et de déterminer le but que l'on doit se proposer dans l'application des moyens de la détruire ; mais il ne faut pas se borner à prendre pour guides, dans cette discussion, les écrits de ceux qui se sont acquis une juste réputation par leurs recherches et leurs méditations sur ce sujet, tels que MM. Macbride, Pringle, de Haen, le traducteur de Shaw, Gaber, Gardane, etc. qui n'ont connu ni les propriétés des parties composantes de l'eau, ni celles des hydrosulfures, ni la formation de l'ammoniaque. Les faits recueillis par ces laborieux observateurs, subsistent sans doute, et je n'ai pas négligé d'en faire état; mais, en même temps, j'ai senti la nécessité de les examiner sous un nouveau point de vue, pour en redresser les conséquences par les données qui manquoient à leur explication; et, pour cela, j'ai été quelquefois obligé de les remanier avec les instrumens, et suivant la méthode exacte dont la chimie est aujourd'hui en possession. J'ai donc eu recours à des expériences directes, et voici comment j'ai procédé :

31. J'ai mis sous un très-grand récipient une capsule contenant trois hectogrammes de tranches de chair de bœuf crue, les bords inférieurs du récipient plongeant dans l'eau pour intercepter la communication avec l'air extérieur, et j'ai laissé putréfier jusqu'à la dissolution sanieuse; ce qui s'est fait en six jours, à la faveur de la température qui étoit constamment entre 23 et 29 degrés du thermomètre centigrade.

Ce récipient portoit à la partie supérieure un robinet et un tube de verre recourbé, au moyen duquel, après avoir retiré la capsule, je pouvois, en enfonçant le récipient dans la cuve pneumatique, faire passer le gaz dans telle liqueur et sous tel vaisseau que je jugeois à propos, sans qu'il eût subi, en passant à travers l'eau, un lavage capable d'en changer à un certain point la nature, ou même d'en diminuer l'intensité.

Voilà l'appareil tout simple qui a servi à mes premières expériences; mais je ne tardai pas à m'apercevoir que l'eau de la cuve pneumatique, dans laquelle j'enfonçois le récipient, contractoit, en très-peu de temps, une odeur désagréable. Je prévis d'ailleurs que, pour avoir des effets plus décisifs, je serois obligé de laisser séjourner le gaz putride sur les divers réactifs que je voulois lui présenter, quelquefois même de les brasser ensemble. Enfin, l'air infecté qui sortoit non décomposé des liqueurs dans lesquelles je le faisois passer, répandoit dans le laboratoire une odeur à laquelle il eût été imprudent de rester longtemps exposé, et qui déjà noircissoit les pièces d'argent que j'avois sur moi.

Je pris le parti de substituer d'abord au récipient tubulé de grands flacons à double goulot, dont l'un portoit le siphon par lequel devoit sortir le gaz; et l'autre un entonnoir à robinet, pour déplacer le gaz à volonté, en y introduisant de l'eau, comme dans l'instrument connu sous le nom de *lampe à air inflammable.*

52. J'imaginai ensuite de réunir deux flacons au moyen d'un robinet de cristal, ajusté
de manière que les deux extrémités du tuyau
communiquant servoient de bouchons aux
deux flacons. Ainsi, ayant rempli l'un des
flacons (dont la capacité étoit triple de celle
de l'autre) de l'air infecté par la chair cor-
rompue, je le bouchois avec le robinet, à
l'instant même où j'enlevois son obturateur;
je mettois ensuite dans le petit flacon les matières dont je voulois éprouver l'action : ce second flacon également bouché par le robinet,
je tournois la clef, pour établir la communication, et je faisois passer tout de suite, ou successivement, partie du fluide gazeux et des
matières de l'un dans l'autre.

53. Ces instrumens, comme l'on voit, rem-
plissoient toutes mes vues, et diminuoient considérablement le danger de ces opérations, pendant lesquelles je n'ai pas négligé néanmoins
de faire habituellement usage du puissant désinfectant dont il sera question dans la suite.

Je vais exposer succinctement les résultats
de mes expériences, en commençant par celles
qui ont été particulièrement dirigées pour
découvrir les principes que portent dans l'air
les émanations des substances en putréfaction.

Ire. EXPÉRIENCE.

34. J'ai fait passer une portion d'air infecté par ces émanations, dans de l'*eau de chaux*; il l'a troublée sur le champ et abondamment. Le précipité recueilli sur le filtre a fait une vive effervescence avec l'acide acéteux. L'odeur du gaz, après cette opération, étoit encore très-fétide, quoique l'eau de chaux n'eût pas été entiérement épuisée par le gaz qui y avoit passé; elle se troubloit encore lorsqu'on y versoit de l'eau chargée d'acide carbonique.

Cette opération a été répétée à trois périodes différentes des progrès de la décomposition putride; elle a toujours présenté les mêmes phénomènes : l'eau de chaux a été rendue laiteuse, le gaz a conservé de l'odeur, même après avoir été fortement brassé avec l'eau de chaux; seulement, à la dernière fois, l'eau de chaux a paru se couvrir d'une légère pellicule irisante.

IIe. EXPÉRIENCE.

35. Une autre portion du même gaz a été portée dans un vase rempli de dissolution de *nitrate d'argent*; il l'a noircie, dès le premier

instant, et il s'en est séparé une pellicule bru-
nâtre, dont partie a gagné le fond de la liqueur.

IIIe. EXPÉRIENCE.

36. La dissolution de *nitrate de mercure*,
traversée par le même gaz, est devenue sur le
champ d'un noir foncé; la liqueur présentoit
une pellicule avec les couleurs de l'iris. Au bout
de quelques jours, abandonnée à l'air libre, on
n'y remarquoit plus qu'un précipité blanc.

IVe. EXPÉRIENCE.

37. Dans la dissolution d'*acétite de plomb*,
l'effet a été encore plus prompt, et surtout plus
considérable; au bout de quelques instans, il
s'est déposé au fond du vase une poudre noire
qui a conservé toute l'intensité de sa couleur.

V^e. EXPÉRIENCE.

38. En faisant passer ce gaz par la dissolution
de *nitrate de cuivre*, étendue d'eau, elle prend
une couleur jaune; il y a un léger précipité,
d'abord floconneux, qui se dépose ensuite en
poudre brune, et il reste à la surface de la liqueur une très-légère pellicule, qui réfléchit
les couleurs de l'iris, et qui a une sorte d'éclat
métallique. Ce phénomène a eu lieu même dans
une dissolution qui avoit un léger excès d'acide.

VIᵉ. EXPÉRIENCE.

39. Le gaz putride, introduit dans un flacon rempli de dissolution de *sulfure de chaux*, la trouble sur le champ, et il se fait un dépôt de cárbonate de chaux, mais sans apparence de précipité noir ou brun, ni dégagement d'ammoniaque.

VIIᵉ. EXPÉRIENCE.

40. Des bandes de papier colorées par le *fernambouc*, par les pétales des *mauves*, par le *curcuma*, par la dissolution de *nitrate de cuivre*, ont été suspendues pendant vingt-quatre heures dans des vases couverts, remplis d'air chargé d'émanations putrides, et il n'y a eu aucun changement qui indiquât la présence de la moindre quantité d'ammoniaque. Les couleurs ont seulement paru affoiblies, comme si elles eussent été délayées ; mais elles conservoient encore la propriété de manifester, par une altération sensible, la présence des alkalis libres.

VIIIᵉ. EXPÉRIENCE.

41. J'ai essayé de brasser cet air dans le *sirop de violettes* étendu, dans la *dissolution de cuivre* affoiblie, dans l'*infusion de tourne-*

sol rougie par l'acide acéteux ; je n'ai pu dé‹
couvrir la plus légère trace d'ammoniaque.

IXe. EXPÉRIENCE.

42. Il n'en a pas été de même lorsque j'ai
présenté ces réactifs à la vapeur, dégagée par
la chaux, de l'eau qui avoit servi à déplacer l'air
infecté, et qui, ayant été instantanément en
contact avec la chair putréfiée, y avoit pris une
légère nuance rougeâtre ; au bout de deux
heures, les papiers teints par le *fernambouc*,
par les *mauves*, et même par le *curcuma*, ont
donné des signes non équivoques de l'action du
gaz ammoniacal.

X^e. EXPÉRIENCE.

43. Les observations importantes par les‹
quelles M. Berthollet a constaté l'action rapide
et sensible de plusieurs substances sur l'hydro‹
gène sulfuré et les hydrosulfures, m'indiquoient
de nouveaux instrumens de recherches, d'au‹
tant plus appropriés, que les altérations de
plusieurs dissolutions métalliques, par l'air in‹
fecté, y manifestoient assez la présence de
quelque réductif analogue. Quoique ces essais
ne m'aient pas donné ce que je pouvois en
attendre, je ne dois pas moins en faire état.

Les résultats négatifs sont, en chimie, ceux qui donnent souvent les conséquences les plus importantes.

La dissolution de *sulfate de zinc*, bien saturée, a été tenue renfermée pendant vingt-quatre heures, dans l'appareil aux deux flacons, avec l'air chargé d'émanations putrides, et le mélange fortement agité à plusieurs reprises; il n'y a eu aucune trace du précipité blanc qu'occasionnent dans cette dissolution l'hydrogène sulfuré et les hydrosulfures; la liqueur a seulement paru plus disposée à donner quelques cristaux, en forme de barbes de plumes, sur les parois du flacon. Au reste, l'odeur n'étoit que très-peu diminuée.

XIe. EXPÉRIENCE.

44. J'ai enfermé de même, avec l'air infecté, les oxides qui agissent le plus puissamment sur les hydrosulfures, tels que l'oxide de zinc, l'oxide noir de manganèse, et l'oxide brun de plomb, tous réduits en poudre fine, légérement humectés d'eau distillée; et, après vingt-quatre heures, pendant lesquelles ces mélanges ont été souvent agités, je n'ai aperçu aucun changement dans la couleur de ces oxides, nulle trace de dégagement d'ammoniaque, ni

aucun phénomène qui manifestât la présence du soufre. L'odeur fétide parut seulement un peu diminuée dans le flacon qui contenoit l'oxide de manganèse, et l'eau avoit acquis la propriété de précipiter en gris sale les dissolutions de nitrate de mercure, et d'acétite de plomb (*).

(*) Dans la séance de l'Institut, du 16 brumaire an IX, M. Berthollet, après avoir entendu la lecture de ces expériences, communiqua verbalement les observations suivantes, qu'il fut invité de rédiger, pour être insérées au procès-verbal. Quoiqu'elles n'aient pas toutes un rapport direct avec l'objet de ce traité, on sera bien aise de connoître le résultat des travaux et des méditations de ce profond chimiste, sur un sujet aussi important.

« 1°. Le gaz produit par la putréfaction contient beaucoup de carbone, et non d'hydrogène.

2°. De l'urine exposée à la lumière, dans des vaisseaux fermés, reste acide ; à l'obscurité, elle forme de l'ammoniaque.

3°. La viande, tenue quinze ans dans des flacons bouchés, avec de l'eau en petite quantité, a rendu l'eau acide avec un peu d'ammoniaque.

4°. Cette viande a encore produit de la gelée par la cuisson.

5°. Ce gaz lui a donné deux fois des coliques ; il faut faire ces expériences avec précaution.

6°. Le principe putride, dans l'air, n'est point absorbé par de l'eau de chaux ; mais il l'est, lorsqu'il est dissous dans l'eau.

7°. Une substance non putride peut absorber beaucoup

Conséquences que l'on peut tirer des expériences précédentes.

45. Ces expériences n'embrassent pas, comme l'on voit, un plan aussi étendu que celles qui ont été décrites dans plusieurs ouvrages sur la putréfaction; mais elles devoient être circonscrites relativement à mon objet; et, sous ce point de vue, elles sont neuves, même pour les phénomènes dont elles semblent ne donner que la confirmation; puisque ces auteurs ont toujours opéré sur les matières même putréfiées, telles que la chair, le sang, la lymphe, la bile, l'urine, etc., tandis que c'est l'air lui-même infecté par les émanations putrides que je me suis proposé d'examiner, pour tirer de sa nature, mieux connue, les moyens d'en corriger l'insalubrité.

46. Il est présentement reconnu que les eudiomètres construits sur les meilleurs principes sont insuffisans pour donner la mesure de la sa-

---

de ce gaz sans se putréfier; mais, arrivée à un certain point, elle est très-disposée à se putréfier.

8°. Il y a composition d'eau dans la plupart des putréfactions; mais non développement d'hydrogène.

9°. Les substances les plus anti-septiques sont le quinquina et la noix de galle. »

lubrité de l'air ; ce qui a fait dire au célèbre Gren, que ce seroit plutôt un *cacomètre* qu'il faudroit trouver pour atteindre ce but. Non qu'il faille renoncer à un instrument qui, ramené à sa véritable destination, nous donne le moyen de déterminer, avec assez de précision, la proportion qu'un fluide aériforme contient de ce que nous nommons air vital, et qui est réellement le principe de la vie ; mais il faut distinguer :

1°. L'air qui donne la mort, ou plutôt qui cesse d'entretenir la vie, parce qu'il est privé ou trop appauvri de cet élément ;

2°. L'air nuisible, parce qu'il est surchargé d'acide carbonique ou d'hydrogène carboné ;

3°. L'air rendu odorant ou fétide par des émanations.

Les deux premiers sont suffisamment connus ; ils n'ont pas une odeur sensible, et cependant ils sont très - nuisibles, puisqu'à un certain degré, ils peuvent donner subitement la mort. Avant la réforme de la chimie et la découverte des parties constituantes de l'air atmosphérique , on attribuoit ces effets au *phlogistique :* Pringle , White , et plusieurs autres, regardoient ce principe comme *pestilentiel* en lui-même , et lorsqu'il étoit seul ; quoiqu'alors il ne fît aucune impression sur les nerfs olfactifs. On ne sera pas tenté de recourir aujourd'hui aux prétendues propriétés de cet être imaginaire, pour expliquer ni l'altération de l'air, observée par le dernier, après l'avoir tenu vingt-quatre heures renfermé avec des viandes fraîches, ni le terrible événement de la prison de *Calcutta*, où il périt cent vingt-trois Anglais, sur cent quarante-six qui y étoient entrés sains, onze heures auparavant. S'il est vrai que les effluves animaux y aient eu quelque part, la principale cause est facile à découvrir par le calcul, lorsqu'on sait que l'espace dans lequel ces malheureux furent entassés par un ordre barbare, ne laissoit à chaque individu qu'une surface de 23 décimètres quarrés (environ 512 pouces). Une dernière preuve que la putréfaction n'y avoit pas encore produit de miasmes vraiment contagieux , c'est que la cure de ceux qui eurent le bonheur d'échapper à ce danger n'exigea que de l'air frais (*).

47. Quant à l'air que j'ai distingué en troisième ordre, c'est-à-dire, celui qui est rendu odorant ou fétide par des émanations, il y a bien plus de difficultés, parce que nous n'avons

____

(*) Journal de Physique, tome xviii, page 148.

encore

encore que des idées vagues de la nature de ces
émanations. L'odeur n'est presque, dans le
langage vulgaire, que l'expression métaphy-
sique de la sensation douce ou désagréable,
forte ou foible, qu'elle nous fait éprouver;
et l'on conçoit qu'elle devroit être pour le chimiste le signe de la présence de la substance
particulière qui a la propriété d'affecter ainsi
nos sens. La chimie exacte ne permet pas de
séparer la manière d'agir des corps de leur manière d'être.

Je suis bien éloigné de penser que les divers
corpuscules odorans soient autant de composés
de matières essentiellement différentes; mais il
me semble que l'on est encore moins fondé à
supposer que toutes les odeurs ont un principe
commun, et je n'hésite pas d'appliquer aux
odeurs animales ce que M. Fourcroy a très-
bien établi dans son mémoire sur l'esprit rec-
teur de Boërhaave, ou l'arome des végétaux (*),
qu'il n'y a point de principe particulier auquel
on puisse attribuer exclusivement cette propriété; qu'elle appartient à toute substance qui
se trouve portée ou dissoute dans l'air, et que
les corpuscules odorans agissent par eux-mêmes

____

(*) Journal Polytechnique, tome II, page 82.

sur nos organes (*). En effet, ce sont quelquefois les matériaux immédiats du corps dont ils se séparent par leur propre volatilité ; quelquefois ce ne sont que quelques élémens de leur composition qui sont mis en liberté par le jeu des affinités ; quelquefois, enfin , ce sont des produits de combinaisons différentes déterminées par la présence d'un nouvel agent.

48. On a bien senti qu'à la différence des matières morbifiques qui n'ont d'action sur nous que par le contact, les corpuscules à la fois odorans et contagieux ne pouvoient être considérés comme flottans inégalement et pour

(*) Il n'y a pas plus de raison , dit très-bien M. Nicholson , d'admettre un principe commun d'odeur qu'un principe commun de saveur. Il présente cette réflexion à l'occasion d'un fait très-curieux observé par M. Howard, qui peut faire concevoir la possibilité de rendre palpables les plus subtiles émanations. Il avoit exposé à l'action du gaz acide muriatique oxigéné , très-sec , de l'huile animale parfaitement rectifiée : il vit s'élever immédiatement une vapeur épaisse à environ quatre pouces au-dessus de la petite fiole qui contenoit l'huile, et qui retomboit insensiblement. Il pense que ce phénomène pourroit s'expliquer, en supposant que la vapeur étoit formée par l'union de l'hydrogène de la matière de l'émanation avec l'oxigène surabondant de l'acide. *Annales de chimie* , tome XXVII , page 218.

ainsi dire mécaniquement dans l'air : de là on a été porté à imaginer un principe qui fût leur excipient commun ; mais il est aisé de voir qu'on n'en étoit pas plus avancé, puisque, pour rentrer dans l'ordre des phénomènes que la nature n'opère jamais que par dissolution, il falloit accumuler une série d'autres suppositions ; par exemple, que ce principe avoit affinité avec autant de substances différentes qu'il y avoit d'odeurs diverses, et que tous ces composés étoient dissolubles dans l'air.

Il est donc plus conforme à la saine théorie de reconnoître dans le fluide atmosphérique lui-même le vrai dissolvant de ces émanations, et la cause de l'expansibilité qui les apporte jusque sur les nerfs olfactifs, plus rares ou plus concentrées, suivant que l'action dissolvante de ce fluide est elle-même affectée par la chaleur et par l'humidité. Il n'y a que l'affinité qui puisse produire équilibre, indépendamment des différences de pesanteur spécifique. C'est ainsi que Bergman a observé que l'air, même stagnant, déplaçoit à la fin le gaz acide carbonique (*), et qu'au contraire le gaz hydrogène carboné reste dans les profondeurs des mines ; ce qui ne peut arriver, comme le remarque

____

(*) Dissertation Ire. §. 25.

M. Berthollet, qu'autant qu'il y est dans un état de combinaison (*).

49. On ne peut guère douter que ce ne soit l'air tout entier, dans son état de composition habituelle, qui se charge de ces corpuscules ; car si cette faculté appartenoit exclusivement à l'oxigène ou à l'azote, les proportions de ces élémens se trouveroient changées, comme il arrive toutes les fois que l'air est en contact avec les substances disposées à l'acidification ou à l'oxidation ; tandis que les expériences eudiométriques ne laissent pas apercevoir d'altération sensible de l'air tenu dans des vaisseaux fermés avec le *musc*, *l'assa fœtida*, *l'opium* et autres corps aussi fortement odorans ; pourvu, comme le remarque le docteur White, qu'ils soient séparés de toute matière susceptible de fermentation, et à plus forte raison d'oxigénation. Il a éprouvé, par le gaz nitreux, l'air tiré d'une fosse d'aisance, et l'absorption a été la même que celle d'un pareil volume d'air commun (**).

50. Les émanations putrides elles - mêmes

(*) Ecoles normales, tome v, page 84.
(**) Journal de Physique, tome xxvii, page 145.

ne vicient pas, à beaucoup près, l'air au degré que l'odeur infecte le feroit présumer. J'ai soumis successivement à l'action du gaz nitreux, du sulfure de potasse et du phosphore, ce que j'appelle gaz putride, ou de l'air chargé des exhalaisons de la décomposition sanieuse de la viande, en opérant toujours comparativement sur de l'air commun pris au dehors; la plus forte différence que m'aient donnée ces essais eudiométriques n'a pas excédé 3.4 pour 100, de sorte que la diminution de volume du gaz putride annonçoit encore la présence de 0.18 au moins d'oxigène.

Les expériences que m'a obligeamment communiqué M. le docteur Mojon, sont encore plus décisives sur ce point, puisqu'elles ont été faites dans le même temps, comparativement sur de l'air pur et sur de l'air manifestement chargé de miasmes putrides et délétères.

Le 10 juin 1800, époque à laquelle la fièvre d'hôpital exerçoit ses plus grands ravages à Gênes, ce savant professeur soumit à l'épreuve de l'eudiomètre à phosphore, de l'air pris dans un lieu élevé, le ciel étant serein, le vent N. E., et l'air de l'église Saint-Dominique, dont on venoit de tirer les malades, et où il restoit encore beaucoup d'immondices et un cadavre non enseveli; le résultat de l'absorption indiqua de même 0.20 d'oxigène et 0.80 de gaz azote.

Cette expérience répétée deux jours après, avec l'eudiomètre à sulfure de potasse, sur l'air pur et sur l'air de l'église Sainte-Brigite, actuellement encombrée de soldats fiévreux, donna également pour l'un et l'autre une absorption de 0,23.

D'où il conclut avec raison que l'épidémie n'est pas produite par la différence des proportions des gaz qui composent l'air atmosphérique, mais par les miasmes dont il est chargé, et qui échappent à cette analyse.

On sait à quel degré de précision MM. d'Humbold et Gay-Lussac ont porté les épreuves eudiométriques, qui les ont conduits à fixer à 0.21 le gaz oxigène de l'air atmosphérique, et à 0.79 le gaz azote ; ils se sont assurés en même temps que l'air altéré par la respiration d'un grand nombre d'hommes rassemblés dans une salle de spectacle, éprouvoit une si petite différence dans la proportion de l'oxigène, qu'elle ne pouvoit servir à expliquer son insalubrité (*).

51. Il est cependant une observation qui ne doit pas être négligée dans la recherche du vrai

______

(*) Annales de chimie, tome LIII, page 251.

dissolvant des diverses espèces d'émanations. Cette partie de l'air commun que nous nommons azote, qui en fait près des quatre cinquièmes, et dont on n'a guère examiné jusqu'ici que les qualités négatives, comme l'a très-bien remarqué M. Berthollet (*), est très-certainement l'agent d'un grand nombre de combinaisons inconnues. Il seroit donc possible qu'il exerçât, du moins sur quelques-uns des corpuscules odorans, de ceux surtout fournis par les matières animales, la même affinité de dissolution que l'on a nouvellement reconnu qu'il exerçoit sur le phosphore, et sans laquelle ce combustible cesse d'être attaqué par l'oxigène.

52. Quelques-uns ont pensé que les odeurs n'avoient pas de limites, qu'elles ne pouvoient être définies, et ne formoient qu'un caractère vague; d'autres ont soutenu que les odeurs semblables indiquoient des vertus analogues, dont les effets n'étoient différens qu'à raison du degré de concentration ou de la sensibilité de l'organe. Ce seroit m'écarter de mon sujet, que de me livrer à la discussion des faits sur lesquels on a cherché à établir ces opinions. Je ne

____

(*) Journal Polytechnique, tome I, page 277.

dois m'occuper ici que des odeurs à la fois fétides et malfaisantes, ou qui annoncent des
miasmes contagieux. La matière qui les constitue peut sans doute exister dans l'air sans produire une impression distincte sur les nerfs
olfactifs ; mais il n'y a pour lors de changement
que dans ses proportions avec son dissolvant.
Pourrions-nous en prendre une autre idée,
quand nous voyons, tous les jours, dans les
dissolutions qui produisent les plus fortes sensations, la saveur et l'odeur s'affoiblir, ou même
disparoître entiérement, lorsqu'elles sont éten-
dues à un certain point? L'eau d'*hydrogène
sulfuré*, devenue méconnoissable par l'odeur,
manifeste encore longtemps après la présence
d'une portion de ce principe, en précipitant,
en noir, le nitrate de mercure. J'aurai occasion
de rapporter dans la suite des expériences récentes qui ne laissent aucun doute que l'air
même, imprégné d'une quantité d'hydrogène
sulfuré si foible, qu'on peut à peine en soupçonner la présence par l'odeur, est encore un
poison très-actif, qui tue les animaux qui le
respirent ou qui y sont plongés.

53. En dirigeant particulièrement mes recherches sur l'air sensiblement infecté par les

exhalaisons putrides , j'ai trouvé un double avantage. Le *premier*, d'être toujours guidé dans mon jugement des résultats , par un signe non équivoque de l'intensité, ou de l'affoiblissement de l'action meurtrière des corpuscules exhalés ; car personne ne contestera qu'un corps ne reste le même que quand il garde toutes ses propriétés ; qu'il ne peut en perdre une seule , qu'en devenant un corps nouveau par analyse ou par sur-composition ; et qu'ainsi détruire l'odeur, c'est détruire le danger. Je dis *détruire*, et non masquer l'odeur, ce que l'on est malheureusement dans l'habitude de confondre. Mais la différence est grande aux yeux du chimiste , qui ne voit, dans l'odeur masquée , que le produit confus d'un mélange dont les parties tendent continuellement à se désassembler ; au lieu que la destruction de l'odeur est le résultat d'une combinaison par laquelle le corps odorant est ou décomposé , ou enchaîné dans une base qui change ses propriétés ; c'est ainsi que, dans les sels neutres, l'agent le plus corrosif cesse d'être nuisible, jusqu'à ce qu'il soit rendu libre par de nouvelles affinités. Pour en donner un exemple plus rapproché , le principe odorant de l'acide benzoïque existe bien tout entier dans le benzoate de chaux ; mais, pour lui rendre toute son action, il faut le dégager de cette terre par des acides plus puissans (*).

54. Le *second* avantage que j'ai trouvé, en choisissant, parmi les moyens d'infecter l'air, qui pouvoient être à ma disposition, la chair animale abandonnée à la putréfaction spontanée, a été d'agir sur les effluves que l'on peut regarder comme les plus abondans, surtout dans les hôpitaux, et par conséquent le principe le plus commun de la contagion qui s'y manifeste si fréquemment. « Nous savons, par une fatale expérience, dit le docteur White ; que les substances, tant animales que végétales, lorsqu'elles sont dans un état de corruption, sont les sources funestes des maladies les plus redoutables, depuis la fiévre maligne la plus benigne, jusqu'à la peste elle-même. M. J. Pringle nous a fourni l'exemple de la fiévre des prisons ou des hôpitaux, causée par l'infection d'un membre gangréné. Venise éprouva une fiévre terrible, occasionnée par une quantité de poisson pourri ; et la ville de Delft, en Hollande, en fut affligée par des choux et d'autres végétaux putréfiés. On pourroit citer plusieurs exemples de pays presque totalement

____

(*) Mémoires de chimie, de Schéele, édition française, tome I, page 126.

dépeuplés par de semblables causes (*). »

Ces observations, qui m'ont paru nécessaires pour asseoir les conséquences des faits que j'ai rapportés, trouveront également leur application dans l'examen de ceux qui me restent à décrire. Voyons d'abord ce que nous avons à recueillir des premiers.

55. On a dû remarquer que, dans tous les degrés de putréfaction, il y avoit dégagement de gaz acide carbonique ; de sorte que la proportion de ce gaz est considérablement augmentée, indépendamment de celui qui se produit par la respiration, partout où il y a un grand nombre d'hommes rassemblés.

Ce premier fait bien constaté, il importe d'en déterminer les conséquences plus rigoureusement qu'on ne l'a fait jusqu'à présent. Il paroît que, dans la plupart des essais eudiométriques, on n'a pas tenu compte de l'absorption de ce gaz par l'eau, qui devoit néanmoins influer sur le résultat, en produisant une diminution de volume capable d'en imposer sur la vraie proportion de gaz oxigène (**).

(*) Journal de physique, tome XVIII, page 147.

(**) Le docteur White a observé que de l'air qui avoit séjourné sur des prunes putréfiées, avoit perdu jusqu'à 7.5 pour 100 de son volume, en traversant l'eau. *Journal de physique*, tome XVIII, page 144.

D'autre part, cette accumulation d'un gaz délétère nous avertit de la nécessité de recourir au moyen indiqué dans l'instruction du conseil de santé, du 7 ventose an II, pour en diminuer la masse, et qui consiste à tenir, dans les encoignures des salles, des baquets remplis de lait de chaux que l'on a soin de renouveler.

56. Mais la première expérience nous fournit un résultat bien plus important, et qui ne peut être mis dans un trop grand jour, pour éveiller ceux qui se reposent imprudemment sur l'opinion, malheureusement assez répandue, que le lait de chaux décompose les miasmes contagieux. Elle a fait voir que l'air infecté conservoit de l'odeur, même après avoir été brassé dans de l'eau de chaux, et avant qu'elle fût épuisée de ses parties actives. On peut apprécier, d'après cela, la pratique recommandée dans les ouvrages les plus récens, même en cas de peste, de blanchir de nouveau avec la chaux les murs des lieux infectés (*).

M. Samuel Bernard, ancien élève de l'école polytechnique, et l'un de ceux qui firent partie de la commission des savans envoyés en Egypte, ayant entendu parler, à son retour,

______

(*) De la peste, etc. par J. F. Papon, tome II, pag. 128.

du procédé indiqué par M. Cadet de Vaux,
pour fixer la chaux sur les murs, crut devoir
me communiquer ce qu'il avoit vu pratiquer
à ce sujet au Caire. Voici les termes de sa lettre, datée du Lazaret de Marseille, le 29 brumaire an X. « J'ai appris, par les papiers publics, que vos procédés pour purifier l'air commençoient à être généralement adoptés. M. Cadet de Vaux observe qu'il ne suffit pas de désinfecter l'air, qu'il faut encore détruire les
miasmes qui s'attachent aux murs et les pénè-
trent, en recommandant la peinture à la chaux,
comme le meilleur moyen pour parvenir à ce
but ; il propose, pour la fixer et l'empêcher de
se détacher promptement, de se servir de lait
au lieu de colle. Si ce procédé a quelque avantage, au moins doit-il être dispendieux ; il m'en
a rappelé un aussi simple qu'économique, et
qui est généralement suivi en Egypte. Il consiste à ajouter quelques poignées de sel marin
à la détrempe de chaux. Ce moyen, en rendant
la peinture à la chaux solide et économique,
permettroit de blanchir souvent les murs des
hôpitaux, des lazarets, des prisons, des étables,
de tous les lieux enfin qui, par le rassemblement d'un grand nombre d'hommes ou d'animaux, sont sujets à devenir malpropres, à se
remplir d'insectes, et à se pénétrer de miasmes

dangereux.» Je réponds volontiers à l'invitation que me fait l'auteur de cette lettre, de publier ce nouveau procédé. Tout ce qui peut contribuer à rendre plus adhérent l'enduit dont on couvre les murs, est d'une utilité évidente pour l'entretien de la propreté, qui est elle-même une des premières conditions de salubrité. Mais ce seroit s'endormir dans une perfide sécurité que d'attribuer à de semblables moyens la vertu de détruire les miasmes contagieux. Je pense à cet égard absolument comme le docteur Smyth, que *les lavages à l'eau de chaux ne valent pas mieux qu'avec de l'eau pure* (*).

Ce n'est pas qu'il faille révoquer en doute la puissance de ce dissolvant, ainsi que celle des alcalis caustiques, sur les substances animales ; mais il est tout simple que la même action cesse de produire les mêmes effets, quand le corps sujet à cette action a subi un changement aussi considérable que celui qu'annonce la décomposition putride ; au lieu de supposer, dans ces circonstances, les mêmes affinités, on seroit en droit de s'étonner d'en retrouver les produits. J'ai d'autant plus de peine à concevoir comment une pareille erreur a pu s'accréditer, que les observations journalières de l'emploi de la

---

- (*) Observations sur les fiévres des prisons, page 66.

chaux dans l'un et l'autre cas, semblent faites pour ramener aux vrais principes. Personne n'ignore que la chaux prévient la corruption des corps, ou, pour parler le langage vulgaire, les consume avant la putréfaction, quand elle leur est appliquée dans l'état où les laisse la cessation récente de la vie animale ; tandis qu'elle ne sert qu'à hâter et accumuler les effluves putrides, lorsqu'on l'applique à des corps dont la putréfaction est commencée, c'est-à-dire, lorsque l'azote, le carbone, l'hydrogène, le soufre, ont déjà passé dans des combinaisons nouvelles. L'expérience IX est, à cet égard, la confirmation de ce qui est généralement connu.

57. Le gaz ammoniacal que la chaux dégage des matières animales putréfiées, est bien certainement un composé nouveau, de même que celui que donnent, par la distillation au feu, les mêmes substances avant la putréfaction. On pouvoit présumer, d'après cela, que s'il n'étoit pas le principe volatil qui élevoit dans l'atmosphère les miasmes contagieux, il étoit au moins l'un des ingrédiens de leur composition. On a vu que, dans les expériences VII et VIII, j'ai épuisé sans succès les moyens de découvrir la moindre trace d'ammoniaque ; et ce point de fait méri-

toit d'être constaté par cela même qu'il paroissoit, au premier coup-d'œil, en opposition
avec l'opinion presque générale (*); mais ce
seroit aller trop loin que d'en conclure qu'il
n'y existe pas, puisqu'il peut s'y trouver dans
un état savonneux, sur lequel les réactifs, qui
ne produisent qu'une altération de couleur,
n'ont aucune prise. Or, comme nous n'avons
besoin que du témoignage de nos sens pour
prononcer que l'odeur putride est essentiellement différente de celle de l'ammoniaque pure,
et du carbonate ammoniacal, tous les phénomènes se réunissent pour nous faire considérer
cette substance portée dans l'air dans un état de
combinaison antérieure à sa dissolution dans ce
fluide, et nous indique déjà la nécessité de tour-

***

(*) C'est dans la supposition que l'air est rendu infect
par l'ammoniaque, que M. Van Mons s'oppose à ce que
l'on emploie l'eau de chaux pour absorber le gaz acide carbonique, qui doit servir, suivant lui, à saturer l'ammoniaque (*Annales de chimie*, tome XXIX, page 101);
mais on voit qu'il a trouvé lui-même, dans l'air des chambres de malades, *beaucoup de gaz carbonique, et quelquefois un peu de gaz ammoniacal.* Il est d'ailleurs fort
éloigné de considérer l'ammoniaque comme le *miasme contagieux*, puisqu'il ajoute que cette émanation particulière
lui paroit être du *gaz hydrogène carboné, tenant en dissolution des liquides animaux encore peu connus.*

ner

ner nos vues vers des agens capables de vaincre les affinités de cette composition.

58. Les phénomènes que nous ont présenté les expériences II, III, IV et V, manifestent évidemment, dans l'air infecté par la putréfaction, un principe réductif ou désoxidant; puisque ce n'est qu'en perdant de leur oxigène, que l'argent, le mercure, le plomb et le cuivre ont pu être séparés de leurs dissolvans acides, reparoître sous forme concrète, et avec les couleurs qui annoncent ce changement. Mais quelle est la nature de ce réductif? Est-il simple? Est-il composé ? Nous en connoissons plusieurs capables d'opérer ces effets, et qui peuvent être fournis de la substance du corps putréfié, tels que l'*hydrogène*, l'*azote*, le *carbone*, le *soufre* et le *phosphore*, que l'analyse démontre dans la composition des matières animales. Cependant nous savons d'ailleurs que ces réductifs, employés séparément, n'agissent que dans certaines circonstances; il faut que les uns aient perdu la forme gazeuse, que les autres soient portés à une température plus élevée, ou qu'ils aient subi de quelqu'autre manière un commencement de désaggrégation. Le gaz hydrogène et le gaz azote traversent les dissolutions métalliques , sans y occasionner le moindre

nuage ; le carbone et le soufre ne reprennent l'oxigène, aux métaux le plus facilement réductibles, qu'à l'aide de la chaleur. Je me suis assuré que le phosphore lui-même, ce combustible si prompt à débrûler les autres corps, qui se couvre subitement d'une pellicule noire dans une dissolution très-étendue de nitrate d'argent, et y laisse, au bout de quelques jours, une cristallisation métallique, ne produit et n'éprouve aucun changement dans les dissolutions de nitrate de mercure et d'acétite de plomb, que nous avons vu en partie décomposées par l'air putride.

59. On sait, au contraire, que l'action de ces réductifs est d'autant plus rapide et plus efficace, qu'ils se trouvent réunis dans une composition plus lâche, et plus prêts à s'en séparer pour former une combinaison nouvelle, avant d'avoir repris ou l'état gazeux, ou l'aggrégation concrète. De cette condition dépend principalement l'intensité d'action si remarquable des sulfures, de l'ammoniaque, et surtout des combinaisons de l'hydrogène avec le carbone, le soufre et le phosphore.

Indépendamment de cette condition, qui forme par elle-même un caractère bien prononcé, nous en retrouvons un autre que nous avons vu , n. 47 , également concluant pour l'identité de la cause, à raison de l'identité de l'effet ; je veux parler de l'impression qu'en reçoit l'organe de l'odorat. Il n'est personne qui n'ait été frappé de la ressemblance de l'odeur du gaz hydrogène sulfuré avec celle des œufs corrompus ; *celle du gaz hydrogène phosphoré est absolument la même que celle du poisson pourri.* Ce sont les expressions de l'illustre Lavoisier (*).

D'après cela nous ne devons pas hésiter de considérer l'air putride, ou plutôt les miasmes nuisibles qu'il tient en dissolution , comme des composés de plusieurs substances de cette nature. Pour en avoir une connoissance plus entière , il faudroit pouvoir déterminer les doses de chacun de ces ingrédiens ; et, ce qui seroit tout aussi nécessaire, mais encore plus difficile, il faudroit pouvoir distinguer, dans cette composition , les élémens éloignés et les élémens prochains, c'est-à-dire, ceux qui y sont entrés comme corps simples, et ceux qui y ont été reçus , et qui s'y maintiennent dans l'équilibre d'une première combinaison, tels que les sa-

---

(*) Traité élémentaire , etc. chap. xiv , de la Fermentation putride.

vons, les huiles, les hydrosulfures, etc.; alors nous pourrions distinguer ce qui produit la différence de ces miasmes, et assigner la cause de cette sorte de puissance assimilatrice qui les constitue germes morbifiques.

60. Les instrumens chimiques ne sont pas encore assez perfectionnés pour entreprendre une semblable analyse ; mais nous avons assez de preuves de l'infinie variété d'effets que la nature peut produire par des changemens de proportions, par des quantités si foibles qu'elles échappent à nos balances, pour ne pas être être tentés d'en chercher les causes dans des principes inconnus ou des suppositions imaginaires ; surtout quand des phénomènes sensibles ont déjà soulevé une partie du voile, en nous faisant juger la présence de ces élémens par leurs affinités.

Ici l'expérience et l'analogie sont en harmonie parfaite, pour déterminer la nature au moins des principales parties constituantes des émanations contagieuses ; c'en est assez pour nous mettre sur la voie d'en trouver le remède. Puisque nous avons à combattre l'action d'un composé de réductifs, adressons-nous aux plus puissans oxigénans ; certains de détruire la composition et ses propriétés, si nous parvenons à faire subir la combustion seulement à quelques-uns de ses élémens.

C'est pour fortifier cette conséquence, par des preuves d'un autre genre, que j'ai entrepris les expériences dont je vais rendre compte, et qui doivent servir en même temps à fixer les opinions sur le choix des moyens à employer pour désinfecter l'air.

XIᵉ. EXPÉRIENCE.

61. J'ai rempli d'air infecté par la putréfaction, au dernier degré, un récipient de la capacité de seize décilitres ; j'y ai fait brûler, à plusieurs reprises, du *benjoin* jusqu'à le rendre presque opaque, et de manière qu'après le refroidissement, les parois intérieures étoient en partie tapissées de fleurs ; l'odeur du benjoin, quoique dominante, n'empêchoit pas de distinguer encore le caractère putride par une fadeur très-désagréable.

Cet air, transvasé quelques heures après dans un flacon bouché, se trouva, au bout de huit jours, avoir conservé toute son odeur répugnante.

XIIIᵉ. EXPÉRIENCE.

62. J'ai fait passer de l'air infecté dans l'appa-

reil à deux flacons précédemment décrit, n°. 52.
J'y ai ensuite introduit de l'*alcool de benjoin*,
que j'avois rendu laiteux par l'addition d'un peu
d'eau, pour en exalter l'odeur. La communication établie par l'ouverture du robinet, j'ai
brassé plusieurs fois l'air et la liqueur. Le lendemain, l'odeur ne donnoit encore qu'une sensation mixte, quoiqu'un peu moins désagréable
que dans l'expérience précédente.

<h3 style="text-align:center">XIVe. EXPÉRIENCE.</h3>

63. J'ai opéré de la même manière sur l'air
infect, par les *dissolutions alcooliques* de
baume du Pérou, de storax et de myrrhe ; la
fétidité a été encore plus sensible, ou du moins
plus déplaisante, malgré son mélange avec l'o-
deur propre à ces substances.

<h3 style="text-align:center">XVe. EXPÉRIENCE.</h3>

64. La préparation anti-pestilentielle, connue
sous le nom de *vinaigre des quatre voleurs*,
ne devoit pas être oubliée dans l'examen des
effets des compositions aromatiques. Elle a été
fortement agitée avec l'air putride ; et après vingt-
quatre heures de séjour dans l'appareil aux deux
flacons, on distinguoit encore sensiblement
l'odeur fade et rebutante qui caractérise les mé-

langesdans lesquels l'odeur putride est modifiée et non détruite.

XVIe. EXPÉRIENCE.

65. L'*acide pyroligneux* m'a paru devoir être soumis à la même épreuve, avec d'autant plus de raison, que, si les feux auxquels on attribue tant d'efficacité pour la désinfection de l'air, ne se bornent pas à imprimer plus de mouvement à ce fluide, le principe de leur action ne peut être cherché que dans ce produit de la combustion des végétaux. Cet acide, enfermé et agité avec le gaz putride, en a réellement changé l'odeur, au point qu'au bout de deux heures, on avoit peine à distinguer l'impression d'un reste de fadeur à travers celle de l'empyreume, dont les rectifications ne privent jamais entiérement cet acide.

XVIIe. EXPÉRIENCE.

66. L'explosion de la *poudre à canon* a été regardée comme un des meilleurs moyens de purifier l'air (*). Il est évident que cette opération, répétée dans un espace circonscrit, eu expulse une certaine quantité de fluide aériforme qui, se trouvant mêlée avec l'air du

____

(*) De la Peste, par J. F. Papon, tome II, page 47.

dehors, lorsque le rétablissement de l'équilibre le fait rentrer, produit un renouvellement partiel. On a pu croire aussi, comme le soufre et le nitre entrent dans la composition de la poudre, que les produits gazeux de leur combustion pouvoient agir sur l'air avec d'autant plus d'efficacité, qu'ils parcouroient instantanément un plus grand espace par la déflagration ; ces opinions se trouvant en opposition avec les expériences dans lesquelles la chimie moderne coërce ces gaz, en détermine la nature et les doses, y démontre en grande proportion , l'acide carbonique et l'azote, pour une foible quantité de vapeurs sulfureuses, j'ai pensé qu'il suffiroit d'en faire une épreuve directe, relativement à l'action de ce dernier produit.

J'ai rempli d'air, infecté par la putréfaction, un récipient de la capacité de vingt-quatre décilitres ; j'y ai brûlé, en trois fois , vingt-cinq centigrammes de poudre : l'odeur étoit peu changée à la première, sensiblement diminuée à la seconde ; elle avoit entièrement disparu à la troisième. Mais, vu la quantité de fluides gazeux qui avoient successivement rempli le récipient, au point de le rendre opaque, et le volume de l'eau qui y étoit remontée pendant la condensation, il n'y a pas de doute que l'air putride avoit été plutôt déplacé que corrigé.

Le D^r. Smyth, dans le compte qu'il a rendu des procédés de désinfection qu'il avoit employés à Winchester, en 1780, fait mention de la déflagration du nitre, et de la combustion de la poudre à canon. Les chimistes auront peine à comprendre ce qu'il dit, que la *déflagration du nitre peut être un moyen de purification par la quantité d'oxigène qu'elle produit;* car la déflagration n'a lieu qu'avec le charbon ou autre combustible qui s'empare de l'oxigène, et forme avec lui un nouveau composé. Il est donc évident que le D^r. Smyth confond ici la déflagration avec la *distillation du nitre*, qui donne en effet beaucoup de gaz oxigène, parce qu'il se forme du nitrite de potasse, dans lequel l'azote est retenu dans l'état d'acide nitreux, c'est-à-dire, dans un degré inférieur d'oxigénation. Au reste, il reconnoît que *la combustion de la poudre à canon ne doit point produire d'acide nitreux, mais différens gaz dont le plus évident à l'odorat est le gaz hépatique produit par la réunion du soufre et de la base alcaline du nitre* (*).

––––––––––––

(*) *Observations*, etc. page 65. Le D^r. Odier, dans les remarques qu'il a semées dans la traduction de cet ouvrage, n'hésite pas de dire que *quoique ce fût bien l'intention de M. Smyth, d'essayer les vapeurs de l'acide ni-*

Il n'en faut pas davantage pour juger à quel point on s'abusoit en accordant quelque confiance à l'explosion de la poudre à canon, pour détruire les miasmes contagieux.

XVIIIe. EXPÉRIENCE.

67. On a vu *(Expérience xv.)* le peu d'effet du vinaigre chargé d'aromates : les lotions et fumigations de *vinaigre* pur méritoient une attention particulière, comme le préservatif le plus accrédité contre toute sorte de contagion.

J'ai rempli le petit flacon de l'appareil à robinet, n°. 32, de bon vinaigre rouge du commerce, et l'autre étant plein d'air infecté, j'ai établi la communication et brassé une seule fois la liqueur avec le fluide aériforme : le grand flacon a été sur le champ débouché, et l'odeur étoit déjà sensiblement diminuée. Après trois autres agitations, dans l'espace d'une heure, on ne pouvoit pas dire que l'odeur acéteuse fût absolument franche, mais l'odeur putride étoit tout à fait méconnoissable.

---

treux, le moyen employé pour l'obtenir étoit illusoire. Au lieu de décomposer le nitre par l'acide sulfurique, on avoit cru arriver au même résultat en le décomposant par le feu ; or, il est prouvé que les vapeurs qui s'élèvent dans ce procédé, n'ont plus les propriétés de cet acide. *Ibid.* page 79.

On sait que, dans plusieurs circonstances,
par exemple, lorsqu'on verse du vinaigre sur
des matières excrémentitielles, il en dégage un
gaz non respirable ou même hépatique (*).
Pour concilier le résultat de mon expérience
avec ces observations, il n'est pas besoin de
supposer l'hydrogène, le carbone et le soufre,
dans un état différent de composition, qui,
quoique très-probable, ne nous est pas encore
assez connu : il suffit que, dans l'un des cas,
l'acide rencontre quelque matière fixe sur laquelle il exerce de préférence son action. C'est
ce qui n'arrive pas quand les corpuscules odorans n'ont plus d'autre lien qu'avec l'air qui les
dissout.

X I X^e. EXPÉRIENCE.

68. J'ai mis un décilitre du même *vinaigre*
dans un matras portant siphon, engagé sous
une cloche remplie de gaz putride, et s'éle-
vant au dessus de la surface de l'eau qui fermoit la communication de la cloche avec l'air
extérieur. J'ai fait ensuite passer environ le

(*) Recueil des pièces concernant les exhumations de
Dunkerque, en 1783, page 67.

Recherches sur la nature et les effets du méphitisme, etc.
par M. Hallé. 1785. page 67.

tiers de la liqueur à la distillation au feu de lampe : une demi-heure après, l'air a paru avoir perdu toute son odeur, et il a traversé la dissolution de nitrate de mercure, sans y laisser des traces d'altération de couleur ni de précipitation.

Cette expérience a été répétée en substituant à la cloche un tube de verre trois fois plus élevé, dont la capacité cependant excédoit à peine d'un dixième celle de la cloche ; j'ai eu l'attention de pousser encore plus loin la distillation : néanmoins, en levant l'obturateur qui fermoit l'orifice supérieur du tube, l'odeur, encore sensiblement fétide, m'a convaincu que la vapeur acéteuse ne s'étoit pas élevée jusqu'à cette hauteur, quoique la chaleur de la saison fût peu favorable à une prompte condensation.

XXe. EXPÉRIENCE.

69. Pour apprécier la méthode des *fumigations de vinaigre*, en le répandant sur un fer chaud, j'en ai fait tomber à peu près cinq centilitres, par la tubulure d'un récipient rempli d'air infecté, et sous lequel j'avois introduit une capsule de fer chauffée au rouge : le récipient ayant été retourné après le refroidissement, il s'en exhala une odeur fade, désa-

gréable, dans laquelle on ne distinguoit plus celle du vinaigre.

XXIe. EXPÉRIENCE.

70. J'ai substitué au vinaigre ordinaire l'*acide acétique*, ou vinaigre radical, dans les expériences de lotion et de vaporisation, n°. 67 et 68. J'ai opéré sur de mêmes doses, dans des vaisseaux de mêmes dimensions ; l'effet a été complet dès le premier instant ; il n'est pas resté de traces d'odeur infecte, et le piquant agréable de l'acide paroissoit à peine affoibli.

XXIIe. EXPÉRIENCE.

71. On pouvoit présumer que le vinaigre ordinaire, simplement digéré sur l'oxide noir de manganèse, acquerroit une propriété analogue ; ce qui eût été bien avantageux par la facilité de cette préparation ; l'effet n'a pas justifié ces espérances ; l'air infecté conservoit encore un peu d'odeur, après avoir été brassé à plusieurs reprises dans une dissolution d'*acétite de manganèse.*

J'ai fait passer à la distillation une partie de cette dissolution, après l'avoir concentrée ; le produit agité avec l'air infecté en a complétement détruit l'odeur. La liqueur n'a précipité ni l'argent ni le mercure; elle a seulement troublé la dissolution d'acétite de plomb.

XXIIIe. EXPÉRIENCE.

72. Il me restoit la partie la plus importante de ce travail, l'examen de l'action des acides minéraux sur l'air infecté; je l'ai commencé par la *fumée du soufre*. J'en ai fait brûler environ deux décagrammes sous une cloche de verre contenant trente-deux décilitres de cet air; toute odeur fétide a sur le champ disparu; à la vérité, l'intensité de la vapeur sulfureuse ne permettoit que difficilement d'en juger; mais l'eau qui fermoit l'orifice de la cloche, avoit acquis la propriété d'occasionner un léger précipité d'un gris noirâtre dans la dissolution de nitrate de mercure.

XXIVe. EXPÉRIENCE.

73. Pour obtenir un résultat plus décisif, j'ai employé l'appareil aux deux flacons; j'ai mis dans l'un de l'*acide sulfureux* très-fort, préparé la veille par la distillation de l'acide sulfurique sur le mercure; l'autre contenoit l'air infecté. Vingt-quatre heures après que la communication eut été établie, je ne fus pas peu surpris de retrouver encore un peu d'odeur pu-

tride que l'on distinguoit sensiblement, malgré le piquant de la valeur sulfureuse.

XXVe. EXPÉRIENCE.

74. J'ai renfermé dans le même appareil de *l'acide sulfurique* concentré et très-blanc, avec l'air infecté ; une seule agitation a suffi pour détruire complétement toute odeur, et la couleur de l'acide n'a pas éprouvé le plus léger changement.

Il en a été de même, lorsque j'ai employé l'acide étendu, d'abord d'un volume égal d'eau, et ensuite de trois parties.

XXVIe. EXPÉRIENCE.

75. J'ai décrit, dans la seconde partie de ce traité, la méthode de désinfection par *l'acide nitrique*, d'après les instructions du docteur Smyth ; les témoignages authentiques des bons effets qu'il a produits, loin de me dispenser de le soumettre à un nouvel examen, m'ont présenté au contraire de nouveaux motifs de rechercher curieusement la manière d'agir qui lui est propre, et surtout de le mettre en action sur les mêmes matières, et par les mêmes procédés qui devoient me servir à comparer l'efficacité des autres agens.

Pour me rapprocher, autant qu'il étoit possible, des manipulations prescrites par le docteur Smyth, j'ai rempli d'air infecté un grand ballon à double goulot; j'y ai introduit le bec d'une petite cornue de verre tubulée, placée sur un bain de sable, dans laquelle j'avois mis six grammes d'acide sulfurique concentré. Lorsque le sable a été chauffé, j'ai projeté peu à peu, par la tubulure, pareille quantité de nitrate de potasse très-pur, et réduit en poudre : il y a eu, chaque fois, dégagement de vapeurs; et, comme j'avois l'attention de replacer aussitôt le bouchon de la cornue, elles étoient obligées de passer dans l'intérieur du ballon ; celui-ci portant siphon adapté au goulot opposé pour évacuer le trop plein, les vapeurs jouissoient de toute leur expansibilité.

Après cette opération, l'air du ballon n'a pas conservé la moindre trace d'odeur fétide, et n'a produit aucune altération de couleur dans les dissolutions d'acétite de plomb et de nitrate de mercure.

76. Je n'ai pas besoin de dire que j'avois mis le plus grand soin à éloigner toute matière métallique, à n'employer que des vaisseaux de verre très-nets, adaptés sans lut dans les jointures; cependant j'ai toujours vu paroître quelques

ques vapeurs rouges, et même dès le commencement de l'opération, qui, à la vérité, cessoient assez promptement. MM. Smyth et Keir n'indiquant pas d'une manière précise, ni la pesanteur spécifique de l'acide, ni le degré de chaleur du sable, je pensai d'abord qu'en changeant ces deux circonstances, c'est-à-dire, en délayant l'acide, et diminuant la chaleur, j'obtiendrois la vapeur nitrique sans aucun mélange ; je n'y suis parvenu qu'en arrivant par degrés au point où le dégagement de l'acide en vapeur étoit presque nul. Il n'est pas douteux que la plus petite portion de gaz rutilant se rend bien plus sensible dans des vaisseaux fermés qu'en plein air, où il est sur le champ dispersé et saturé d'oxigène. Mais il me paroît difficile de croire, comme l'affirme M. Keir, que le procédé du docteur Smyth ne produit réellement qu'une fumée blanche, et qu'il ne peut y avoir de vapeurs rouges que sur la fin de l'opération, lorsqu'on donne un trop grand coup de feu : cette opinion ne se concilie pas avec le récit de M. Menzies, que *la vapeur occasionnoit beaucoup de toussemens*, lorsque les capsules étoient portées trop près de la tête des malades, et qu'ils cessoient à mesure que la vapeur se répandoit.

XXVIIe. EXPÉRIENCE.

77. La condition de ne dégager, autant qu'il est possible, que des vapeurs blanches, m'a paru devoir être envisagée ici sous un autre point de vue. Les chimistes savent à quel point elles diffèrent des vapeurs rouges par rapport à l'expansibilité; celles-ci persistent dans l'état gazeux jusqu'à leur surcomposition; les premières se condensent, comme tous les produits liquides de la distillation, aussitôt que la chaleur a cessé. Lavoisier a observé, il y a long-temps, que l'acide nitrique étoit plus fixe au feu que l'acide nitreux (*); pour s'en convaincre, il n'y a qu'à voir ce qui se passe dans la distillation d'un mélange de ces deux acides, le premier reste au degré de chaleur qui fait monter le dernier. Il étoit donc important de connoître, au moins par approximation, jusqu'où cette fumée acide pouvoit être portée, comme nous l'avons vu pour la vapeur acéteuse (*Expérience xix*). J'ai procédé pour cela comme dans l'expérience précédente, en interposant seulement, entre la cornue et le ballon contenant la même quantité d'air infecté, un ballon de vingt-deux centimètres de dia-

____

(*) Traité élémentaire, tome I, page 61.

mètre rempli d'air commun, ces deux récipiens se communiquant par de larges goulots, comme dans l'appareil anciennement connu sous le nom de ballons enfilés. Le thermomètre étoit ce jour-là, dans le laboratoire, à 19 degrés ; j'employai l'acide dans sa plus haute concentration ; j'observai de donner un peu plus de chaleur au bain de sable : cependant il ne parut aucun nuage dans le dernier ballon, et, l'ayant débouché après l'entière condensation de la vapeur, je pouvois à peine soupçonner l'odeur d'acide nitrique, et l'odeur putride étoit encore sensible.

XXVIII°. EXPÉRIENCE.

78. Je ne pouvois terminer mes expériences sur l'*acide nitrique*, sans aborder la question de savoir si le fluide vaporeux, dégagé du nitrate de potasse par l'acide sulfurique, enrichit réellement l'air de gaz oxigène.

M. Smyth, qui, comme le remarque le D'. Odier dans la préface de sa Traduction, a souvent confondu sous une même dénomination l'acide *nitrique* et l'acide *nitreux*, s'exprime ainsi dans son rapport à l'amirauté (*) : « Je n'ai pas été surpris d'apprendre que la

______

(*) *An account of the experiment, etc.* Lond. 1796.

vapeur de cet acide pouvoit détruire l'odeur malfaisante. . . . Mais je n'aurois pu assurer de même qu'elle rendît encore l'air plus pur et plus respirable, avant d'avoir connu les observations de MM. Menzies et Bassan, et de les avoir vues confirmées par l'un des plus grands chimistes de l'Europe, M. Keir de Birmingham. »

On voit en effet dans les deux lettres de M. Keir, insérées à la suite de ce rapport, qu'il établit en principe que cette vapeur est mêlée d'une grande quantité d'air pur déphlogistiqué, dégagé des matières (12). Les observations les plus familières sont si éloignées de lui donner quelque probabilité, qu'il n'est pas permis de croire que le chimiste anglais l'ait fondé sur une simple analogie. Je regrette qu'il n'ait pas indiqué les expériences qui l'y ont conduit, et dont l'examen auroit pu fournir l'explication des faits, et mettre sur la voie d'en déterminer rigoureusement les conséquences.

Obligé de suppléer le procédé d'épreuve, j'ai cherché à la rendre aussi directe qu'il étoit possible, et surtout indépendante de tout accident étranger.

79. J'ai rempli une grande cloche de verre

d'air atmosphérique, dont j'avois déterminé d'avance les proportions d'air vital et de gaz azote. Ayant placé sur le sable chaud une petite cornue tubulée, j'ai adapté au bec un ajutage de verre de seize millimètres de diamètre, destiné à porter la vapeur au tiers environ de la hauteur de la cloche, ou à sept centimètres de l'eau dans laquelle reposoient ses bords inférieurs pour intercepter la communication avec l'air ambiant. Enfin, j'ai dégagé, à plusieurs reprises, l'acide nitrique, en versant l'acide sulfurique sur le nitre, par la tubulure, ou projetant le nitre dans l'acide.

J'ai répété un grand nombre de fois cette opération, en variant la capacité des cloches ou le volume de l'air, ainsi que la manière d'y introduire la vapeur, mettant à l'écart tous les résultats qui pouvoient être affectés de quelque circonstance accidentelle, et particulièrement de la moindre vapeur rouge que j'aurois pu apercevoir.

80. J'aurois été bien étonné, je l'avoue, qu'une distillation, dont la condition essentielle et rigoureuse étoit qu'il n'y eût pas un atome d'acide décomposé, eût pu porter dans l'air une quantité sensible de gaz oxigène; mais je ne

devois pas non plus m'attendre, surtout après l'assertion de M. Keir, à trouver l'air appauvri de ce principe : c'est néaumoins ce qui est constamment arrivé.

Ayant donné tout le temps nécessaire pour le refroidissement, et la condensation des vapeurs, l'air de la cloche a été soumis aux épreuves eudiométriques, par le gaz nitreux, par le sulfure de potasse, et par le phospore; la différence moyenne entre l'air introduit dans l'appareil, et celui qui s'y trouvoit après la distillation, a été de 2.6 pour 100, de moins pour le dernier, Je l'ai trouvé une fois à 0.164 seulement, ou environ 16.5 pour 100 d'air vital, après l'avoir tenu pendant vingt-quatre heures dans l'eudiomètre à phosphore.

Dans toutes ces expériences sur l'acide nitrique, je me suis cru obligé d'employer la chaleur, pour me conformer exactement au procédé indiqué par le docteur Smyth, et par tous ceux qui, comme MM. Menzies, Bassan, Paterson, etc. ont opéré sous sa direction. Je ne devois pas m'attendre au reproche que me fait à ce sujet M. Odier qui, dans le cours de sa Traduction, prescrit exactement les mêmes manipulations ; qui ajoute une note exprès pour suppléer au silence de l'Auteur, sur le degré de chaleur convenable; qui le fixe, d'après ses expériences, à soixante degrés de l'échelle de Réaumur (*); et qui convient dans l'avis préliminaire, que ce n'est que dans l'Instruction qui termine son Ouvrage, qu'on trouvera l'indication du procédé fumigatoire qu'il recommande, qui ne diffère pas, quant au fond, de celui des Anglais, qui cependant est beaucoup plus simple et plus facile. « Les expériences, dit-il, par lesquelles j'ai prouvé, avec quelle facilité, *en opérant à froid*, et à l'air libre, on pouvoit faire des fumigations de gaz nitrique, sans aucun mélange de gaz nitreux, *n'ont été imaginées* que lorsque la dernière partie de mon ouvrage étoit déjà imprimée et publiée. »

Ainsi, la *réponse à mes objections* annoncée par M. Odier, dans le titre de son Ouvrage, est la correction du procédé du docteur Smyth, d'après mes objections. J'examinerai ailleurs les conditions et les résultats de la méthode substituée par M. Odier, pour en tirer les conséquences utiles aux progrès de l'art de combattre la contagion.

XXIX.ᵉ EXPÉRIENCE.

81. Pour assurer le jugement par la compa-

(*) Observations, etc. page 79.

raison des résultats dans des circonstances absolument pareilles, *l'acide muriatique* a subi les mêmes épreuves directes, et dans les différens états où il peut être employé à désinfecter l'air.

J'ai d'abord rempli de cet acide concentré le petit flacon de l'appareil à robinet de cristal ; et le grand flacon étant plein d'air altéré par la putréfaction au dernier degré, j'ai établi la communication de manière à faire tomber seulement dans le dernier quelques gouttes d'acide. Au bout de quelques minutes, toute odeur putride avoit disparu ; et l'air, qui auparavant noircissoit fortement la dissolution d'acétite de plomb, n'y occasionnoit plus qu'un léger précipité blanc.

XXXe. EXPÉRIENCE.

82. J'ai répété cette opération sans retourner les deux flacons, c'est-à-dire, de manière que l'air putride ne pouvoit recevoir que l'impression de l'odeur du gaz acide : en moins d'un quart d'heure l'air a été aussi complétement désinfecté.

XXXIe. EXPÉRIENCE.

83. L'acide délayé au point d'amener sa pesanteur spécifique à 1.087, a laissé, après le même temps, un reste d'odeur fétide ; mais

elle a été détruite subitement lorsque j'ai agité
les deux flacons communiquans.

XXXIIe. EXPÉRIENCE.

84. L'expansibilité du gaz acide muriatique,
à l'instant de son dégagement de la base alka-
line, est si connue de tous ceux qui ont pratiqué cette opération, qu'il eût été bien superflu
de chercher à mesurer l'espace qu'il peut par-
courir avant de se condenser, puisque l'on n'est
pas encore parvenu à le transformer en liqueur
par le seul refroidissement.. Mais il m'a paru
utile de juger, au moins par aperçu, et dans
les circonstances les moins favorables à l'expansion gazeuse, des effets que l'on pouvoit espérer en proportion des quantités.

Pour cela, j'ai rempli une cornue tubulée
d'air infecté par la putréfaction; l'ayant exactement fermée, j'ai introduit et mastiqué l'extrémité de son cou dans la tubulure d'un récipient de machine pneumatique de vingt-deux
centimètres de diamètre, et de trente-quatre de
hauteur, que j'ai laissé rempli d'air commun.
D'autre part, j'ai mis dans une petite soucoupe
vingt-cinq décigrammes de sel marin, non sé-
ché, et autant d'acide sulfurique. Tout étant
ainsi disposé, j'ai enlevé le bouchon du bec de
la cornue, et replacé tout de suite le récipient

dans un vase qui contenoit assez d'eau pour en garnir les bords, et au milieu duquel la soucoupe avoit été placée d'avance. Il est évident que le gaz, emportant l'eau de cristallisation du sel, et traversant un air humide, devoit être disposé à s'y arrêter très-promptement sous forme de vapeur aqueuse, et même à s'y condenser entiérement, vu la petite quantité du mélange, et l'impossibilité d'une décomposition totale, sans l'application de la chaleur; cependant ayant débouché, environ dix minutes après, la tubulure de la cornue, j'ai été saisi de l'odeur du gaz acide muriatique, et n'ai pu retrouver la moindre trace d'air infect.

XXXIIIe. EXPÉRIENCE.

85. Pour mettre en action l'*acide muriatique oxigéné*, à la manière de M. Cruickshank, ci-devant décrite (n°. 23), je me suis servi du même appareil que dans l'expérience précédente; en ajoutant seulement au mélange de sel marin et d'acide sulfurique treize décigrammes d'oxide noir de manganèse pulvérisé, et seize décigrammes d'eau : non seulement l'odeur putride à disparu dès le premier instant, mais, au bout de trois jours, pendant lesquels la tubulure de la cornue avoit été plusieurs fois débouchée, le gaz acide oxigéné se faisoit encore sentir de

manière à ne laisser aucun doute que ces doses auroient suffi pour en imprégner un volume d'air infiniment plus considérable.

86 Je terminerois ici la série de ces épreuves de tous les moyens connus de purifier l'air, si je n'avois à faire connoître un procédé qui peut avoir quelques avantages, pour avoir tout de suite et en tout temps à sa disposition ce gaz si énergique : il fera le sujet de l'expérience suivante.

XXXIVᵉ. EXPÉRIENCE.

Je mets dans un flacon de la capacité de trois centilitres, quatre grammes d'oxide noir de manganèse, grossiérement pulvérisé, je remplis ensuite les deux tiers du flacon d'acide nitro-muriatique : quelques minutes après qu'il a été agité, l'odeur du gaz acide oxigéné se dégage avec une telle intensité, que les coüleurs végétales présentées à l'orifice du flacon sont radicalement détruites. La facilité, et surtout la promptitude avec laquelle on l'obtient sans appareil distillatoire, lorsqu'on veut l'employer comme réactif, me déterminèrent à le nommer *acide muriatique oxigéné extemporané;* et j'ai reconnu depuis à cette préparation une autre propriété qui pourra la rendre encore plus généralement utile. On sait combien il est difficile de conserver, dans les flacons les plus artistement bouchés, le gaz acide oxigéné recueilli par les procédés ordinaires, c'est-à-dire, séparé des matières qui le produisent ; à quelque degré de concentration qu'il y ait été renfermé, on n'y trouve guère, au bout d'un assez court espace de temps, qu'une liqueur qui altère seulement en rouge le papier teint par le tournesol, sans détruire le principe colorant. Un flacon, préparé de la manière que je viens d'indiquer, oublié dans mon laboratoire pendant plus de huit ans, répandit encore, lorsque je l'ouvris, une odeur capable d'affecter douloureusement l'organe, lorsqu'on la respiroit sans précaution (*).

(*) C'est ce qui m'arriva dans le voyage que je fis à Dijon, en brumaire an **VII**, après huit ans d'absence. L'étiquette du flacon étoit devenue illisible. Je renversai la liqueur dans un verre, et je cherchai d'abord à la reconnoître par l'odeur : je fus saisi d'une vapeur si pénétrante, qu'elle m'occasionna un éternument continuel pendant plusieurs heures. J'ai conservé le flacon sans le renouveler : sa préparation date aujourd'hui d'environ quatorze ans ; il n'est pas encore tout-à-fait épuisé de gaz, quoiqu'il ait été ouvert un grand nombre de fois, à la vérité, plutôt pour juger des progrès de son affoiblissement que pour en faire un usage habituel.

87. Je ne dirai pas combien de fois j'ai éprouvé, en dernier lieu, l'efficacité de cet agent ; je me hâtai d'en faire usage dès que l'abondance des émanations putrides, qu'il m'étoit impossible de coërcer entièrement, me fit entrevoir le danger d'y rester exposé ; de sorte qu'il est devenu le sujet de l'expérience de tous les jours, pendant tout le temps qu'a duré ce travail, et qu'il eût été bien inutile de répéter, sous des récipiens, ce qui s'opéroit d'une manière si sensible dans l'espace entier du laboratoire. Le flacon qui m'a servi conservoit encore, au bout de six mois, la même activité qu'au moment de sa préparation.

88. Telles sont les observations que j'ai recueillies de cette suite d'expériences entreprises pour déterminer, d'une manière un peu plus directe que l'on ne l'avoit fait jusqu'à présent, et en m'aidant des lumières et des instrumens que nous a donné la chimie moderne, l'action des diverses substances qui peuvent être employées à purifier l'air chargé d'émanations putrides. Je vais essayer présentement de tirer de leur rapprochement la solution des questions que je me suis proposées.

Des principes qui peuvent servir à fixer le choix des moyens de corriger l'insalubrité de l'air, et d'arrêter les progrès de la contagion.

89. Quelle confiance doit-on donner aux *fumigations aromatiques* pour désinfecter l'air, et s'opposer à la contagion ? Ce que j'en ai dit dans la première partie de ce Traité, d'après Vicq-d'Azyr et Montigny, semble annoncer que l'opinion des hommes instruits est dès longtemps fixée sur leur peu d'efficacité (*). Si je n'avois eu en vue que de la confirmer par de nouvelles autorités, je n'aurois pas manqué de citer les savans auteurs de l'*Instruction* publiée en l'an II par ordre du gouvernement. « Les parfums, disent-ils, sont bien éloignés de posséder les propriétés merveilleuses qu'on leur a attribuées; ils ne donnent qu'une sécurité perfide. . . . Cette vapeur ne fournit point de nouvel air : étrangère à celui auquel elle se mêle, elle ne fait réellement que masquer

─────────────

(*) Macbride a observé que la fétidité des corps putridés n'est pas diminuée, même par leur immersion dans une forte décoction de tormentilles, de balaustes, d'écorces de grenade et de roses rouges. *Expér. XI et XIII.*

les mauvaises odeurs sans les anéantir. Hâtons-
nous donc de proscrire les parfums (*). »

Le Conseil d'agriculture publia, en l'an V,
une instruction rédigée par MM. Huzard et
Desplas, sur les maladies épizootiques des départemens de l'Est, et d'une partie de l'Allemagne : ces savans vétérinaires proscrivent
également l'usage des parfums pour corriger
l'infection des étables. *Il ne faut pas*, disent-
ils, *y faire brûler du genièvre, ni des plantes
aromatiques, ni de vieux cuirs, comme on
le recommande.*

Je ne finirois pas si je voulois compter toutes
les voix qui s'élèvent contre cette vieille routine ; je me borne à celles des hommes faits
pour commander à l'opinion, et, sous ce rapport, je ne dois pas oublier celle de M. Chaptal.
Les fumigations d'encens, etc., *qu'on emploie communément, ne font que masquer
la mauvaise odeur.* C'est ainsi qu'il s'exprimoit dans une note qu'il communiqua à A.
Poulle, et que ce dernier a inséréc dans une
dissertation chimico-médicinale, sur l'appli-

(*) *Instruction sur les moyens d'entretenir la salubrité
des hôpitaux, etc.* page 15. Annoncer que cet ouvrage a
été rédigé par M. Parmentier, c'est ajouter à ses titres
pour obtenir une entière confiance.

cation de l'air vital à l'économie animale, imprimée à Montpellier, en 1784. Le docteur
Smyth en a porté le même jugement, et déclaré qu'il avoit eu de fréquentes occasions
de se convaincre de leur parfaite inutilité. *Dans
l'emploi des aromates*, disent les commissaires
de l'Institut, dans leur rapport du 11 fructidor
an XI, *on n'avoit suivi qu'une indication trompeuse des sens. . . . . Ils produisoient peu
d'effets réels, ou même en avoient de contraires.* Enfin la Commission médicale de l'é-
cole de Montpellier, envoyée en Andalousie
l'an 1800, en parlant des procédés de désinfection, qui n'ont eu pour eux que *la routine et
les préjugés*, ajoute : *tel est l'usage des parfums, celui de brûler des baies de genièvre,
des plantes aromatiques, des matières résineuses*, etc. etc. (*)

90. Il n'est pas moins vrai, cependant, que
les fumigations de baumes et de résines sont
encore recommandées dans quelques-uns des
ouvrages les plus récens, publiés dans la vue,
infiniment louable, de diriger le choix des

(*) Précis historique de la maladie qui a régné dans
l'Andalousie, en 1800, page 299.

moyens

moyens préservatifs contre la plus horrible des maladies contagieuses; que les recettes de parfums forment toujours la partie principale du régime de la plupart des Lazarets. Il n'en faut d'autre preuve que le *Traité* publié en l'an VIII par M. Papon : *De la Peste, ou les époques mémorables de ce fléau, et les moyens de s'en préserver*. Il y rapporte, avec beaucoup d'exactitude, tout ce qui a été mis en usage, et qui est encore indiqué pour désinfecter les hommes, les hardes, les meubles, les appartemens, et pour purifier l'air. Il donne les différentes compositions de parfums employés durant la peste de 1720. Quelques-unes contiennent du soufre, de la poudre à canon, du cinabre, de l'antimoine, même de l'arsenic; mais toujours en grande quantité, de la poix résine, des grains de lierre, de genièvre, d'anis, de fenouil, de l'encens, des feuilles de laurier, de thym, de lavande, etc. etc. (*). Howard, ce courageux ami de l'humanité, a consigné dans son *Histoire des Lazarets* les réponses aux questions qu'il avoit adressées à plusieurs médecins établis dans les lieux où la peste exerçoit le plus habituellement ses ravages, sur les *moyens d'arrêter sa contagion*; il y a inséré l'ins-

______

(*) Tome II, page 96, 99, 202 et suiv.

I

truction rédigée en 1784 par le docteur Païtoni, par ordre du gouvernement vénitien, à la demande de la Cour de Russie. En quoi consiste la méthode préservative ? C'est, après les précautions d'isolement, les soins de propreté, quelques aspersions de vinaigre; c'est de faire du feu avec des bois odoriférans, d'y *répandre des fleurs et des aromates, de faire des fumigations avec des matières résineuses et balsamiques.*

Ce seroit donc abandonner la cause de l'humanité, que de se borner à déplorer la tiédeur avec laquelle sont reçues les vérités les plus utiles, et la difficulté de changer la routine établie sur des erreurs transmises d'âge en âge ; l'importance du sujet commandoit de nouveaux efforts pour porter enfin la conviction dans tous les esprits ; c'est ce que j'ai entrepris dans les expériences XII, XIII, XIV et XV.

On a dû remarquer, dans la première, que les fumées de benjoin que j'avois cru devoir placer en premier ordre, à cause de l'acide volatil qui se dégage de cette résine, n'avoient fait que mêler l'odeur qui lui est propre, sans détruire celle de l'air infecté, même après avoir été enfermé plusieurs jours avec lui; ce qui me semble démontrer que ces corpuscules odorans n'ont réciproquement aucune action les uns sur les autres ; ou , pour s'en tenir à la conséquence la plus rigoureuse , aucune affinité capable de désunir leurs parties constituantes.

91. L'application de ce principe suffit pour apprécier les prétendus effets salutaires du *camphre* et de ces *sachets camphrés* , dont M. Devèze nous apprend que l'on faisoit usage, comme préservatifs, en 1793, à Philadelphie, en les introduisant dans le nez au point de gêner la respiration (*). Le camphre ne fait réellement qu'aromatiser l'air par l'odeur qu'il y répand, qui modifie instantanément celle des miasmes qui s'y trouvent, mais qui ne change pas leurs caractères essentiels. On peut donner une assez juste idée des limites de leur action réciproque , par la comparaison de phénomènes analogues et plus sensibles ; ce sont des combustibles , ou bases acidifiables de même espèce , susceptibles de s'unir à la manière dont les combustibles métalliques s'allient, et qui ne cessent pas pour cela d'être métaux , jusqu'à ce que leur affinité avec un principe d'un genre différent et plus puissant les ait fait passer à l'état d'oxide. Le camphre , qui n'est qu'une huile volatile concrète , seule-

***

(*) Recherches sur les causes et les effets de la maladie épidémique de Philadelphie , etc. page 143.

ment chargée d'un peu plus de carbone, s'unit en effet avec les huiles ; il s'enflamme comme elles ; ses élémens s'acidifient dans la combustion, et son oxigénation par l'acide nitrique produit un acide particulier auquel il a donné son nom.

Il n'y a rien à conclure de là contre les vertus médicamenteuses du camphre et des préparations dans lesquelles on l'administre intérieurement. Comme topique, il peut avoir des effets salutaires, ou même défendre ce qu'il touche immédiatement, de l'impression de corpuscules malfaisans ; mais il souffre la combustion sans la produire, et ce n'est que par la combustion que l'on détruit les miasmes contagieux ; il ne mérite donc pas plus de confiance que les aromates pour la désinfection de l'air.

92. On pouvoit présumer cependant que les *substances résineuses et aromatiques, dissoutes dans l'alcool*, et mises en contact immédiat avec l'air infect, seroient déterminées à agir plus efficacement, surtout à l'aide d'une forte agitation : les expériences XIII et XIV ont donné, dans les circonstances les plus favorables, des résultats décisifs contre cette opinion.

93. J'aurois pu me dispenser, après cela, de soumettre à l'épreuve le *vinaigre* auquel on a

donné le nom d'*anti-pestilentiel* ou des *quatre voleurs*, puisque c'est encore des aromates qu'il tire ses prétendues vertus, et que l'on ne pourroit rien conclure, pour la désinfection de l'air, de l'effet qu'il pourroit produire par application immédiate, soit comme acide, soit par la combinaison de quelques-uns des principes fixes qui entrent dans sa composition. Mais il falloit apprécier cette pompeuse annonce, répétée jusque dans les meilleures pharmacopées modernes, qu'il a la propriété *de chasser le mauvais air*, que mis en évaporation il préserve de la contagion. Quoique bien éloigné de me laisser surprendre par ces vieilles traditions, ce n'est pas, je l'avoue, sans quelque étonnement que j'ai observé le peu d'effet de cette liqueur dans l'expérience xv ; mais mon étonnement a cessé lorsque j'ai considéré que les diverses matières dont elle étoit chargée par une longue digestion, ne pouvoient manquer d'émousser l'action de l'acide végétal. Aussi est-il d'usage dans quelques pharmacies, pour lui rendre un peu d'odeur piquante, d'y ajouter quelques gouttes d'acide acétique.

94. Les conséquences que nous présentent les essais faits avec le vinaigre pur ou *l'acide acéteux* sont en effet très-différentes (n°s. 67,

68 et 69), et m'autorisent à penser que le
D^r. Smyth, préoccupé de la supériorité des
acides minéraux pour détruire les miasmes
contagieux, a prononcé un peu légèrement, et
sans preuves directes, lorsqu'il a dit que les
*lavages avec le vinaigre ne valoient pas
mieux qu'avec l'eau pure*, en les assimilant
ainsi entièrement aux lavages d'eau de chaux (*).
Mes expériences sont parfaitement d'accord avec
celles du D^r. Crawford, qui assure que l'odeur
particulière du gaz hépatique animal est détruite
par l'agitation avec le vinaigre, ainsi que par l'a-
gitation avec l'acide sulfurique concentré (**).
On ne peut donc révoquer en doute l'efficacité
du vinaigre pour désinfecter l'air dans lequel
il est mis en évaporation, ou encore mieux
lorsqu'il est employé en liqueur, et que l'air y
y est pour ainsi dire lavé à plusieurs reprises.
Je rends, avec bien de la satisfaction, ce témoignage en faveur de la précaution assez universellement en usage de passer au vinaigre les
lettres et autres objets venant des pays où l'on
soupçonne quelque maladie contagieuse.

Je suis fâché de lire, dans le traité de la
Peste de M. Papon : *le parfum est plus sûr*

(*) Observations, etc. page 66.
(**) *Transact. Philos.* vol. 80, page 423.

que le vinaigre pour désinfecter les papiers (*). Quand l'application du parfum pourroit se faire constamment d'une manière uniforme, avec toutes les précautions qu'il indique, c'est-à-dire, en renfermant les papiers dans une boîte de fer-blanc, les plaçant de champ sur une grille, et les y laissant jusqu'à ce qu'ils aient pris une couleur jaune, on ne pourroit encore se flatter que la fumée du parfum agit avec plus d'intensité sur le venin condensé adhérent à ces matières, que dans les circonstances où j'ai essayé son action sur l'air infecté dont elle n'a pas même détruit l'odeur.

Mais si l'acide acéteux, dans les cas d'immersion ou d'application immédiate en liqueur, peut-être considéré comme un moyen utile de désinfection, il faut bien se garder d'en conclure que la vaporisation du vinaigre puisse servir à purifier une masse d'air, même dans un espace étroit et fermé, puisque nous avons vu qu'il ne peut être porté qu'à une très-petite distance en état de vapeur, et que les particules odorantes qui s'en dégagent spontanément, sont sans effet, même après plusieurs heures (**). Que doit-on attendre, à plus forte

----

(*) Tome II, page 205.

(**) J'ai sous les yeux deux avis imprimés, distribués à

raison, de ces *éponges vinaigrées*, dont M. Devèze a vu faire usage, en 1793, à Philadelphie ?
Ce n'est même qu'à une très-petite distance de
l'organe de l'odorat que cet acide peut faire
une impression sensible, lorsqu'il est abandonné à l'évaporation spontanée. En vain se
flatteroit-on d'en obtenir de plus grands effets,
en lui appliquant une forte chaleur, comme
quand on projette la liqueur sur des charbons
allumés, ou sur des fers chauds; alors le vinaigre est en grande partie détruit, et l'air ne
reçoit plus que l'impression des gaz résultant
de sa combustion.

On ne sera point étonné qu'il ne soit point
ici question des qualités anti-méphitiques du
vinaigre si pompeusement annoncées, il y a

Londres en 1796, pour annoncer une *lampe fumigatoire*
de l'invention de MM. Jackson et Moser, propre à purifier
l'air dans les vaisseaux, les hôpitaux, les chambres de
malade, en neutralisant les émanations alcalines par la vapeur acide du nitre, du vinaigre, de l'acétite de potasse
(*foliated tartar*). Il est aisé de voir que c'est une simple
distillation au feu de lampe pour répandre l'acide dans
l'air. On peut juger du peu d'effet que l'on doit espérer du
vinaigre seul. L'acétite de potasse fourniroit encore moins,
si l'on n'employoit un acide plus fort pour en retenir la
base; et la manière de se servir de cet appareil n'en fait
pas mention.

quelques années, pour neutraliser le gaz délétère des fosses d'aisance. Indépendamment de ce que les vapeurs qui constituent proprement ce qu'on nomme la *mitte* et le *plomb*, paroissent d'une autre nature que les émanations putrides contagieuses, ce prétendu spécifique a été apprécié a sa juste valeur, comme je l'ai dit à l'article *acide acéteux* du Dictionnaire de Chimie de l'Encyclopédie méthodique, par le procès-verbal dressé en 1782, par les commissaires réunis de l'Académie des Sciences, et de la Société de Médecine (*).

95. *L'acide acétique* a ici une supériorité bien marquée sur le vinaigre ordinaire; elle suffiroit pour prouver, quand on ne le sauroit pas d'ailleurs, que c'est d'une composition différente, et non pas seulement d'un plus haut degré de concentration, que dépendent ses propriétés. Les circonstances qui caractérisent principalement cette différence sont l'action énergique de l'odeur du vinaigre radical, et la promptitude avec laquelle elle détruit l'infection de l'air, sans qu'il soit besoin de le lui présenter

______

(*) On peut en voir les détails dans les savantes *Recherches*, de M. Hallé, *sur la nature et les effets de ce méphitisme*, imprimées en 1758, par ordre du gouvernement.

en liqueur, où d'en aider la vaporisation par la chaleur. Je ne puis donc que recommander l'usage de ce préservatif si simple à tous ceux qui peuvent se trouver exposés à respirer un air chargé d'émanations putrides. J'ai connu plusieurs officiers de santé qui en portoient habituellement sur eux un flacon (*) ; l'usage leur en fut expressément recommandé, dans le réglement de police de salubrité du Directoire des hôpitaux militaires des départemens de la Côte d'Or et de Saône et Loire, du 24 ventose an II ; je l'ai moi-même employé dans quelques circonstances où je pouvois recevoir l'impression de quelques odeurs malfaisantes. Je rapporterai à ce sujet une observation qui peut donner une idée de l'action trop peu connue de cet acide sur les substances animales. Appelé à la visite de souterrains d'où s'exhaloient des vapeurs cadavéreuses, je m'étois muni d'un flacon de cette liqueur ; j'en versai sur un mouchoir que je tins à la main pendant plus d'une heure, pour avoir plus de facilité d'en respirer

____

(*) On a débité, il y a quelques années, sous le nom de sel volatil de vinaigre, de petits cristaux de sulfate de potasse, arrosés d'un peu d'acide acétique. Cette préparation peut servir au même usage ; elle n'a que l'inconvénient de faire payer quelques gouttes beaucoup plus cher que n'auroit coûté le flacon rempli de la même liqueur.

l'odeur : l'épiderme du pouce qui avoit constamment pressé l'endroit le plus humecté, en fut tellement affecté, qu'il se détacha, et que ce ne fut qu'après une quinzaine de jours que la peau, qui se régénéroit dessous, n'éprouva plus le même desséchement. Si je n'avois pas été sûr de la pureté de l'acide, j'aurois été tenté de croire qu'il étoit mêlé de quelque acide minéral. A la vérité, je dois observer que le froid rigoureux que j'éprouvai en même temps, peut avoir contribué à cet accident.

La supériorité que j'accorde ici à *l'acide acétique* sur *l'acide acéteux*, comme anticontagieux, a éprouvé quelques contradictions, et cela devoit être, puisque les Chimistes sont encore partagés sur la question de savoir s'il y a une différence essentielle entre ces deux acides, ou du moins quelle est la cause de cette différence (*). Mais une discussion sur ce point seroit ici déplacée, parce qu'il importe peu à mon objet que le premier doive l'intensité de son action à une plus grande proportion d'oxigène, ou à une moindre proportion d'hydro-carbone, comme base acidifiable, ou

____

(*) Observations sur les différences qui existent entre l'acide acéteux et l'acide acétique, par M. Chaptal. *Annales de chimie*, tome XXVIII, page 113.

même à une séparation plus exacte du muqueux étranger. Je n'ai dû m'attacher qu'aux faits ; ceux que j'ai rapportés, d'après mes propres expériences, manifestent dans le vinaigre appelé *radical* un principe bien plus énergique. Le Dr. Bonvoisin avoit observé avant moi, que cet acide. appliqué sur la peau, en séparoit l'épiderme, presque sans produire de sensation désagréable ; il l'employa, en conséquence, comme *caustique* doux, et le reconnoissoit d'ailleurs comme préservatif dans les maladies putrides, malignes et pestilentielles, lorsqu'on en recevoit les vapeurs par l'odorat (*).

J'aurai bientôt occasion de considérer cet acide sous un autre point de vue qui pourra servir encore à faire prendre plus de confiance dans ses heureux effets : cependant on ne peut se dissimuler que la sphère de son action est encore trop bornée, pour que l'on puisse l'employer efficacement dans un grand espace, et que ce moyen deviendroit dispendieux par les manipulations qu'exige la préparation de cet. acide. C'étoit dans la vue de la rendre moins laborieuse que j'avois essayé de suroxigéner le vinaigre ordinaire par la seule digestion sur

____

(*) Mémoires de l'académie de Turin, année 1788 et 1789, page 380.

l'oxide de manganèse ; mais je n'ai pu y parvenir : ce qui me paroît devoir être attribué à ce que l'oxigène, qui se sépare de la portion de métal dissoute, s'unit à la matière charbonneuse surabondante qu'abandonne l'acide acéteux.

96. *L'acide pyroligneux* n'est pas sans effet sur l'air infecté (*Expérience xvi*), et on ne doit pas en être surpris, surtout depuis que MM. Fourcroy et Vauquelin ont fait voir que ce produit de la distillation du bois n'étoit autre chose que l'acide acéteux altéré par la quantité d'huile empyreumatique qu'il contient; mais il est aisé de juger que son action, comme acide, doit être diminuée en proportion de cette altération, et qu'elle est ici d'autant plus considérable, que ce n'est pas un produit rectifié de distillation, mais le produit brut de la combustion des matières ligneuses, que l'on peut employer à la désinfection de l'air.

Seroit-il vrai que cette opération dût être considérée sous un autre point de vue? C'est une question qui mérite aussi d'être examinée.

97. L'usage d'allumer des feux pour détruire la contagion, remonte au temps d'Hippocrate, qui crut reconnoître dans l'air vicié par des

miasmes pestilentiels, le principe de la maladie qui désola l'Attique trois cent trente ans avant l'ère chrétienne. Quoique la présence d'un acide se manifeste bien sensiblement dans les vapeurs fuligineuses et la fumée du bois, ne fût-ce que par le picotement qu'elles occasionnent dans les yeux, il est probable qu'en ordonnant de grands feux dans les rues et devant les maisons, le père de la médecine, ainsi que ceux qui ont depuis suivi cet exemple, ne comptoit en effet que sur l'action désorganisatrice de la chaleur portée à un certain degré d'intensité; comme celui qui, dans nos analyses par le feu, résout en leurs élémens les substances végétales et animales, et met en jeu des affinités qui en changent absolument les propriétés. Mais ce degré est une condition impossible à remplir, lorsque l'espace n'est pas très-circonscrit; car, à moins de croire que les miasmes contagieux viendront de loin spontanément se brûler dans ces brasiers épars, tout l'effet se réduira au déplacement d'un certain volume d'air par raréfaction et condensation successives : sans compter que cette élévation momentanée de température, près des habitations, peut être plus nuisible qu'utile. Un historien de la peste de Marseille rapporte que, de grands feux y ayant été allumés pendant

trois jours de suite, l'air se couvrit d'une fumée noire qui augmenta la chaleur naturelle
de la saison et du climat, et *sembla donner
plus d'activité à la contagion* (*). Je rap-
pellerai enfin, à l'appui de ces réflexions, le
fait si décisif, déjà cité dans la partie historique de cet ouvrage (n°. 6), d'un cachot de
prison (c'est-à-dire d'un endroit fermé, contenant au plus dix mètres cubes d'air), dans
lequel on avoit fait brûler trois bottes de paille,
et où l'odeur putride étoit le lendemain au
même degré que la veille.

Les savans commissaires de l'École de Montpellier mettent les *grands feux* au nombre des
moyens dont l'expérience a bien fait connoître
l'inutilité dans l'Andalousie. Je crois devoir
rapporter ici le jugement qu'ils en ont porté.

« Il est certain, comme on l'a dit souvent,
et il paroît qu'il est nécessaire de le répéter,
que ce moyen ne peut avoir qu'une action très-
bornée, et qu'il n'agit le plus souvent qu'en
déplaçant les miasmes au lieu de les détruire;
mais, si on multiplie les feux, si on s'obstine à
en continuer l'usage, dans l'espoir de brûler
tous les miasmes contagieux sur une surface

(*) Papon. De la peste, etc. Tome I, page 234.

considérable, il peut résulter de là les inconvéniens les plus graves » (*).

98. Ce que j'ai dit de l'explosion de la *poudre à canon* (*Expér.* xvii) comme moyen
de purifier l'air, n'exige aucuns développé-
mens ; elle déplace et ne détruit pas les corps
odorans, en mettant en mouvement l'air qui
les dissout ; elle peut, à un certain point, les
expulser d'un espace borné ; elle ne peut, en
plein air, qu'en affoiblir l'impression en les
délayant dans un plus grand volume. Lorsque
je l'employai, en 1773, dans l'église St.-Médard
de Dijon, je n'avois pour objet que de balayer,
si je puis le dire, les aromates dont elle avoit
été remplie, afin de juger plus sûrement l'état
et les progrès de l'infection; ce qui réussit parfaitement : trente-six heures après, l'odeur
putride étoit très-distincte et d'une fétidité insupportable (**).

Comme il n'est que trop ordinaire que ceux
qui n'ont que des connoissances superficielles
en fassent de fausses applications, il est bon de
répéter ici ce qui est aujourd'hui généralement

(*) Précis historique de la maladie de l'Andalousie, etc.
page 299.

(**) Journal de physique. Tome I, page 439.

reconnu,

reconnu, que, quoique la distillation du nitre fournisse réellement une grande quantité d'air vital, il n'y a aucune parité d'effet à conclure dans la détonnation de la poudre, parce que la présence de la matière charbonneuse change absolument les produits de sa décomposition.

99. On pourroit croire, au premier coup-d'œil, que l'on devroit obtenir les mêmes effets des *fumigations de soufre*, et de l'exposition à la vapeur de l'acide sulfureux, puisque, dans l'un et l'autre cas, c'est le soufre en état d'oxide qui est mis en contact avec l'air infecté ; on a vu néanmoins (*Expér.* xxiii *et* xxiv) qu'il y avoit une différence sensible : la fumigation du soufre agit et plus instantanément et plus éfficacement ; ce dont je ne puis imaginer d'autre cause, si ce n'est que la chaleur produite par la combustion actuelle du soufre favorise cette action, et le porte peut-être dans un état de concentration sèche, qui le dispose davantage à la combinaison. Au reste, dans l'un et l'autre cas, il faudroit en conclure que ce moyen doit être appliqué seulement à la désinfection d'objets qui puissent être immédiatement exposés à la fumée sulfureuse. Avec cette condition, j'adopte volontiers la pratique indiquée par le

D[r]. Russel, dans sa Description d'Alep (*), de parfumer de soufre les habits. D'ailleurs cette opération est si simple et si peu coûteuse, que l'on ne doit pas hésiter d'y recourir, lorsqu'on n'a pas à sa disposition des moyens plus puissans, et dans les lieux où elle peut s'exécuter sans causer aucune incommodité. Vicq-d'Azyr l'a recommandée dans son Instruction sur la manière de désinfecter les étables (**); le Conseil de Santé en a fait mention au nombre des procédés de désinfection pour les capotes et les couvertures dans les hôpitaux (***); et je l'avois moi-même fait exécuter avec succès dans les petites cours des prisons de Dijon, en 1774, pour en corriger l'insalubrité.

100. Ce que je dis ici des fumigations par la combustion du soufre pourroit donner lieu à quelques-uns de rendre à l'usage des parfums plus de confiance qu'il n'en mérite, si je n'y joignois une explication. Il est bien vrai que le soufre entre dans plusieurs recettes

---

(*) *Voyez* Papon, de la Peste, tome II, page 119.

(**) Instructions et Avis aux habitans, etc. 1775. pag. 24.

(***) Instruction sur les moyens d'entretenir la salubrité, etc. du 7 ventose an II, page 3.

de parfums ; celle qui est indiquée comme la plus sûre, dans le dernier écrit sur la peste, par M. Papon (*), en admet un dix-septième du poids total de la composition ; mais il suffit de considérer la nature des quinze autres ingrédiens, qui tous sont susceptibles de former plus ou moins rapidement un résidu charbonneux, et parmi lesquels il ne se trouve point de nitre, ni aucune autre substance capable de fournir de l'oxigène, pour demeurer convaincu qu'une partie de ce soufre ne sert là que d'allumette pour déterminer l'inflammation plus instantanée des combustibles qui entrent dans le mélange, tandis qu'une autre partie produit un hydrosulfure avec l'hydrogène dégagé des résines décomposées par le feu ; ce qui est assurément bien différent des vapeurs d'acide sulfureux.

Le vrai parfum, si l'on peut lui donner ce nom, seroit donc pour les salles de purification des habits et vêtemens, et en général pour tous les lieux non habités, un mélange de *trois parties de nitre* et *d'une partie de soufre*, dont la combustion produiroit une quantité d'acide sulfureux capable d'agir efficacement sur les

---

(*) Tome II, page 207.

miasmes qui se trouveroient dans la sphère de son expansion.

101. Nous avons vu les trois *acides minéraux* soutenir ici l'opinion que les observations journalières nous donnent de la supériorité de leur action, et qui les font considérer, en général, comme les plus puissans instrumens de destruction de toute composition organique. On pourroit presque les placer sur la même ligne, s'il n'étoit question que de juger leurs effets à un certain degré de concentration, et dans tous les cas où ils pourroient être appliqués immédiatement sur les substances à décomposer. C'est ainsi que l'acide sulfurique, étendu de trois parties d'eau, a fait instantanément disparoître toute odeur dans le volume d'air qu'il avoit touché (*Exp. xxv.*), et l'on ne peut douter que l'acide sulfureux lui-même, appliqué en liqueur, n'eût donné un semblable résultat.

Mais il ne faudroit pas en conclure que la manière d'agir de ces acides est la même ; leur manière d'être est aussi très-différente, relativement à l'étendue de la sphère dans laquelle ils exercent leur action ; c'est-à-dire, suivant qu'ils sont plus ou moins susceptibles de prendre et de conserver l'état gazeux ; ce qui devient, comme nous l'avons vu, la condition essentielle, toutes les fois que l'on doit opérer sur l'air lui-même, pour détruire les miasmes dont il est chargé.

Ecartons donc d'abord et *l'acide sulfurique* qui, par sa fixité, devient absolument étranger à notre objet, et *l'acide sulfureux*, dont l'évaporation spontanée, quoique très-incommode à l'odorat, n'a qu'une action lente et peu efficace sur les corps qui y sont exposés. (*Expér. XXIV.*)

102. *L'acide nitreux* annonce, par son odeur, une force expansive assez considérable; mais son premier effet sur l'air est de lui enlever une portion d'oxigène, ou de l'appauvrir du principe qui le constitue respirable; et les précautions recommandées par M. Smyth, pour prévenir la formation des vapeurs nitreuses, font assez connoître la manière dont les malades en étoient affectés, et le danger qui en eût infailliblement résulté, si elles eussent été plus abondantes. Il ne s'agit pas encore d'examiner jusqu'à quel point on peut atteindre ce but, en suivant exactement le procédé de MM. Smyth, Menzies, etc. *L'acide nitreux*, c'est-à-dire, l'acide nitrique chargé de gaz nitreux, peut-il être employé utilement à la purification de

l'air ? Voilà la seule question dont nous ayons à nous occuper en ce moment, et toutes les opinions se réunissent pour la négative. Les vapeurs d'un rouge orangé, plus ou moins foncé, qui s'en dégagent, sont dangereuses à respirer et très-suffoquantes ; c'est ainsi qu'en parlent M. Keir, le D^r. Smyth, M. Odier (*). Cette vérité se démontre par les faits, en même temps qu'elle se déduit de la composition bien connue de cet acide.

103. L'*acide nitrique* appeloit un plus grand nombre d'expériences, et faisoit naître des questions d'une toute autre importance. Il ne s'agissoit pas seulement de savoir s'il avoit la puissance de détruire les miasmes putrides ; l'opinion générale des chimistes, accoutumés à l'employer pour désorganiser les restes des animaux, avoit à cet égard devancé les observations de MM. Smyth, Menzies et Keir. Pour en établir le parallèle avec d'autres agens de désinfection plus anciennement connus, il falloit examiner, 1°. jusqu'à quel point on pouvoit se flatter d'en rendre la manipulation facile et exempte de dangers ; 2°. quelle pouvoit être, dans les circonstances les plus

____

(*) Observations sur les fièvres des prisons, page 106.

favorables, la sphère de son activité ; 3°. si, comme l'assuroit M. Keir, il portoit dans l'atmosphère une plus grande quantité d'air respirable.

Telles étoient les questions que je m'étois proposées, lorsque je ne pouvois connoître que les rapports publiés par le docteur Smyth, et par ceux qui avoient adopté sa méthode de fumigations, sans se permettre aucun changement. Les notes dont M. Odier a accompagné sa traduction de l'ouvrage de M. Smyth, m'obligent à traiter cette matière avec un peu plus d'étendue, puisque c'est principalement sur les solutions que j'ai données des deux premières questions que portent ses objections.

Si je n'avois en vue que de répondre à sa critique, je n'aurois besoin que de lui opposer ses propres expressions, pour faire voir que nous sommes d'accord sur les faits, qu'il en a porté le même jugement que moi, puisqu'il rejette aussi le procédé du docteur Smyth, pour lui en substituer un autre qui change précisément la condition dont dépend l'effet que nous avons l'un et l'autre reconnu nuisible.

Mais cette discussion aura un objet d'un plus grand intérêt, en me mettant dans le cas de présenter sous un nouveau jour les fumigations d'acide nitrique, et de mieux apprécier le parti que l'on peut en tirer aujourd'hui. L'occasion qu'elle me fournira de rendre justice au zèle éclairé de celui qui en a rectifié le procédé, sera pour moi un adoucissement à la nécessité de donner, en quelque sorte, à cet article une forme polémique.

Je rapporterai d'abord textuellement l'opinion que je m'étois formée sur chacune de ces questions ; j'exposerai ensuite les faits et les raisonnemens par lesquels M. Odier s'est cru fondé à la combattre ; je chercherai enfin à déterminer les conséquences que l'on peut légitimement déduire de la comparaison des expériences faites sur le même acide, à la manière du docteur Smyth, ou suivant la nouvelle prescription.

104. On a vu dans la première partie, numéros 17 et 18, le détail des opérations exécutées à Sheerness pour la désinfection de l'air du vaisseau d'hôpital l'*Union*, d'après les instructions du docteur Smyth ; c'étoit-là, sans doute, que je devois chercher les conditions essentielles pour en assurer le succès, afin d'asseoir un jugement impartial sur les avantages et les dangers de cette pratique. J'ai fait remarquer, dans le récit de la xxvie. Expérience,

l'attention scrupuleuse avec laquelle j'avois procédé, et les résultats m'avoient autorisé à conclure *qu'il étoit presque impossible de dégager l'acide nitrique par l'acide sulfurique concentré et chaud, sans qu'il parût quelques nuages rutilans, même dès le commencement de l'opération.* En m'appuyant du témoignage de M. Menzies, que les appareils portés trop près du lit des malades leur occasionnoient beaucoup de toussemens, je cherchois seulement à me convaincre que cette circonstance ne pouvoit être attribuée uniquement à quelque mauvaise manipulation, ou au mauvais choix des matières qui m'en auroit imposé. Si j'avois eu alors sous les yeux la correspondance publiée par le docteur Smyth, j'aurois pu trouver dans les lettres de MM. Paterson, Snipe et Blatherwich, de nouvelles preuves de la difficulté de prévenir toute formation de gaz nitreux. « Quand les salles étoient pleines de la vapeur, dit le premier, les malades poitrinaires toussoient un peu, mais aucun longtemps de suite; les autres n'en éprouvoient aucun inconvénient, à moins que, par gaucherie ou par inattention, on ne mît l'appareil sous leur nez, ce qui ne manquoit jamais d'exciter la toux, et produisit même une fois le vomissement (*). » Le sur-intendant des hôpitaux de Farham, nous apprend que les chirurgiens français refusèrent absolument d'y continuer les fumigations, *prétendant qu'elles excitoient la toux, et que par-là elles étoient préjudiciables aux malades atteints d'affections catarrhales* (**). Ecartons, si l'on veut, la part que la répugnance personnelle, et une prévention mal fondée, pouvoient avoir à ce jugement ainsi motivé de plusieurs hommes de l'art, il falloit bien qu'ils eussent été témoins de la réalité et même de la fréquence de ces accidens. Enfin, jusque dans le résumé qui termine ce recueil de pièces justificatives, après avoir affirmé que les fumigations d'acide nitrique ne sont pas malfaisantes, l'auteur lui-même ajoute que, *si elles excitent quelquefois la toux*, ce n'est jamais que momentanément, et sans aucune conséquence pour l'avenir (***).

Cela ne m'empêchera pas de convenir encore aujourd'hui, et dans les mêmes termes, que l'on peut, à l'exemple de M. Menzies, faire en sorte *que les vapeurs nitreuses ne viennent*

(*) Observations sur la fièvre des prisons, page 116.

(**) *Ibid.* page 152.

(***) *Ibid.* page 157.

pas au point d'incommoder les assistans, en n'employant que des vaisseaux parfaitement nets, un acide et du nitre au dernier degré de pureté ; en réglant uniformément la chaleur du bain de sable, et évitant d'approcher l'appareil du chevet du lit des malades. Ce n'étoit pas sans avoir bien observé ce qui arrivoit, quand j'employois un acide non rectifié et du nitre de première cristallisation, que j'indiquois ces précautions comme indispensables ; il m'avoit paru inutile de rapporter toutes les expériences que j'avois faites à ce sujet, parce qu'il étoit dès longtemps connu des chimistes, que l'huile de vitriol brune du commerce décompose toujours une portion d'acide nitrique, et que le salpêtre brut ne tient pas seulement des sulfates, des muriates de soude et de potasse et autres sels, qui sont par eux-mêmes sans couleur, mais encore une matière grasse, d'un jaune plus ou moins foncé, qui se charbonne par l'action de l'acide sulfurique concentré, et qui, dès-lors, convertit nécessairement l'acide nitrique en acide nitreux.

Ce sont néanmoins les conclusions que l'on vient de voir, qui sont l'objet de la critique de M. Odier. Il a soupçonné que quelques circonstances m'avoient fait illusion, il a chargé MM. Jurine fils, et Berger, d'une suite d'expériences dont il leur avoit tracé la marche, et qui étoient ordonnées pour décider péremptoirement les questions controversées. Voici comment il rend compte du résultat de leurs opérations :

« Leur réponse a levé tous mes doutes. Elle m'a fait voir clairement que si M. de Morveau n'a pu obtenir des vapeurs nitriques qu'avec un mélange de vapeurs rutilantes, c'est qu'il a employé trop de chaleur pour les obtenir; que si, lorsqu'il a voulu diminuer la chaleur, la production des vapeurs a cessé, c'est qu'il a en même temps délayé l'acide; et qu'enfin, s'il a trouvé ces vapeurs peu expansibles, c'est qu'il a opéré dans des vaisseaux fermés; *à froid et à l'air libre*, il auroit obtenu des résultats bien différens (*).

A la suite du procès-verbal des expériences de MM. Jurine et Berger, M. Odier ajoute : « Il paroît, d'après ces expériences, *dont le résultat est bien d'accord* avec celles du grand chimiste dont je prends la liberté de combattre les conclusions, qu'il a été induit en erreur par *l'oubli de deux conditions bien simples, mais très-essentielles* pour obtenir facilement le gaz nitrique pur et parfaitement expansible;

---

c'est d'opérer à froid et à l'air libre. Il semble que cette dernière condition étoit de nature à échapper d'autant moins à sa sagacité, qu'il a trouvé que ce gaz, loin de verser dans l'air une quantité considérable de gaz oxigène libre, comme l'avoit cru M. Keir, l'appauvrit au contraire un peu de ce principe.... L'air atmosphérique contribue donc probablement à la formation du gaz nitrique, en lui fournissant l'oxigène surabondant qui le distingue du gaz nitreux, et par conséquent on ne peut l'obtenir facilement qu'à l'air libre (*). »

On lit, en effet, dans le rapport fait à M. Odier, par MM. Jurine et Berger, *qu'ils ont vu des vapeurs rouges*, lorsque la chaleur de l'acide étoit de 80 degrés du thermomètre de Réaumur; que si l'on ne remue pas constamment le mélange, il se forme à cette température une croûte de couleur orangée, qui se boursoufle peu à peu, crève ensuite en différens endroits, et laisse échapper par ces ouvertures *des fusées de gaz nitreux;* que la chaleur produite par le mélange même, augmente en raison des masses; que la seule augmentation d'une demi-once à une once suffisoit déjà pour produire une chaleur trop forte, si l'acide avoit

---

(*) Observations sur la fièvre des prisons, page 220.

été chauffé, au bain de sable, jusqu'à 60 degrés, et qu'on auroit alors *du gaz nitreux au lieu de gaz nitrique* ; qu'il n'y a point de dégagement de vapeurs nitriques, si l'acide n'est bien concentré ; enfin, que le dégagement n'a lieu, dans les vaisseaux distillatoires, que lorsque l'appareil est placé sur un bain de sable, et que la température du mélange est arrivée à 80 degrés, mais que, dans ce cas, tout l'intérieur du récipient *se remplit de vapeurs rutilantes.*

Je ne dissimulerai pas la satisfaction que j'ai éprouvée, en voyant que les expériences faites sous la direction de M. Odier, étoient *parfaitement d'accord* avec les miennes. Mais, après cet aveu donné dans des termes si obligeans, ne suis-je pas en droit de lui demander où donc est l'illusion qui m'a induit en erreur ?

Par rapport à l'oubli qu'il me reproche des deux conditions qu'il regarde comme très-essentielles pour le succès des fumigations d'acide nitrique, il faut distinguer celle qui exclut tout appareil fermé, et celle d'opérer à froid.

La *premiere* eût été en contradiction avec l'objet de mes expériences, qui étoit d'examiner directement l'action des différens gaz sur un volume d'air infecté au dernier degré, et d'en comparer successivement les effets. En opérant *à l'air libre* (ce qui doit s'entendre ici d'une

chambre dont les portes et les fenêtres sont
fermées) il ne devenoit pas seulement difficile
de saisir dans les résultats, des nuances d'odeurs,
des altérations de réactifs assez distinctives,
assez indépendantes des courans d'air et autres
accidens, pour asseoir des conséquences décisives; mais, comme dans des opérations de cette
nature on n'obtient que des aperçus vagues et
insignifians, si le vice qu'il s'agit de détruire
n'est porté à l'extrême, il eût donc fallu encore que l'opérateur s'enfermât dans une masse
d'air remplie de gaz putride, produit de la
décomposition sanieuse de la chair animale :
celui qui se seroit exposé à un pareil danger,
n'auroit mérité que le reproche de la plus haute
imprudence. Le gaz produit par la putréfaction,
dont j'ai parlé d'après M. Berthollet (n°. 44),
n'etoit sûrement pas porté à ce degré d'accumulation, et par conséquent d'intensité ; et cependant il lui avoit donné deux fois des coliques ;
il avertit expressément que ces expériences ne
doivent être faites qu'avec précaution. Au reste,
le très-grand ballon de la xxvi°. expérience,
dans lequel il ne pouvoit exister ni vide, ni
compression, puisqu'il communiquoit avec
l'air extérieur, pour laisser jouir les vapeurs de
toute leur expansibilité, peut être considéré,
à un certain point, comme une chambre fer-

mée; il n'en diffère guère que par les dimensions. En un mot, j'ai eu soin d'observer que la plus petite portion de gaz rutilant se rendoit bien plus sensible dans cet appareil qu'en plein air, où il étoit sur le champ dispersé et saturé d'oxigène. Il n'y a donc point eu de condition oubliée dans le procédé, puisqu'en supposant l'application de la chaleur nécessaire, on n'auroit aucune donnée nouvelle pour exécuter autrement la même expérience.

La *seconde* condition, jugée essentielle par M. Odier, est que l'opération se fasse *à froid*; nous verrons bientôt quelle change réellement le résultat, mais j'ai déjà fait remarquer (n°. 80). que c'étoit le procédé du D^r. Smyth que je devois apprécier, que je ne le pouvois qu'en m'astreignant à suivre ponctuellement ses instructions, et que M. Odier, ayant, dans tout le cours de sa traduction, indiqué l'appareil au bain de sable, ayant fait plusieurs essais avec M. Pictet, pour déterminer le degré de chaleur le plus convenable, ayant déclaré dans un *Avis*, placé à la tête de son ouvrage, que la dernière partie étoit imprimée et publiée, lorsqu'il imagina les expériences qui prouvent avec quelle facilité on opère *à froid*, ne peut me reprocher d'avoir oublié ce qui n'étoit encore ni imaginé, ni exécuté, ni publié.

S'il

S'il m'étoit permis de penser que ce fût en effet le jugement sévère, mais juste, que j'avois porté du procédé de fumigation du D[r]. Smyth, qui eût engagé M. Odier à en rectifier les manipulations, pour en prendre la défense, j'aurois encore à m'applaudir de cette sévérité, puisqu'elle auroit tourné au profit de l'humanité, en amenant une réforme nécessaire, pour rendre praticable ce moyen de combattre la contagion. Quoique je n'eusse aucun doute sur la réalité des avantages que son auteur dit avoir obtenus de sa nouvelle manière d'opérer, je ne pouvois me dispenser d'en examiner les conditions, et les résultats. Je vais rendre compte des expériences que j'ai faites dans cette vue, et qui doivent désormais entrer dans le plan de ce Traité.

XXXVe. EXPÉRIENCE.

105. Dans une chambre de 62 décimètres de longueur, 43 de largeur, et 50 de hauteur, formant, par conséquent, un espace de 800 décimètres cubes (environ 2300 pieds cubes), j'ai placé sur une table, au milieu de la pièce, une petite capsule de verre contenant 153 décigrammes (demi - once) d'acide sulfurique blanc, dont la pesanteur spécifique étoit 1.757; j'y ai projeté à plusieurs reprises 153 décigramme des nitrate de potasse (salpêtre raffiné) ré-

L

duit en poudre fine, et j'ai eu soin de remuer de temps en temps le mélange, avec une spatule de verre, suivant l'instruction de M. Odier : j'ai vu s'élever, dès le premier instant, des vapeurs blanches, tirant légérement au gris, mais parfaitement exemptes de vapeurs rouges, qui s'élevoient quelquefois jusqu'à 12 et 13 décimètres au-dessus de la capsule, qui retomboient ensuite en ondulant, et conservoient encore assez de densité pour êtres visibles à 10 ou 12 décimètres de distance de l'appareil. J'ai observé, ainsi que lui, qu'en soufflant avec la bouche sur le mélange, on ranimoit les vapeurs, ce que le vent du soufflet ne produisoit pas d'une manière sensible et constante. Le dégagement de gaz nitrique a duré près de deux heures, en s'affoiblissant graduellement; et pendant tout ce temps je suis resté dans la chambre, sans éprouver la moindre incommodité, sans être affecté d'aucune odeur désagréable, lors même que je m'approchois de la capsule, pour remuer le mélange, ou pour ranimer la vapeur en soufflant dessus.

Cette expérience répétée plusieurs fois, toujours avec le même succès, m'a démontré que la chaleur, qui se produisoit spontanément par l'action réciproque des substances mises en contact, suffisoit pour faire monter l'acide nitrique en vapeur, lorsque l'acide sulfurique étoit suffisamment concentré ; qu'il falloit se garder d'élever d'avance la température de l'acide sulfurique ; que cette chaleur étrangère étoit la vraie cause de la formation du gaz nitreux ; enfin que le procédé, ainsi rectifié par M. Odier, étoit le seul que l'on dût suivre désormais pour les fumigations d'acide nitrique, en observant, ainsi qu'il le recommande, de multiplier les appareils, s'il est nécessaire, plutôt que de réunir dans le même vaisseau des quantités plus considérables, qui ne manqueroient pas de porter la chaleur spontanée au point de déterminer la formation du gaz rutilant (*).

106. Il me reste maintenant à examiner le

***

(*) L'application de la chaleur est tellement regardée en Angleterre, comme condition essentielle, que D. Carlos de Gimbernat, dans la traduction qu'il a publiée à Madrid, en 1800, des expériences de M. Menzies, au port de Sheerness, donne le dessin d'un appareil a feu de lampe, qu'il dit avoir été approuvé par l'amirauté et exécuté par ses ordres, pour être employé au lieu du bain de sable, et dont l'usage a également été introduit sur les vaisseaux de la compagnie des Indes. L'auteur, dans l'introduction qu'il a placée à la tête de cette traduction, porte à deux onces de nitre et deux onces d'acide sulfurique les quantités pour une seule capsule. Il est bien reconnu présentement que, même en opérant à froid, on auroit beaucoup plus de gaz nitreux que de vapeurs nitriques.

même procédé pour les fumigations d'acide nitrique, sous le rapport de l'*expansibilité des vapeurs*. Pour sentir toute l'importance de cet objet , il suffit de considérer que l'on peut manquer son but en employant les agens de désinfection les plus efficaces, s'ils ne sont en même temps de nature à être portés facilement dans la masse entière de l'air qu'il s'agit de purifier , dans les parties les plus élevées, et jusque dans les angles, où les miasmes contagieux s'accumulent le plus ordinairement, parce que l'air y est plus stagnant. Un mouvement extraordinaire , divers accidens, les seules vicissitudes de température et d'humidité , pourroient les ramener dans la sphère de la respiration, et le danger seroit d'autant plus grand, que l'on se croiroit plus en sûreté par l'effet des fumigations.

On a vu (*Expérience xxvii.*) que la seule interposition d'un ballon de la capacité au plus de 5.5 décimètres cubes, entre la cornue et le récipient, avoit fourni un espace suffisant à la condensation de l'acide dégagé du nitre par l'acide sulfurique , à la chaleur du bain de sable; de sorte que le récipient ne fut troublé dans aucun temps par la moindre vapeur , quoique j'eusse mis dans la cornue des quantités égales à un quart de celles que M. Menzies employoit pour la chambre des officiers d'un vaisseau.

Quelque étonnant que me parût d'abord ce résultat, je pensai que l'on pouvoit en trouver l'explication dans la connoissance que nous avons de la nature particulière de cet acide, qui devient d'autant moins odorant, d'autant plus fixe, même au feu, que sa base acidifiable est plus avancée à l'état de saturation ; à la très-grande différence de l'acide muriatique qui peut exister tout entier en gaz, et dont la volatilité augmente à raison de la quantité d'oxigène qui lui est uni.

La conséquence naturelle de ces faits étoit que les vapeurs d'acide nitrique n'étoient pas susceptibles d'une grande expansion ; que si elles avoient produit d'heureux effets sur le vaisseau d'hôpital l'*Union*, ils paroissoient devoir être attribués en grande partie à l'attention que l'on avoit eue de multiplier les appareils, de répéter matin et soir l'opération, malgré la circonstance favorable du peu d'élévation des planchers des entreponts ; mais que l'on ne pouvoit guère compter sur ces fumigations, dans des hôpitaux dont les salles seroient très-vastes et les plafonds très-élevés, parce que la couche d'air qui n'auroit pas été atteinte, ne tarderoit pas à communiquer le venin à la couche voisine, et, de proche en proche, jusqu'à la partie inférieure.

Je ferai connoître bientôt les expériences de M. Odier, et celles que j'ai faites après lui, qui m'obligent à modifier cette conclusion ; mais le phénomène sur lequel j'avois cru pouvoir la fonder, est trop important par lui-même, et par ses rapports avec la question qui nous occupe, pour que je ne rappelle pas ici la partie du rapport de MM. Jurine et Berger, dans laquelle ils l'ont décrit.

Après avoir essayé de déterminer le *minimum* d'expansibilité des vapeurs nitriques, *à l'air libre*, en réduisant jusqu'à trente-six grains les quantités de nitre et d'acide, dans une chambre *de* 19 *pieds de longueur,* 11 et demi *de largeur, et* 10 et demi *de hauteur*, ce qui donne pour sa capacité 2294 pieds cubes, ou 78. 632 mètres cubes (*) ; n'ayant pu y parvenir, parce que l'espace se remplissoit encore de vapeurs, quoique dans un temps plus long, ils se proposèrent de recueillir exactement la quantité de gaz nitrique, qui se dégageoit d'une quantité connue d'acide sulfurique et de nitre. Voici les

____

(*) *Observations sur la fièvre des prisons*, page 215. La capacité, d'après les mêmes dimensions, est portée à 85 mètres cubes ; c'est sûrement une faute d'impression.

termes dans lesquels ils rendent compte du procédé et du résultat.

« Nous introduisîmes un quart d'once de nitre dans un flacon à deux tubulures ; nous ajustâmes à l'une d'elles un tube recourbé qui aboutissoit dans une cuve hydro-pneumatique, et, après avoir introduit un quart d'once d'acide sulfurique par l'autre tubulure, au moyen d'un petit entonnoir de verre, nous lutâmes le tout très-exactement, et nous nous préparions à observer le dégagement des vapeurs ; mais ce fut en vain, nous attendîmes très-patiemment pendant l'espace d'une demi-heure, sans qu'il en passât aucune dans l'appareil. Nous imaginâmes alors qu'il n'y avoit peut-être pas assez d'acide, nous en ajoutâmes un quart-d'once, et nous remarquâmes qu'en débouchant l'une des ouvertures du flacon, pour y introduire cette nouvelle quantité d'acide, il se faisoit à l'instant même un dégagement de vapeurs nitriques qui arrivoient dans la chambre ; mais aussitôt que nous eûmes de nouveau fermé et luté l'ouverture du flacon, le dégagement des vapeurs fut aussi entièrement suspendu. Nous délutâmes alors tout l'appareil, et le flacon, mis ainsi en communication avec l'air extérieur, laissa échapper une abondante quantité de vapeurs nitriques. »

« Nous répétâmes cette expérience, mais en mettant l'appareil sur un bain de sable, et en poussant graduellement le feu, nous n'observâmes rien de particulier jusqu'à ce que la température du mélange fût arrivée à 80 degrés. Alors tout l'intérieur de la bouteille se remplit de vapeurs rutilantes; bientôt ces vapeurs, à leur arrivée dans le tube recourbé qui plongeoit sous l'eau, furent condensées, et il y eut, comme cela devoit être, formation d'acide nitreux, qui coula sous la forme de stries le long des parois de la bouteille. *Toutes les fois que la libre communication entre l'air ambiant et celui du flacon a été interceptée, il n'y a eu aucun dégagement de vapeurs nitriques.* »

Je ne crois pas que personne ait encore tenté d'assigner la vraie cause de cette différence d'action des mêmes substances l'une sur l'autre, par la seule circonstance de la communication libre avec l'air ambiant, ou restreinte à un volume déterminé de ce fluide. Peut-être même seroit-il difficile de donner une explication un peu vraisemblable de ce phénomène, en le considérant isolément; car il est bien certain qu'il n'y a ici ni compression, ni saturation qui marque un terme aux affinités de décomposition. Il n'y a point de *compression;* on a vu que l'appareil de MM. Jurine et Berger étoit terminé par un siphon non fermé et simplement plongé dans la cuve pneumatique. Il n'y a point de *saturation* proprement dite, et telle qu'il faudroit la concevoir, c'est-à-dire, résultant d'une affinité directe de la vapeur avec l'air, puisque ce fluide ne reçoit des vapeurs nitriques pures, ou exemptes de gaz nitreux, aucune altération qui puisse faire soupçonner qu'il soit entré, soit en totalité, soit en partie, dans une combinaison nouvelle.

Le rapprochement de quelques faits analogues peut, à ce qu'il me semble, nous fournir quelques données pour arriver à la solution de ce problème.

J'ai rapporté, dans la première partie, n°. 4, ce qui arrivoit lorsqu'on mettoit, sous une grande cloche de verre, de l'acide muriatique concentré : même en ouvrant un robinet placé à la partie supérieure, on ne voyoit pas reparoître les vapeurs, tant que l'air intérieur n'étoit pas renouvelé. Cette circonstance éloigne plus sûrement encore toute idée de pression, que l'observation faite avec l'appareil de MM. Jurine et Berger, dans lequel la hauteur du siphon, plongeant dans l'eau, pouvoit, à un certain point, gêner l'expansion des vapeurs.

On connoît la propriété de la liqueur que l'on obtient de la distillation d'un mélange d'étain et de muriate mercuriel corrosif, qui portoit anciennement le nom d'*esprit fumant de Libavius*. Quelques gouttes versées dans un flacon, quelle qu'en soit la capacité, le remplissent immédiatement de vapeurs blanches épaisses; elles disparoissent peu de temps après qu'on l'a bouché; elles recommencent toutes les fois qu'on le débouche, se rendent visibles seulement à l'orifice, et se répandent très-rapidement de manière à remplir le plus vaste laboratoire.

La description que j'ai donnée, dans le *Dictionnaire de Chimie de l'Encyclopédie méthodique* (*), des phénomènes que présente *l'acide sulfurique glacial fumant*, me paroît mettre encore plus directement sur la voie pour rendre raison de la production ou de la cessation des vapeurs. Aucune substance n'en fournit aussi instantanément de plus visibles, de plus abondantes, de plus expansibles; mais l'effet immédiat de la communication avec de l'air nouveau est de réduire subitement en liqueur un corps concret cristallin; et l'effet cesse, dans un petit flacon comme dans un très-grand ballon, aussitôt que l'air qu'il contient a été épuisé d'eau, qui ne sert pas seu-

____

(*) Tome premier, page 391 et suivantes.

lement ici à donner une consistance visible aux vapeurs, qui entre en combinaison avec l'acide, en vertu d'une affinité assez puissante pour produire chaleur, expansion gazeuse, et bruissement éclatant, si elle y est portée en état liquide, en quelque petite quantité que ce soit.

D'après cela, on ne peut guère douter que l'eau dissoute dans l'air ne soit la cause déterminante de la formation et de l'apparition des vapeurs, dans tous les cas où elles cessent et se renouvellent, suivant qu'il en est privé, ou qu'il est remplacé par de l'air nouveau qui offre ce principe au contact de la substance saline disposée à s'en emparer avec une grande avidité.

Cette explication acquiert un nouveau degré d'évidence par la considération de la condition essentielle au succès de toutes ces opérations. Si le sulfate de fer, préparé pour la distillation de l'acide sulfurique glacial, n'a pas été porté au dernier degré de dessication, le produit n'est que de l'acide ordinaire, ni concret, ni fumant.

Il en est de même dans l'opération de la liqueur fumante de *Libavius* ; si l'on ajoute de l'eau au mélange, dans la proportion d'un cinquième seulement du poids du muriate mercuriel, on ne trouve plus dans le récipient qu'une liqueur qui a l'odeur propre de l'acide muriatique, mais qui n'a plus les caractères de muriate d'étain fumant.

Quant à l'application de cette théorie, à la formation des vapeurs nitriques, je la trouve établie par les expériences de MM. Odier, Jurine et Berger. Le premier a remarqué que l'on ranimoit les vapeurs, en soufflant sur le mélange, avec la bouche, ce qu'il n'hésite pas d'attribuer à l'humidité (*). Les deux derniers ont étendu l'acide sulfurique d'une quantité égale d'eau froide, avant que d'y projeter le nitre ; le thermomètre est monté, dans le mélange, à 41 degrés ; *mais il n'y a eu aucune production de vapeurs nitriques, pas même en plaçant l'appareil sur le feu.* D'où ils conconcluent que l'humidité empêche complétement la production du gaz nitrique, et qu'il est par conséquent bien important de n'employer, pour les fumigations, que de l'acide sulfurique très-concentré (**). On conçoit aisément que la différence d'effet de l'humidité portée dans l'air, ou dans le mélange, est la preuve la plus directe de la vérité de l'explication.

(*) Observations, etc. page 107.
(**) *Ibid.* page 214.

On né sera pas étonné que la chaleur appliquée à l'acide délayé , n'ait pu déterminer qu'une distillation au lieu d'une vaporisation ; le gaz nitrique , s'il est vrai que cet acide existe en état de gaz , avoit pris d'avance la forme liquide.

C'ést donc réellement à l'état de siccité dans lequel se trouve l'acide , au moment de la séparation de sa base , à l'action qu'il exerce sur l'eau qui lui est apportée par l'air , à la chaleur résultant de la combinaison qu'il forme avec elle , qu'est due la production des vapeurs nitriques. Des observations suivies nous convaincroient probablement bientôt que, toutes choses d'ailleurs égales , ces vapeurs sont plus ou moins abondantes , plus ou moins expansibles , suivant les différentes constitutions hygrométriques de l'atmosphère ; d'où l'on tireroit cette conséquence pratique , que l'on doit choisir pour ces fumigations les heures du jour où l'air est le moins sec ; et que , dans certaines saisons, il seroit peut-être utile de les faire précéder d'une évaporation d'eau par ébullition.

Ce n'est pas là cependant tout ce que nous avons à recueillir dans cette discussion ; et si les détails dans lesquels j'ai été obligé d'entrer, pour approfondir la matière, ont pu nous faire perdre de vue la question principale, le point de théorie qu'elle établit nous y ramène naturellement, par les moyens qu'il nous fournit d'évaluer comparativement l'expansibilité des agens qui peuvent être employés avec avantage à la désinfection de l'air.

Il n'est pas douteux, comme je l'ai annoncé, que la production ou la cessation des vapeurs d'acide muriatique, dépend de la même cause qui détermine ou qui arrête la formation des vapeurs nitriques. Mais l'effet peut-être modifié par la nature particulière de chacune de ces substances; il peut résulter de la même puissance, et se présenter avec plus ou moins d'intensité. Personne n'ignore aujourd'hui que ce sont ces différences de degrés, plutôt que la différence d'action, qui diversifient les phénomènes et constituent l'infinie variété de propriétés. Si donc on est forcé de reconnoître que l'acide muriatique peut exister et se maintenir à l'état de fluide gazeux, à une température à laquelle l'acide nitrique se condense en liqueur; que le sel commun, dans la composition duquel il entre très-près du double de la quantité d'eau qui se trouve dans le nitre, laisse aller son acide en vapeurs dans les mêmes circonstances où il est impossible d'en obtenir du nitre, il s'ensuivra nécessairement que l'expansibilité du premier l'emporte de beaucoup sur celle du second.

107. Quelque frappantes que soient ces analogies , j'ai prévu que l'on pourroit desirer encore de les voir confirmer par des expériences ; celles dont je vais rendre compte me paroissent mettre ce point de fait à l'abri de toute objection.

XXXVIe. EXPÉRIENCE.

J'ai mis dans une capsule de verre 76 décigrammes, environ 2 gros, du même acide sulfurique dont j'ai parlé précédemment (*Expérience xxxv.*), et après y avoir projeté , en une fois, une égale quantité de nitre pulvérisé , je l'ai placée immédiatement sous une grande cloche de verre de 54 centimètres de hauteur , de 27 de diamètre, par conséquent de la capacité de 30910 centimètres cubes (environ 1571 pouces cubes). Cette cloche avoit ses bords inférieurs plongés dans l'eau , pour intercepter la communication avec l'air du dehors. J'avois en vue d'examiner si , en opérant à froid dans des vaisseaux clos , il n'y auroit aucune production de vapeurs, comme MM. Jurine et Berger l'avoient conclu de l'une de leurs expériences ; et c'étoit pour m'approcher le plus possible de la condition de l'air contenu dans une chambre de peu d'étendue et fermée de toute part, que j'avois fait chercher une cloche de cette capacité. Le résultat a été tel que je devois l'attendre de la théorie ci-devant établie, et d'après ce que j'avois observé de la manière dont l'acide muriatique se comportoit dans les mêmes circonstances ; le mélange n'a pas tardé à produire des vapeurs blanches qui se sont élevées jusqu'au dessus de la cloche, mais sans entrer dans la cavité du bouton, qui l'ont obscurcie au point que l'on ne distinguoit plus à travers que le caractère de gros canon, qui retomboient en ondulant, qui se sont condensées en moins d'une heure, de manière que la cloche étoit aussi claire qu'auparavant, présentant seulement un léger nuage sur les parois à la moitié de sa hauteur. La cloche enlevée, le mélange a recommencé à donner des vapeurs pendant assez longtemps, même sans avoir été remué.

XXXVII°. EXPÉRIENCE.

Ce premier succès m'a engagé à essayer si je n'obtiendrois pas encore des vapeurs nitriques dans un vaisseau beaucoup plus petit ; 58 décigrammes d'acide sulfurique, et autant de nitre,

ont

ont été placés sous un récipient de 20 centimètres de hauteur, de 9. 5 de diamètre, ne donnant par conséquent qu'une capacité de 1418 centimètres cubes (environ 71 pouces cubes); il y a eu au premier instant dégagement de vapeurs blanches, comme à l'air libre, qui ont de même obscurci le récipient. Quelques minutes après qu'elles ont cessé, le récipient s'est éclairci; et lorsque je l'ai enlevé de dessus la capsule où étoit le mélange, ses bords paroissoient fournir de nouvelles vapeurs, comme si l'acide qui s'y étoit déposé, étoit encore avide d'humidité, et la recevoit en se répandant dans un air nouveau.

X X X V I I I^e. E X P É R I E N C E.

J'imaginai une fois de replacer tout de suite, sous le même récipient que je venois d'enlever, l'hygromètre de M. Leslie, les bords du récipient plongeant dans le mercure. Je voulois observer si l'acide condensé sur ses parois se seroit tellement approprié l'eau contenue dans l'air, que cet instrument n'y donneroit plus aucun signe de constitution humide. Je le vis avec étonnement monter très-rapidement sept ou huit degrés au dessus du terme de son échelle. Comme, suivant les principes de sa construction, la liqueur ne peut être déplacée que par

M

la chaleur ou le refroidissement du gaz renfermé dans l'une de ses boules (*), je ne puis assigner d'autre cause de cet effet, que la chaleur résultant de l'action de l'acide sur la pièce de soie qui couvre la boule inférieure.

XXXIX*. EXPÉRIENCE.

Il étoit bon de juger ce qui arriveroit, si, au lieu de plonger la cloche dans l'eau, pour intercepter la communication avec l'air ambiant, on la plaçoit sur le mercure. Je me suis servi pour cela du petit récipient de l'expérience xxxvii, et j'ai employé les mêmes doses. Au bout de quelques minutes, les vapeurs ont passé au rouge, le récipient paroissoit comme le ballon adapté à la cornue dans la distillation de l'acide nitreux fumant, et le mercure étoit sensiblement attaqué dans toute la surface renfermée sous la cloche.

Il est donc très important d'éloigner toute substance métallique des lieux dans lesquels on veut pratiquer les fumigations d'acide nitrique, même en opérant à froid, puisqu'elles ne se borneroient pas, comme celles d'acide muriatique, à ternir et oxider leur surface,

---

(*) La description de ce nouvel hygromètre se trouve tome xxxv des Annales de chimie, page 3.

mais produiroient nécessairement du gaz nitreux, à mesure que la vapeur nitrique s'y dé-
poseroit.

XLe. EXPÉRIENCE.

Ayant ainsi acquis la certitude que l'acide
nitrique pouvoit, sans l'application de la chaleur, se dégager en état de vapeur blanche,
même dans de très-petits vaisseaux fermés; j'ai
pensé qu'en employant un appareil très-élevé,
et d'une capacité vingt-cinq fois plus considérable, j'obtiendrois des résultats décisifs pour
la comparaison de l'acide nitrique et de l'acide
muriatique, sous le rapport de l'expansibilité.
Je me suis servi pour cela d'un grand récipient
tubulé, de mêmes dimensions que celui de l'expérience XXXVI, c'est-à-dire, de 54 centimètres
de hauteur, de 27 de diamètre. J'ai introduit,
et scellé dans la tubulure, l'extrémité du cou
d'une cornue de verre, long de 37 centimètres.
Le bulbe de la cornue étoit de la contenance
de 9 décilitres, ou 900 centimètres cubes; elle
portoit la tubulure avec bouchon usé à l'émeri,
ce qui me donnoit la facilité de rendre à volonté la communication avec l'air extérieur; et
pour que cette communication fût aussi libre
qu'il étoit possible, j'avois eu l'attention de
choisir une cornue dont le cou portoit, à son

M 2

extrémité, près de 2 centimètres d'ouverture.

Tout étant ainsi disposé, je fis passer, dans l'intérieur de la cornue, deux centilitres d'infusion de tournesol, étendue au point de ne laisser qu'une très-légère nuance bleue, et je fermai la tubulure. J'avois mis d'avance, dans une capsule de verre, 96 décigrammes d'acide sulfurique concentré, j'y ajoutai pareille quantité de nitrate de potasse pulvérisé, et à l'instant je la couvris du récipient dont les bords plongeoient dans l'eau. En moins de cinq minutes, il fut rempli de vapeurs, mais il n'en passoit point dans le cou de la cornue; comme elles commençoient à se condenser, j'ôtai le bouchon de la tubulure de la cornue, et j'y plaçai une lame de papier coloré par le tournesol. Les vapeurs ne se ranimèrent point ; le cou de la cornue parut seulement un peu obscurci par une très-légère condensation sur ses parois, qui ne s'élevoit pas au-delà de 13 centimètres. Au bout de deux heures, les réactifs n'avoient éprouvé aucune altération sensible.

X L I^e. E X P É R I E N C E.

L'*acide muriatique* a été soumis à la même épreuve, l'opération faite dans le même appareil, les doses égales, toutes les circonstances

absolument semblables. La première émission
de vapeurs a rendu le récipient sensiblement
plus opaque ; elles n'ont pas non plus formé de
nuages visibles dans la cornue, lorsque j'en ai
débouché la tubulure ; mais la vapeur condensée
étoit visible sur une hauteur de près de 20 centimètres dans le cou, l'infusion du tournesol
avoit pris manifestement une nuance tirant au
rouge, de même que la partie de la lame de
papier bleu qui passoit par la tubulure, dans
l'intérieur de la cornue.

XLIIe. EXPÉRIENCE.

Je ne pouvois terminer cette comparaison
sans me rapprocher encore plus du procédé
pratiqué à l'air libre, avec les doses même indiquées par M. Odier. J'ai opéré successivement le dégagement des vapeurs nitriques et
muriatiques, dans la chambre dont j'ai donné
les dimensions dans la description de la xxxve.
expérience. La capsule contenant le mélange
étoit placée au milieu d'une très-grande table,
sur laquelle j'avois distribué, à des distances
différentes, dans des soucoupes, de l'infusion
légère de tournesol, quelques gouttes d'ammoniaque, et des lames de fer limées à neuf, afin
d'obtenir, par le moyen de ces instrumens

chimiques, des indices moins équivoques que le degré d'intensité de deux vapeurs qu'il est impossible d'observer simultanément.

Cette expérience a été répétée quatre fois, à des jours différens, en variant les distances des soucoupes, réduisant par degrés les quantités d'ammoniaque, jusqu'à ce qu'elles pussent être complétement saturées, et éloignant quelquefois les lames de fer jusque sur les murs, ou à la hauteur du plafond. J'ai constamment observé que, dans le premier instant, l'émission des vapeurs muriatiques étoit beaucoup plus abondante; que celles de l'acide nitrique cessoient assez promptement, si l'on n'avoit soin de remuer souvent le mélange, ainsi que le recommande M. Odier, ce qui s'explique tout naturellement par la différence de solubilité du sulfate de soude et du sulfate de potasse qui se forment dans ces opérations; que, toutes choses égales, les soucoupes couvertes d'ammoniaque présentoient, après la cessation totale des vapeurs, plus de cristaux formés; qu'à la même proximité du mélange, l'infusion de tournesol avoit pris un rouge plus intense; enfin que le fer étoit complétement rouillé par l'acide muriatique, à des distances auxquelles il paroissoit ne recevoir aucune altération sensible de l'acide nitrique. Cet effet étoit surtout remarquable lorsque l'on tenoit des lames polies sur toutes les faces, suspendues à 15 décimètres (4 pieds 6 pouces) d'élévation, au dessus des capsules, et 12 décimètres, (3 pieds 8 pouces) de distance de la perpendiculaire.

Ces expériences me paroissent décider irrévocablement la question, et ne laisser aucun doute, que l'expansibilité gazeuse de l'acide nitrique est fort inférieure à celle de l'acide muriatique. J'ai encore ici la satisfaction de pouvoir appuyer ce résultat des observations de M. Odier qui fixe à 20 mètres cubes (environ 600 pieds cubes), la capacité que peut remplir un appareil fumigatoire à la dose de 153 grammes de nitre; qui remarque très-bien que l'on employoit constamment deux de ces appareils sur le vaisseau d'hôpital l'*Union*, pour un espace qui ne contenoit pas plus de 31 mètres cubes (908 pieds cubes; qui s'élève enfin contre l'assertion de M. Paterson, que *trois* de ces appareils lui avoient suffi pour remplir des vapeurs du gaz nitrique une salle de 113 mètres cubes (3296 pieds cubes). Pour prendre une juste idée de la valeur de ces sortes de relations officieuses, ou si l'on veut, de l'incertitude, des jugemens prononcés sans des expériences directes, il suffit de rapprocher de cette assertion, comme l'a fait M. Odier (*), ce que dit ailleurs le même chirurgien de l'hôpital militaire de Forton, qu'il employa *deux* appareils fumigatoires pour parfumer une chambre dans laquelle il traitoit trois de ses enfans, laquelle n'avoit qu'une capacité de 1070 pieds cubes, et dont le plafond n'avoit pas tout-à-fait 7 pieds d'élévation, circonstance tellement favorable à cette espèce de fumigation, qu'elle ne pouvoit manquer d'en rendre l'effet plus sensible. Je dois observer que M. Odier, de qui j'emprunte ces faits, qui avoit dit, en parlant de cette opération de M. Paterson : *c'est 535 pieds cubes par appareil ; voilà ce me semble la vraie mesure de capacité à laquelle peut suffire un seul de ces appareils,* la double, à très-peu près dans l'instruction qui termine son ouvrage, puisqu'il la porte à 35 mètres cubes, ou environ 1000 pieds cubes. Il ne peut avoir été déterminé à ce changement, que par le rapport qui lui a été fait par MM. Jurine et Berger, que la quantité de vapeurs nitriques dégagées de la dose de mélange ordinaire, avoit été plus que suffisante pour en remplir toute une chambre de la contenance

____

(*) Observations sur les fièvres des prisons, p. 115 et 129.

de 85 mètres cubes (2294 pieds cubes), à tel point qu'il leur avoit été impossible de distinguer les traits de leur visage d'une extrémité à l'autre, *tant le brouillard étoit épais* (*). Les effets dont j'ai été témoin, à cinq reprises, dans un espace un peu moins grand et même moins élevé, sont si éloignés de ceux décrits dans ce rapport, qu'il me seroit difficile d'imaginer ce qui a pu produire une différence aussi prodigieuse. Il est aisé de juger, au surplus, qu'ils n'ont pas paru moins extraordinaires à M. Odier, puisque s'il leur avoit donné une pleine confiance, il n'auroit pas réduit les 85 mètres cubes à 35, c'est-à-dire de plus de moitié.

On verra, dans la suite, qu'en reconnoissant dans le gaz acide muriatique une bien plus grande expansibilité que dans les vapeurs d'acide nitrique, mon intention n'est point de préjuger que les fumigations du dernier ne puissent être efficaces, ou même plus avantageuses dans quelques circonstances ; mais avant de les comparer sous d'autres rapports, je dois apprécier l'opinion de M. Keir, adoptée par le D^r. Smyth, sur la production d'une certaine quantité d'air vital dans ces fumigations.

(*) Observations sur la fièvre des prisons, p. 215 et 239.

108. La question de savoir si l'air dans lequel a passé l'acide nitrique en vapeur, a véritablement acquis plus d'oxigène, n'est pas aussi étrangère qu'elle le paroît d'abord à l'examen des moyens de désinfection, ou des méthodes préservatives de la contagion; mais elle n'est pas difficile à résoudre dans les circonstances données par M. Keir; car l'acide étant supposé dans le point de saturation qui exclut tout excès de la base, ainsi que du principe acidifiant, il en résulte invinciblement qu'une portion d'oxigène ne peut être rendue libre, sans qu'une portion correspondante de l'azote ne prenne aussitôt la forme de gaz nitreux, ou n'entre dans quelque autre combinaison plus fixe. Ici, point de décomposition de l'acide, c'est la condition exigée; et comment pourroit-elle se faire dans le sens du Chimiste Anglais, pour mettre en même temps en liberté deux fluides qui cesseroient d'exercer les affinités qui les portent si rapidement à l'union? D'autre part, aucune substance que l'on puisse indiquer comme ayant la propriété d'enlever à l'acide une partie de l'azote. Seroit-ce enfin une suroxigénation de cet acide? Ce phénomène nous est encore inconnu; et s'il pouvoit avoir lieu dans une opération où l'excès d'oxigène ne pourroit être fourni que par l'acide

sulfurique ou par l'eau, cette décomposition inattendue se manifesteroit par des produits très-sensibles, et dont les propriétés, bien contraires à l'objet, seroient, ou de neutraliser la vapeur acide, ou de reprendre au second instant l'oxigène rendu libre dans le premier.

C'est avoir parcouru, ce me semble, toutes les suppositions qui auroient pu prêter quelque vraisemblance au fait annoncé par M. Keir. Je n'ai pas voulu cependant qu'il pût se plaindre que je n'avois combattu son assertion que par des raisonnemens; j'ai appelé en témoignage l'expérience; elle s'est trouvée parfaitement d'accord avec ces principes (*Exper.* xxviii). Il faut donc tenir pour constant que, non seulement l'air dans lequel se fait la distillation de l'acide nitrique n'est pas enrichi d'une portion d'air respirable, mais encore qu'il est presque impossible qu'il n'en soit pas un peu appauvri, sans doute par la rencontre fortuite de quelques corpuscules qui s'oxident à ses dépens. Lavoisier dit, à la vérité, en parlant de la décomposition du nitre par l'acide sulfurique, *qu'il se dégage pendant l'opération une grande quantité de gaz oxigène, mélé d'un peu de gaz azotique* (*), ce qui supposeroit un change-

---

(*) Elémens, etc. tome I, page 78.

ment de proportion des principes de l'acide, sans qu'il en résultât du gaz nitreux. Or, cette supposition ne peut se concilier, ni avec la description que donne l'illustre chimiste, des phénomènes qui accompagnent cette distillation, ni avec les proportions qu'il assigne aux parties constituantes de cette composition, dans les différens états de gaz nitreux, d'acide nitreux et d'acide nitrique ; ni avec les expériences les plus récentes sur le même sujet. *A mesure que l'acide passe* (ce sont ses termes), *l'eau qui l'absorbe devient d'abord verte, puis bleue, et enfin jaune, suivant le degré de concentration :* ce n'est pas là sans doute ce que l'on peut appeler de l'acide nitrique pur, et tel que doit le produire la condensation des vapeurs blanches, dans la condition des fumigations. Si l'on admet, d'autre part, que le *gaz nitreux* soit composé d'environ *deux* parties d'oxigène et une d'azote ; que, quand la proportion de l'oxigène est au dessous de *trois* parties contre une, l'*acide est rouge et fumant ;* enfin, qu'il faut *quatre* parties d'oxigène contre une d'azote pour donner *l'acide blanc et sans couleur, plus fixe au feu que le précédent, qui a moins d'odeur, et dont les principes constitutifs sont plus solidement combinés,* il devient impossible d'imaginer comment on pourroit enlever à une semblable composition une plus grande proportion d'oxigène que d'azote, sans que la partie restante perdît les caractères qu'elle tient principalement, et peut-être uniquement de ces proportions.

Suivant les expériences de MM. Van-Marum et Davy, la proportion d'azote, dans le gaz nitreux, s'élève à o.44; M. Berthollet pense même qu'elle doit être encore un peu plus forte (*). Cependant ce n'est que par l'étincelle électrique sur le mercure, ou la combustion actuelle du charbon, ou le contact avec des sulfites qui passent à l'état de sulfates, qu'ils sont parvenus à lui enlever assez d'oxigène pour le réduire à l'état d'oxide nitreux. Comment supposer, après cela, que l'acide nitrique, plus solidement combiné, abandonne une portion d'oxigène, sans qu'il en soit sollicité par aucune substance à portée d'exercer sur lui quelque affinité (condition essentielle de la fumigation), et que l'azote s'en s'épare en même temps, en état de liberté, et en quantité suffisante, pour que les proportions de composition de l'acide nitrique blanc ne soient pas changées ?

(*) Annales de chimie, tome XLIII, page 98 et 324.

Si l'on se rappelle maintenant que, dans l'expérience XXVIII, qui m'a servi à résoudre cette question, j'ai eu l'attention de ne tenir compte des résultats, que lorsque la vapeur étoit absolument blanche, on regardera comme certain que cette fumigation ne peut porter de l'oxigène dans l'air, et que si elle change quelquefois les proportions de ses principes, c'est au contraire en lui enlevant, par le gaz nitreux formé accidentellement, ce qui est nécessaire pour reproduire l'acide nitrique blanc. Il est très-probable que cette reproduction instantanée contribue beaucoup à faire disparoître toute vapeur rutilante, au moment même où elle vient en contact de l'air libre, ainsi que je l'ai observé d'après M. Odier.

109. Je viens à *l'acide muriatique* qui, par la propriété de former un gaz permanent, par sa grande expansibilité, même en état de vapeur humide, annonce déjà la propriété la plus importante comme agent de désinfection de l'air ; celle de s'étendre dans toutes les directions, de remplir un espace entier, quelle qu'en soit la forme, s'il est dégagé en quantité suffisante. Je sais que M. W. Henry ayant observé qu'il se formoit de l'acide muriatique oxigéné, lorsqu'on soumettoit aux décharges électriques

le gaz acide muriatique, a crû pouvoir en conclure que 100 pouces cubiques de ce gaz, même après avoir été desséché par le muriate de chaux, tenoient encore 1. 4 grains d'eau (*); mais ce n'est point un humide radical, puisqu'on parvient à le séparer absolument, sans changer la nature essentielle de l'acide ; et cette résistance de l'eau aux absorbans les plus puissans n'est que l'effet de l'attraction des masses sur des parties disproportionnées, et qui, dans le cas particulier, cède à l'intensité du choc électrique. Cela ne peut ainsi nous empêcher de considérer cet acide comme étant naturellement dans l'état de gaz sec, et disposé, comme je l'ai dit, à s'emparer très-avidement de l'eau que l'air tient en dissolution.

Il n'y a pas un chimiste qui ne sache aujourd'hui que, si l'on place à côté l'un de l'autre deux flacons, l'un tenant de l'acide muriatique, l'autre de l'ammoniaque, à l'instant où on les ouvre, la conjonction de leurs vapeurs élastiques forme sur le champ un nuage visible. On a pu remarquer, dans la première partie, n°. 4, que c'étoit à ce phénomène observé dans

______

(*) Annales de chimie, tome XLIII, page 208 et suiv.; ce qui répond à peu près à 38 milligrammes, pour 1000 centimètres cubes.

toutes ses circonstances , sous de très-grands récipiens , que j'avois dû la première idée d'appliquer cet acide à la désinfection de l'air. J'ai rapporté les observations des heureux effets que l'on en avoit obtenus , soit en France , soit chez l'étranger , avant la publication de ce traité (on verra bientôt combien elles se sont multipliées depuis) ; je ne me suis pas néanmoins dispensé de comparer , par des expériences directes , son action sur l'air putride avec celle des autres acides ; je l'ai placé dans des circonstances bien plus défavorables , en l'étendant de beaucoup d'eau , en ne procurant le contact que par la volatilisation spontanée de quelques gouttes , en augmentant , dans une proportion très-sensible , le volume d'air qu'il devoit traverser (*Expériences XXIX, XXX, XXXI, XXXII, XXXV, XL, XLI et XLII*) ; dans toutes ces épreuves , il a eu un avantage bien décidé , soit par rapport à l'intensité, à la célérité de l'effet , soit par rapport à la commodité de l'opération.

Il ne s'est élevé aucun doute sur l'efficacité de cet acide pour la destruction des miasmes produits par la putréfaction , et pour la désinfection de l'air. J'en trouve une nouvelle preuve bien décisive dans le rapport officiel des médecins qui ont mis fin , par les fumigations aci-

des ,

des, à la terrible épidémie de l'Andalousie, en 1800. D. M. J. Cabanellas ayant exposé à la vapeur de l'acide muriatique simple, pendant 16 jours, des morceaux de chair très-fétides, il n'y eut pas la plus légère trace d'odeur putride (*). On a vu que c'étoit à son action immédiate, à son expansion spontanée en état de liqueur, que le D^r. Smyth avoit dû ses premiers succès à l'hôpital de Winchester. J'ose dire que c'est le seul agent qui puisse donner une entière sécurité, lorsqu'il s'agit de purifier un grand espace, des églises, de grandes salles d'hôpitaux, etc.; car on multiplieroit en vain les appareils fumigatoires d'acide nitrique, les vapeurs n'atteindroient jamais qu'une certaine hauteur, à moins qu'on ne les distribuât par étages jusque dans la partie supérieure, ce qui ne seroit pas peu embarrassant, et il n'en faudroit pas plus pour donner à l'indolence des préposés le prétexte des difficultés.

Rien de plus facile au contraire que la manipulation des fumigations d'acide muriatique; on peut opérer à froid et à chaud, employer un acide sulfurique plus ou moins pur (**), varier,

---

(*) *Observaciones sopre los gases acido-minérales*, etc. Séville, 1801, page 8.

(**) D. J. Queralto, directeur-général de l'épidémie de

augmenter ou diminuer les doses, sans craindre de voir transformer le gaz salutaire en gaz nuisible, sans autre risque que de perdre, pour la valeur de quelques centimes, des matières employées.

On n'hésitera donc pas de recourir, de préférence, à ce procédé de fumigation pour les lieux non habités. Mais est-il vrai, comme M. Odier paroît le craindre (*), qu'il y ait quelques inconvéniens dans les salles habitées, que l'odeur du gaz muriatique soit plus désagréable aux assistans, que les malades en soient plus incommodés que des vapeurs nitriques ?· J'ai déjà observé, n°, 28, que ces dernières, d'après les témoignages les plus favorables à cette méthode , avoient aussi l'inconvénient d'exciter la toux. M. Odier est lui-même obligé de convenir qu'*elles prennent le nez*, qu'elles sont *assez poignantes*, qu'il faut projeter le nitre *peu à peu*, que l'on doit se garder d'augmenter la dose du mélange dans le même

---

Séville, dans une des pièces du recueil précédemment cité, observe que l'acide sulfurique impur occasionne du gaz nitreux ; il dit avoir communément employé les vapeurs dégagées du nitre *à froid*, quoiqu'elles fussent moins abondantes. *Medios propuestos*, etc. page 16.

(*) Observations, etc. pages 135 et 224.

vaisseau , etc. , etc. Ces précautions présentent tout aussi bien l'idée de quelque danger , que celle recommandée dans l'instruction du Conseil de santé *, de dégager dans les salles habitées, une moindre quantité de gâz acide muriatique* , que dans les salles non habitées. Voilà néanmoins ce qui fonde principalement l'opinion de M. Odier ; car je ne pense pas que l'on puisse sérieusement mettre en parallèle le résultat de l'expérience , peut-être faite à des doses disproportionnées , dans les prisons de Genève, et la répugnance que témoigna, pour ce genre de fumigation , un officier de justice qui s'y trouvoit, avec la déclaration authentique du Conseil de santé , après trois épreuves dans divers hôpitaux , que ce procédé peut être, exécuté *sans inconvénient , et avec le plus grand avantage, dans les salles habitées*, avec les témoignages de plusieurs hommes de l'art qui l'ont ordonné, pratiqué eux-mêmes.

Le gaz acide muriatique auroit-il donc produit quelques pernicieux effets ? Il n'y en a pas un seul exemple. Le docteur Smyth l'a soumis à une rude épreuve, en tenant, pendant un quart d'heure, un oiseau dans un récipient de 881 pouces cubes, qui en étoit rempli, et il rapporte qu'il en sortit *aussi agile qu'aupa-ravant.* Il fit plus; il s'enferma avec son coopérateur dans une chambre de 1040 pieds cubes de capacité, pour juger par eux-mêmes de l'impression que pouvoient faire les vapeurs de cet acide ; les doses (qu'ils n'indiquent pas) dévoient être bien considérables, puisqu'il falloit, pour la comparaison, porter ces vapeurs au même degré d'intensité que celles de l'acide nitrique, c'est-à-dire jusqu'à *obscurcir les objets;* voici comment ils expriment ce qu'ils ont éprouvé : « Nous les trouvâmes plus poignantes et plus irritantes que celles de l'acide nitrique. Elles nous firent un peu tousser ; mais pourtant nous n'en fûmes pas bien incommodés, et elles n'excitèrent point en nous ce sentiment de construction et de suffocation que produit l'acide sulfureux (*). »

Je n'ajouterai qu'une réflexion, dont j'aurai lieu de faire plus d'une application ; l'efficacité d'un remède tient nécessairement à l'activité qui le rend redoutable, quand les doses n'en sont pas ramenées à la juste proportion ; et si l'on est toujours maître de les modérer, au point qu'il cesse de causer du désordre, en conservant encore plus de vertu que ceux que l'on pourroit lui substituer, c'est bien plutôt une raison de préférence, qu'un motif d'ex-

____

(*) Observations, etc. page 70.

clusion. Tel est le véritable point de vue sous
lequel il me semble que l'on doit considérer la
grande énergie du gaz acide muriatique.

110. J'ai cependant la satisfaction d'annoncer
que ce n'est pas encore là le plus puissant moyen
que les progrès de la chimie aient mis à notre
disposition, pour nous délivrer du fléau de la
contagion. La découverte de *l'acide muria-*
tique oxigéné, qui a reçu tant d'heureuses
applications, deviendra, j'ose le prédire, le
spécifique le plus sûr, le préservatif le plus
familier. On a vu (*Expér. XXXIV.*) combien,
sous ce dernier point de vue, l'usage en étoit
facile et avantageux, par le procédé que j'ai
employé depuis plusieurs années, et pendant
le cours de mes expériences sur l'air putride.
J'ai opéré d'autre part à la manière de M. Cruickshank, qui le premier en a introduit la pratique
dans un grand hôpital; et le résultat a pleinement confirmé et la relation qu'il en a publiée,
et l'opinion que j'avois déjà de la supériorité de
cet agent.

111. Si cette opinion m'eût été particulière,
j'aurois moins lieu d'être étonné que nous eus-
sions attendu l'exemple des étrangers pour apprendre à nous servir de ce puissant préservatif

dans nos hôpitaux civils et militaires, dans nos lazarets, nos prisons, et partout où il y avoit à craindre épidémie ou contagion. Mais la vertu éminemment antiseptique de l'acide muriatique oxigéné, étoit depuis longtemps en France un point de doctrine adopté par les hommes les plus éclairés. Aux preuves que j'en ai données, je pourrois ajouter ici ce qu'avoient écrit à ce sujet, même avant la publication de l'instruction du Conseil de santé, M. Hallé, dans ses *Recherches sur le méphitisme des fosses d'aisance*, et M. Fourcroy, dans le premier volume de *la Médecine éclairée par les Sciences physiques*. Je m'arrêterai seulement à la dissertation en forme de thèse soutenue à l'Ecole de médecine de Paris, le 19 avril 1791, par A. L. Guilbert, et qui avoit pour objet spécial une nouvelle méthode de détruire l'infection et peut-être la contagion (*). L'auteur ne se borne pas à rappeler la violence avec laquelle le gaz acide muriatique oxigéné enflamme les métaux à toute température, la promptitude avec laquelle il durcit les huiles fixes, brûle les huiles volatiles, transforme leurs émanations en vapeurs sensibles, efface

______

(*) *Dissertatio medica de novâ infectionis, fortassè contagionis destruendæ Methodo.* Paris, Quillau, 1791.

les couleurs, détruit radicalement les odeurs, et décompose l'ammoniaque ; il examine son action sur les matières animales, assez puissante pour rompre l'équilibre de leurs principes constituans, l'astriction qu'il cause à la peau, la manière dont il affecte la membrane pituitaire, sa tendance à neutraliser les miasmes septiques répandus dans l'air, ou adhérens aux corps infectés, et conclut qu'il doit être regardé comme le meilleur *anti-contagieux.*

Cette dissertation, dont je n'avois aucune connoissance, lorsque j'entrepris mes expériences sur l'air infecté par la putréfaction, me fournit encore une observation qui s'accorde parfaitement avec ce que j'ai dit précédemment, n°. 86, des heureux effets que j'avois obtenus de l'acide muriatique oxigéné. L'auteur travaillant sur le cadavre avec M. Vauquelin, cet acide leur servit à détruire l'odeur pernicieuse qui s'en exhaloit. Au reste, ce n'est pas un fait isolé ; et, s'il est possible de croire que cette précaution ne soit pas encore devenue aussi générale que le commande la sûreté de ceux qui se livrent à ces opérations (*), je puis du

____

(*) Qui pourroit dire que la négligence de ce puissant préservatif n'a pas contribué à la mort du célèbre Bichat, à qui des travaux continuels en ce genre en rendoient l'usage si nécessaire ?

moins assurer que M. Chaussier, professeur d'anatomie à l'Ecole de médecine, en fait depuis longtemps un usage habituel dans les salles de dissection. J'aurai occasion de revenir, dans la suite, sur les vues nouvelles et très-importantes qu'il m'a communiquées sur sa manière d'agir. Mais il a bien jugé que, malgré l'efficacité reconnue de ce préservatif, il seroit souvent négligé, s'il exigeoit chaque fois des appareils pour se le procurer, ou seulement quelque sujétion pour le conserver. Un léger travail, une dépense même modique qui sont certains, l'emportent si facilement dans la comparaison avec un besoin qui ne peut être que présumé ! Il a adopté la préparation que j'ai nommée *acide muriatique oxigéné extemporané*, n°. 85, au moyen de laquelle ce gaz peut être mis en activité, sans embarras, et dans tous les instans.

Je l'avouerai, j'ai peine à comprendre comment M. Odier, qui reconnoît que le gaz muriatique oxigéné *seroit incontestablement le plus actif et le plus efficace de tous ; pour la destruction des mauvaises odeurs et des miasmes*, peut mettre en doute, malgré tant de témoignages authentiques, la possibilité de l'employer sans inconvénient, sans que les malades en soient incommodés. « On ne sauroit, dit-il, en faire usage qu'avec les plus grandes précautions, et nous ne connoissons encore qu'imparfaitement celles qu'on a dû prendre pour prévenir les fâcheuses consé‑ quences qu'il pourroit avoir, surtout dans les salles habitées (*). » Je croyois avoir suffisam‑ ment indiqué ces précautions, en décrivant la pratique journalière de l'hôpital militaire de Woolwich, d'après MM. Rollo et Cruickshank, la manière dont MM. Guilbert, Vauquelin, Chaussier, etc., s'en étoient servis, et le flacon qui m'avoit si constamment garanti des impressions que le gaz putride avoit fait éprouver à M. Ber‑ thollet, dans le cours d'un plus grand nombre d'expériences, n°. 44. Ces précautions étoient d'ailleurs faciles à imaginer; elles n'exigent ni instrumens recherchés, ni manipulations labo‑ rieuses; elles se réduisent à peser les matières, à mesurer d'avance l'effet par les doses; à boucher le flacon, comme je le pratiquois, aussitôt que je ressentois une impression un peu vive du gaz qui s'en échappoit. Ces pré‑ cautions ne sont autres que celles que l'on prend tous les jours, quand on administre

----

(*) *Instruction sur les moyens de purifier l'air*, etc. à la suite de la traduction de l'ouvrage du docteur Smyth, page 234.

l'opium, l'émétique, le muriate mercuriel oxigéné. Faut-il redire encore que ce sont ici,
comme en tant de circonstances familières, les
quantités qui décident une action pernicieuse
ou salutaire ? MM. Jurine et Berger paroissent
avoir perdu de vue ce principe, dans l'expérience dont ils ont fait rapport à M. Odier, et
qui a bien pu l'induire en erreur. Ils ont employé les doses indiquées pour une salle de dix
lits, dans une chambre peu élevée, n'ayant pas
plus de 19 pieds de longueur, sur 11 et demi
de largeur, c'est-à-dire, qui pouvoit à peine
en tenir cinq. Ils ont remarqué que le dégagement étoit sensiblement moins abondant qu'avec
le nitre, et cependant ils assurent qu'ils furent
affectés si désagréablement, qu'il ne leur fut
pas possible de rester dans la chambre. Cette
contradiction prouve qu'ils n'ont pas fait la
distinction des vapeurs simplement acides, qui
forment en effet un nuage visible, et du gaz muriatique oxigéné qui porte bien plus loin son
action, sans troubler sensiblement la transparence de l'air (*).

____

(*) M. Rasori, peu disposé, comme on l'a vu, à recommander l'usage de ce gaz, rapporte néanmoins, dans les
Annales de Médecine de Milan, (juillet 1802, page 88),
que *la vapeur très-abondante d'acide muriatique oxigéné*

112. Les craintes que pouvoit faire naître l'opinion de ce célèbre médecin, n'ont pu heureusement prévaloir sur l'exemple et les récits de ceux qui habitent et fréquentent les ateliers du blanchîment par la lessive Berthollienne, où le gaz acide muriatique oxigéné est presque continuellement en expansion, et où l'on n'a pas ouï dire qu'il ait occasionné le moindre accident, quoique dégagé à des doses qui surpassent de beaucoup celles qui sont indiquées pour les fumigations. Il paroît que l'on a senti assez généralement combien il est avantageux d'avoir toujours à sa disposition le contrepoison le plus sûr des miasmes délétères, soit dans le flacon portatif dont il a déja été fait mention (n°. 85), que l'on conserve sans s'en apercevoir, que l'on n'ouvre qu'au besoin, et qu'on ferme à volonté, avant que le gaz ait pu causer la moindre sensation désagréable; soit dans l'appareil que j'ai proposé, il y a deux ans, pour servir dans les salles d'hôpitaux, avec les mêmes avantages. On trouvera, à la fin de ce volume, le dessin et la description de ces deux instrumens. A en juger par les

---

n'incommoda personne de ceux qui restèrent très-longtemps dans l'étable où l'on employoit ce procédé à la suite d'une épizootie.

demandes que l'on en fait journellement à MM. Boullay, pharmacien, et Dumotiez, ingénieur mécanicien, qui en tiennent de tout préparés, l'usage en deviendra bientôt assez familier pour écarter toute idée de danger.

113. M. le D^r. Fleury a fait une remarque qui doit trouver place ici. Peu de personnes ont été plus à portée que lui de juger, dans sa plus grande intensité, l'impression du gaz acide muriatique oxigéné : chargé de l'hôpital de Cherbourg, où l'on avoit débarqué les prisonniers revenant d'Angleterre, après la paix d'Amiens, indépendamment des fumigations qu'il falloit souvent répéter pour la désinfection de l'air, il les dirigeoit particuliérement sur les ulcères, dont le plus grand nombre étoit affligé. Je parlerai ailleurs des succès qu'il obtint de ce traitement; il ne s'agit ici que de l'effet de ces fumigations dans des *salles pleines de malades*. « Je n'ai vu (dit-il) personne s'en plaindre, ni en être sensiblement incommodé. Il n'en étoit pas de même de ceux qui entroient quand la vapeur étoit déjà en expansion; ils éprouvoient une toux très-forte, et étoient obligés de sortir sur le champ (*). »

Ce n'est, comme l'on voit, que la surprise

____

(*) Annales de chimie, tome XLVI, page 119.

ou le passage subit dans un air fortement imprégné de ce gaz, qui peut produire cette irritation momentanée; or, il est facile de s'en garantir, même sans le secours des appareils à obturateur, en réglant convenablement les doses du mélange et la durée de l'expansion, comme on le fait aujourd'hui dans la plupart des hospices de Paris. Je puis en offrir ici une nouvelle preuve dans la dernière communication que M. le D^r. Desgenettes, inspecteur général du service de santé des armées, a donnée à la première classe de l'Institut, des heureux résultats de cette pratique, pendant les neuf mois précédens (13).

On jugera sans doute qu'il devient inutile d'insister, quand il n'y a que des craintes vagues à combattre, et qu'on a de tels exemples à opposer.

Je pourrois donc maintenant présenter la conclusion générale qui fait l'objet de ce Traité; mais il entre dans le plan que je me suis tracé, d'examiner encore quelle influence l'oxigène peut avoir par lui-même comme désinfectant et préservatif; s'il est réellement des substances d'une nature différente, ou même opposée, en qui l'on puisse reconnoître des vertus anti-contagieuses; jusqu'à quel point l'air peut détruire les germes morbifiques; enfin, s'ils sont

tous également soumis à l'action des mêmes
agens. La discussion de ces questions ne sera
pas étrangère à ces recherches, et pourra nous
fournir quelques observations propres à en appuyer les conséquences ou à en diriger les
applications.

De la puissance de l'oxigène dans les mé-dicamens et les procédés de désinfection.

114. Personne n'ignore aujourd'hui que c'est
la présence d'une certaine quantité de gaz oxigène qui rend l'air propre à la respiration ;
mais on ne seroit pas plus fondé à lui attribuer pour cela une vertu médicamenteuse,
qu'aux alimens qui sont tout aussi nécessaires
pour entretenir la vie des animaux. La question doit donc être examinée sous un point
de vue différent, et en considérant l'action de
l'oxigène, soit sur les parties animales, auxquelles on l'applique directement, soit sur l'habitude entière du corps vivant, lorsqu'il y est
introduit hors des proportions ordinaires, par
les organes même de la respiration.

Depuis que la chimie a fait connoître la nature particulière de l'oxigène, ses propriétés
dans différens états de raréfaction et de condensation, et surtout les propriétés qu'il porte

dans les substances avec lesquelles il forme des combinaisons, plusieurs médecins célèbres n'ont pas hésité de l'admettre au nombre des principes dont l'action énergique pouvoit opérer ces changemens qui tendent à atténuer la matière morbifique, ou à rétablir l'ordre dans les fonctions animales : ce qui est l'effet du médicament.

Il est difficile de comprendre sur quel fondement M. Keir, dans sa seconde lettre jointe au rapport du D^r. Smyth (12), s'est refusé à accorder que l'*air vital* pouvoit avoir une vertu médicamenteuse. Si je n'avois à combattre que son opinion, je me bornerois à observer qu'elle est inconciliable avec la supposition qu'il fait en même temps, que l'acide nitrique, mis en vapeur, augmente dans l'atmosphère la quantité d'air vital, et qu'il est ainsi l'une des causes les plus immédiates des heureux effets des fumigations de cet acide.

Mais l'action puissante de l'oxigène sur tous les composés produits de la dégénérescence des fluides et des solides animaux, est un point trop important dans la théorie de la désinfection de l'air et de la destruction des germes morbifiques, pour que je puisse me dispenser d'en rassembler ici les preuves ; d'autant plus que l'on ne peut guère se dissimuler que les

plus heureuses applications des nouvelles découvertes de la chimie à la médecine, seront
encore longtemps repoussées par ceux qu'elles
troublent dans la possession de ne croire utile,
de ne tenir pour vrai que ce qu'ils ont recueilli
de leurs premières études.

Je ne ferois probablement que fortifier cette
répugnance à admettre une nouvelle doctrine,
si je présentois l'oxigène comme le spécifique
contre toutes les maladies qui ne sont pas purement locales. Je n'ignore pas jusqu'où ce
système a été porté par le D*r*. Reich; l'application qu'il en fait à toute espèce de fiévre,
dont *la fin*, suivant lui, *dépend du rétablis-*
sement régulier de l'oxigène avec les autres
principes constituans du corps humain ; la
méthode de traitement par les *acides minéraux,*
qu'il déduit de cet aphorisme ; les vertus médicamenteuses qu'il leur attribue, même contre
l'hydrophobie, la fiévre jaune, la peste, etc. etc. ;
la préférence qu'il leur donne, dans les cas les
plus ordinaires, sur tous les remèdes en usage ;
les essais qui en furent faits, en 1800, dans les
hôpitaux de Berlin, sous la surveillance du
Collége royal de médecine ; et le rapport de
ses commissaires, d'après lequel le roi de Prusse
crut devoir récompenser l'auteur de cette découverte, pour la rendre publique et en faire
jouir

jouir l'humanité (14). Mais il n'appartient qu'à celui qui réunit les connoissances physiologiques et chimiques à l'expérience médicale, d'examiner les fondemens de cette doctrine. Quand je serois en droit d'en porter mon jugement, une entreprise de cette étendue me conduiroit bien au-delà des bornes que j'ai dû me prescrire; je marcherai plus sûrement vers mon but, en ne m'appuyant que sur des principes dont l'évidence ne peut être méconnue, et des faits déjà consacrés par une multitude de témoignages.

115. S'il est vrai, comme on n'en peut douter, que les alimens, les remèdes, les poisons, ne diffèrent le plus souvent que par les doses, il est impossible que la quantité d'oxigène respiré ou administré d'autre manière, ne produise quelque effet, puisqu'il est, de tous les agens connus, le plus simple, le plus actif, celui qui change le plus complétement, même avant la saturation réciproque, les caractères sensibles et les propriétés des corps. Qu'est-ce donc qui constitue la vertu curative, cette action physique du remède, que les médecins appellent, avec raison, occulte, lorsqu'ils ne peuvent la juger que par les observations empiriques, si ce n'est un changement

de combinaisons, déterminé par des affinités ?
Cette action occulte, disoit, il y a plus de
quarante ans, le célèbre Venel (*), *sera chimique, si jamais elle devient manifeste.* Eh
bien ! ce qu'il a prédit est déjà en partie arrivé,
par rapport à l'oxigène ; ce n'est plus un systême, c'est l'évidence des faits qui a forcé de
reconnoître que les substances oxigénées étoient
médicamenteuses à un degré d'autant plus élevé,
qu'elles tenoient plus d'oxigène, et le cédoient
plus facilement aux matières animales : tellement que, dans l'échelle très-étendue des agens
médicinaux, depuis le plus léger altérant jusqu'au corrosif le plus redoutable, cette seule
condition marquoit tous les degrés et expliquoit
toutes les différences. Les preuves de cette
vérité ont été mises dans le plus grand jour
par M. Fourcroy (**) ; elles setrouvent dans les
écrits de plusieurs des plus célèbres médecins de
l'Angleterre, tels que MM. Rollo, Cruickshank,
Irwin, Beddoes, Jameson, Hope, Cleghorn,

(*) Encyclopédie, au mot *Médicament.*

(**) *Mémoire sur l'application de la chimie pneumatique à l'art de guérir, et sur les propriétés médicamenteuses des substances oxigénées*, lu, en fructidor an IV, à
l'école de Médecine de Paris. *Tome* XXVIII *des Annales
de chimie*, page 225 et 281.

Currie, Trotter, etc. etc., à qui cette doctrine n'est nullement étrangere, qui ne cessent de l'enrichir de nouvelles observations, et dont quelques-uns l'ont regardée comme assez solidement établie pour en généraliser les conséquences, en divisant les médicamens en deux classes, les *suroxigénans* et les *désoxigénans* (*).

116. On ne s'attend pas à trouver ici la série des remèdes à répartir dans l'une ou l'autre de ces classes, et bien moins encore l'indication des circonstances où ils peuvent être employés avec avantage ; mais je ne dois pas négliger de recueillir les faits qui ont un rapport plus direct avec les procédés de désinfection, ou dont les conséquences appartiennent à tous ceux qui peuvent ouvrir les yeux à la lumière de l'évidence. Si le critique, qui m'a reproché de traiter cette matière, *étant étranger à l'expérience médicale*, eût pris la peine de lire cette partie de l'ouvrage, il auroit vu que je me tenois strictement dans ces limites, que je n'émettois aucune opinion sans m'appuyer des

---

(*) On peut voir les extraits que j'ai donnés de quelques-uns des ouvrages rédigés dans ces principes, *Annales de chimie*, tome XXIV, page 175 ; tome XXVI, page 297 et tome XXIX, page 209.

O 2

suffrages des médecins dont la réputation devoit fixer ma confiance, sans rapporter leurs propres expressions ; et, pour lors, au lieu de condamner en masse cette discussion, et la doctrine de *quelques chimistes qui n'ont pas assez médité sur les lois spécifiques de la vie*, il en eût adopté les principes, ou, trouvant des adversaires dignes de lui, il eût examiné leurs preuves et combattu leurs raisonnemens. On n'attribuera pas, après cela, à une prévention favorable, le jugement que porte le même critique, de l'efficacité de l'acide muriatique oxigéné : il le regarde *comme préservatif dans les différentes espèces de contagion*; il pense *qu'il doit être essayé pour détruire les germes pestilentiels ;* il ajoute, *que depuis longtemps il devroit être en usage dans les différens Lazarets de l'Europe* (*).

On dit communément que le feu purifie tout : cette expression familière est vraie en ce sens, que les substances qui en ont subi l'action, ne conservent ni la même forme, ni les mêmes propriétés ; mais on y attache le plus

______

(*) Extrait du Traité des Moyens de désinfecter l'air, par J. L. Moreau de la Sarthe. Décade Philosophique, du 20 fructidor an IX.

souvent des idées peu exactes, ou même absolument fausses.

La première est qu'il y a des matières impures par elles-mêmes, tandis qu'elles ne le sont que par composition ou mélange avec d'autres; de sorte qu'elles redeviennent toutes également pures, dès qu'elles se retrouvent isolées. L'argent allié d'or est impur; le départ rend à chacun de ces métaux sa pureté primitive : il en est de même de toutes les substances réputées simples, ou élémens chimiques.

On suppose, d'autre part, que brûler c'est détruire; au lieu que l'effet de la combustion est de changer les combinaisons préexistantes par des combinaisons nouvelles; quelquefois de former des composés avec des substances simples; ce qui, dans la réalité, est bien plutôt produire que détruire.

Une troisième erreur est de considérer la chaleur comme l'agent principal ou même unique de la combustion; or, il est bien démontré qu'elle n'est qu'un effet particulier, et souvent indépendant, de l'affinité du combustible avec le corps vraiment brûlant, c'est-à-dire, l'oxigène; au point qu'il y a des combustions sans chaleur sensible, et qu'elle n'est jamais nécessaire que pour donner la condition de température à laquelle s'exerce cette affinité.

Ainsi, c'est encore à l'oxigène qu'appartient essentiellement cette propriété de briser les liens qui assemblent les élémens de la matière organisée.

117. Longtemps avant que l'on eût réuni les faits qui ont forcé de reconnoître enfin ces combustions froides, ou par la voie humide ; lorsqu'on n'avoit encore que des hypothèses pour expliquer l'altération des métaux par le feu, dès 1771, les recherches que j'avois entreprises sur la nature de ce que l'on appeloit alors chaux métallique, me conduisirent à examiner ce que l'on mettoit encore en question, si le mercure étoit calcinable. Après avoir établi, par des expériences décisives, que ce métal étoit *combustible* (*), je pensai que l'on pouvoit en tirer quelques conséquences, par rapport à sa manière d'agir dans les maladies dont il est le spécifique. L'examen de l'état dans lequel il est administré dans toutes les méthodes différentes, et les observations qui avoient constaté l'existence de globules de mercure réduit, dans le corps de ceux même qui ne l'avoient pris que sous forme saline, me

______

(*) Digressions académiques, ou Essais sur quelques sujets de physique, de chimie, etc. page 221 et suivantes.

parurent indiquer assez clairement qu'il agissoit en se réduisant (*). Ce n'est plus aujour-
d'hui une simple probabilité; M. Guilbert,
dans la dissertation déjà citée, en établit le
principe sur la comparaison des effets des muriates mercuriels sur le corps humain, suivant
les degrés d'oxigénation (**).

118. Les substances animales reçoivent de
l'oxigène des altérations que l'on ne peut méconnoître comme l'effet d'une véritable combustion plus ou moins avancée. C'est ainsi que
la sérosité du sang, la salive, le blanc d'œuf,
exposés à l'action du gaz acide muriatique oxigéné, se coagulent en peu de temps; et, à
mesure que cette concrétion s'opère, l'acide re-
passe à l'état d'acide muriatique ordinaire (***).
C'est donc à l'oxigène seul, abandonné par l'a-
cide, qu'est dû ce changement, et l'acide ne sert
là qu'à le porter dans un état qui le dispose à
des combinaisons plus intimes, sans qu'il soit
besoin d'élever la température.

(*) Journal de Physique, tome VI, page 351; Elémens
de chimie, de l'Académie de Dijon, tome II, page 371.

(**) *De novâ infectionis destruendæ Methodo*, etc.
§. 18.

(***) Fourcroy, *Annales de chimie*, tome XXVIII,
page 258.

119. On n'a pas tardé à soupçonner que la préparation connue sous le nom d'*onguent citrin*, ne tenoit aussi ses vertus médicamenteuses que de l'oxigène, et que la graisse oxigénée par l'acide nitrique, rempliroit les mêmes indications que celle oxigénée par les mercuriaux. M. Alyon en a fait plusieurs fois l'essai, et les résultats, suivis par les commissaires de l'école de médecine, ont prouvé que la graisse ainsi oxigénée étoit réellement anti-psorique et anti-syphilitique (*). M. Grille a donné à la graisse la même vertu, en y mêlant de l'oxide de manganèse; l'effet sur les galeux en a été plus prompt que celui du traitement par la pommade de Pringle (**); ainsi ce n'est pas à la substance qui porte l'oxigène, que la cure doit être attribuée, c'est lui-même qui *agit comme un véritable médicament*. J'emprunte ici les termes de M. Parmentier, dans la note qu'il a publiée à l'occasion de ces essais.

On est bien en droit de porter le même jugement par rapport à la propriété anti-syphilitique, lorsquon voit l'acide nitrique substitué aux mercuriaux administrés intérieurement dans les mêmes circonstances, opérer seul, et

____

(*) Annales de chimie, tome xxviii, page 273.
(**) *Ibid.* tome xxxiii, page 76.

en moins de temps, des guérisons parfaites. Il n'y a guère plus de sept ans que les praticiens ont pris assez de confiance dans la théorie, pour en faire l'essai ; et déjà l'efficacité de ce nouveau traitement se trouve appuyée des témoignages de MM. Cruickshank, Irwin, Jameson et Wittman (*). Le dernier eut recours, dans un cas particulier, au muriate oxigéné de potasse, qu'il fit prendre trois fois par jour, à la dose de 7 grains (45 centigrammes); il en obtint le même succès, et les symptomes qu'il observa lui en marquèrent les progrès jusqu'à l'heureuse terminaison.

120. Le D^r. Rollo, dans son Traité du Diabète sucré, rapporte un grand nombre de faits qui concourent à établir la vertu médicamenteuse de l'oxigène ; je ne m'occuperai ici que de ceux dans lesquels on voit ce principe agir directement sur les germes contagieux, et en changer matériellement la nature. De pareilles observations vont trop directement au but que je me suis proposé, pour n'en pas tirer avantage.

(*) *Some additional facts in testimony of the efficacy of the nitrons acid in curing the lues venerea.* Cet écrit fait partie du 2e. volume de M. Rollo, sur le Diabète sucré.

Il avoit remarqué que la matière morbifique n'étoit pas seulement une exsudation passive des ulcères, mais qu'elle agissoit manifestement sur les plaies; il chercha à déterminer la nature de cette action. Les expériences que le célèbre Crawfort avoit publiées sur la matière du cancer (*), lui laissoient déjà peu de doute qu'il n'y eût là de véritables combinaisons chimiques. Comment, en effet, pourroit-on donner sans cela quelque explication probable des phénomènes que les gens de l'art voient s'opérer journellement sous leurs yeux?

Lorsqu'on lave les ulcères vénériens de la bouche avec une dissolution de muriate mercuriel, il ne tarde pas à s'y former une croûte noire.

Les emplâtres faits avec l'acétite de plomb éprouvent de même sur les plaies un changement de couleur qui annonce un commencement de réduction du métal.

Les métaux polis se ternissent promptement, lorsqu'ils sont exposés aux effluves putrides des substances animales.

Ces effluves communiquent à la graisse récente une couleur verte; ils rendent les fibres

---

(*) Transactions Philosoph. vol. LXXX, page 391.

musculaires molles et flasques ; ils en accélèrent très-sensiblement la putréfaction.

Les sondes d'argent, introduites dans les ulcères sinueux, ou portées sur des os cariés, en sont souvent altérées, comme si elles avoient été plongées dans le sulfure d'ammoniaque.

Dans le cancer et les ulcères malins, la matière purulente, destinée d'abord à la guérison, acquiert, en devenant fétide, la propriété de surcomposer les métaux comme sulfures, et de décomposer les sels métalliques en désoxidant leur base. Cette matière, enfermée quelques jours sur le mercure, en rend la surface noire ; elle donne sur le champ un précipité noir dans la dissolution de nitrate d'argent. Faut-il s'étonner maintenant que la liqueur qui s'écoule d'un cancer ouvert produise des effets délétères, et aggrave manifestement la maladie ? Mais si l'on parvient à lui ôter son odeur putride, sa ténuité et toutes les propriétés qui la distinguent du vrai pus, propriétés qu'elle tient évidemment de la présence d'une substance quelconque, sur laquelle l'oxigène a une action aussi puissante, on aura détruit chimiquement, soit par décomposition, soit par surcomposition, peut-être par l'une et l'autre à la fois, le virus propagateur de la désorganisation animale ; et

c'est là ce que l'on doit attendre des oxigénans.
Il est bon de redire ici avec MM. Crawford,
Rollo, etc., ce que j'ai posé ailleurs en principe, numéros 46 et 52, qu'il est impossible
de détruire entièrement l'odeur d'une substance, sans changer en même temps ses propriétés. Le premier rapporte, à ce sujet, un
fait bien remarquable : l'acide muriatique oxigéné, versé en suffisante quantité sur la ciguë
et l'opium, enlève à ces narcotiques leurs propriétés (*).

121. Conduit par ces observations et les conséquences qu'elles présentent, M. Rollo porta
ses vues sur les différentes espèces d'ulcères.
Indépendamment de ceux qui viennent à la
suite des érésipèles, et de ceux qui sont connus
sous le nom d'*ulcères d'hôpital*, parce qu'ils
se manifestent dans les salles où se trouvent
plusieùrs malades ayant des plaies, il crut en
avoir reconnu un d'une nature particulière,
provenant d'un germe délétère qui s'attachoit à
une partie de la plaie, qui avoit, comme les
autres virus, la propriété de l'assimilation, qui
augmentoit par là sa puissance, qui cependant
n'affectoit pas les ulcères qui ont un caractère

(*) Transactions Philosoph. vol. LXXX, page 423.

spécifique, tels que les ulcères vénériens, scro-
phuleux et varioliques ; il entreprit de détruire
chimiquement, par un traitement local, cette
substance vénéneuse *(morbid poison)*. Les oxigénans étoient encore ici particuliérement indiqués ; il employa les nitrates d'argent et de
mercure ; il fit surtout usage de l'acide muriatique oxigéné, soit en liqueur, soit en état de
gaz. Les plaies furent bientôt cicatrisées ; ce
traitement n'a manqué que dans quelques cas
où l'ulcère étoit d'une si grande étendue, qu'il
n'étoit pas possible de l'atteindre en totalité par
le nitrate de mercure ou le gaz acide muriatique oxigéné (*). Pour faire voir que les signes de l'action chimique marchoient d'accord
avec les effets curatifs, j'ajouterai, avec l'auteur, qu'un des ulcères ayant été saupoudré
d'une quantité considérable de nitrate de mercure bien pulvérisé, douze heures après le
pansement, le mercure formoit une couche
brillante, étoit solide, et paroissoit en partie
réduit (**).

C'est en dirigeant les fumigations d'acide
muriatique oxigéné sur des ulcères qui avoient
résisté à tout traitement, que M. le D^r. Fleury

(*) *A short Account of a morbid poison acting on
sores*, etc.

(**) Annales de chimie, tome XXIX, page 409.

a opéré la guérison d'un grand nombre de prisonniers revenus d'Angleterre après la paix d'Amiens (*).

122. M. Th. Beddoes a publié à Londres, en 1796, sous le titre de *Considérations sur l'usage médicinal des airs factices*, un ouvrage qui n'est que le recueil des lettres adressées à l'auteur par ses savans confrères MM. Thornton, Darwin, Reynholds, Laurence, Alderson, Carmichael, Pearson, etc. ; on y trouve des exemples fréquens d'un heureux emploi de l'air vital, attestés par ces médecins, les précautions indiquées par M. J. Watt pour obtenir ce gaz pur, exempt d'acide carbonique, et de la portion de manganèse qui y reste suspendue lorsqu'il est récemment dégagé ; et, ce qui est surtout remarquable, les effets salutaires, dans les cas d'asthmes, d'ulcères, etc., de l'air commun légérement *suroxigéné*, c'est-à-dire, enrichi de 7 à 10 litres d'air vital sur cent.

Il est encore quelques faits qui appartiennent plus spécialement à la discussion d'une autre question, et dont il sera facile de saisir la liaison avec ceux que je viens de rapporter pour établir la vertu médicamenteuse de l'oxigène ; je ne dois m'occuper ici que de ceux qui con-

---

(*) Annales de chimie, tome XLVI, page 118.

duisent directement à cette conclusion ; j'en emprunterai quelques-uns des observations qui m'ont été communiquées par M. Hallé, à l'occasion des lectures que j'ai faites, à l'Institut, de quelques fragmens de ce Traité. On y remarquera à la fois et la sollicitude d'un ami de l'humanité pour étendre les ressources de l'art salutaire, et la circonspection avec laquelle ce savant médecin s'explique sur les effets que l'on en doit attendre.

123. Dès 1787, il avoit fait, conjointement avec M. Fourcroy, l'essai de l'acide muriatique oxigéné sur une femme attaquée d'un large cancer à la mamelle : ils ne parvinrent pas à la guérison de cet ulcère ; mais la simple application de linges imbibés de cet acide leur fit voir un notable changement : la fétidité devint moins forte, la couleur plus belle, l'écoulement moins séreux (*).

Les dernières observations de M. Hallé sur l'usage interne de l'acide muriatique oxigéné, préparé avec l'oxide de manganèse, sont encore plus importantes.

« Dans l'une, qui a été répétée trois fois sur deux personnes attaquées de phthisie pulmonaire, la fièvre hectique a été suspendue toutes

---

(*) Annales de chimie, tome XXVIII, page 269.

les fois qu'elles faisoient usage de l'acide muriatique oxigéné, étendu dans suffisante quantité d'eau ; et l'une des deux, succombant à la
suppuration pulmonaire, est morte sans avoir
eu un seul instant de dévoiement ; accident regardé comme inséparable du dernier période
de cette maladie ».

« Dans l'autre observation, des douleurs de
tête et des douleurs rhumatismales opiniâtres,
qui paroissoient être la suite d'un travail ana-
tomique, longtemps continué sur des cadavres
infects, et qui avoient été inutilement combattues par les moyens les plus efficaces que sem-
bloient indiquer les circonstances, ont disparu
subitement au moment où cette personne a
fait usage de la même préparation ».

« J'ai employé, dit M. Hallé, l'acide muriatique oxigéné le plus fort que pût me fournir
M. Pelletier. Je le délayois de manière à ne
produire qu'une légère astriction sur le gosier.
Il falloit plus d'un litre d'eau (environ 1.06
pinte) pour amener à ce point 15 grammes demi-
once de cet acide; j'ai fait prendre ces 15 grammes
dans l'espace de 24 jours. J'en avois moi-même
fait l'essai auparavant ; il ne m'avoit fait éprouver aucun autre désagrément que le sentiment
d'astriction dont j'ai parlé, et j'avois cru éprouver une augmentation d'appétit, et une accélération

célération dans la digestion. Le témoignage des malades ne m'a pas éloigné d'ajouter foi à cette sensation. »

124. En parlant de l'usage interne de l'acide muriatique oxigéné, il est bon d'avertir que l'on doit pour cela le préparer avec bien plus de soin que lorsqu'on veut seulement en respirer la vapeur, ou l'employer en fumigations, pour ne pas s'exposer aux accidens que rapporte le Dr. Crawford, et qui étoient dus à la présence d'une matière étrangère. Il avoit pris 20 gouttes de cet acide étendu d'eau ; il éprouva bientôt un mal-aise avec un sentiment d'astriction dans l'estomac et dans les entrailles, qui ne céda qu'au bout de quelques jours par l'usage des laxatifs, et de l'eau chargée de gaz hydrogène sulfuré. Il reconnut que l'oxide de manganèse, sur lequel l'acide avoit été distillé, contenoit quelques parties de plomb ; il apprit du Dr. Ingenhousz que la même chose étoit arrivée à un Hollandais qui en avoit pris pendant quelque temps une quantité considérable, et qui fut en danger par la violence des effets qu'il en éprouva ; c'est pourquoi il recommande de n'administrer intérieurement qu'un acide muriatique oxigéné, préparé avec un oxide de manganèse, que les épreuves chimiques auront

P

fait reconnoître absolument exempt de plomb et de tout autre métal (*).

J'ajouterai que l'on doit pareillement être en garde contre des substances qui, sans être métalliques, peuvent communiquer à l'acide muriatique oxigéné en liqueur, et même en état de gaz, des qualités nuisibles. Tel est le fluate de chaux (spat fluor) que l'on rencontre quelquefois dans les oxides natifs de manganèse. Puisque l'acide emporte à la distillation une portion de ces matières, on ne peut être assuré qu'il les abandonne entièrement lorsqu'on lui donne une base, comme quand on le fait passer à l'état de muriate oxigéné de potasse ; la même attention est donc nécessaire pour le choix du manganèse.

125. Il est possible que ce soit un mélange accidentel de cette nature qui ait occasionné les accidens que l'on a observés dans quelques circonstances. Mais on ne peut en tirer aucune conséquence qui infirme ce qui vient d'être établi, de la vertu médicamenteuse de l'oxigène, parce que cette vertu lui est propre, que les véhicules que l'on lui donne ne servent qu'à le condenser, et à le mettre dans

_____

(*) Transactions Philosoph. vol. LXXX, page 426.

la disposition d'agir avec plus ou moins d'intensité. C'est ce qu'a très-bien compris le docteur Crawford, lorsqu'il a dit : « Les fluides qui détruisent plus promptement les odeurs fétides, sont ceux que l'on reconnoît tenir le plus d'oxigène ; il est donc extrêmement probable que ce changement dépend de son union avec le gaz hépatique animal, ou avec quelqu'une de ses parties constituantes. » Les preuves qu'il en avoit rassemblées le mettoient bien en droit de prononcer plus affirmativement ; on ne peut en desirer une plus décisive et plus directe que le fait qu'il rapporte immédiatement avant cette conclusion. Il avoit fait un mélange d'air vital et de gaz putride ; il les laissa en contact, et, quelques semaines après, l'odeur fétide étoit détruite ; il ne retrouva plus que celle du gaz hydrogène qui se dégage pendant la dissolution du fer dans l'acide sulfurique affoibli (*).

Il n'est pas besoin d'observer que les doses doivent être réglées, en pareil cas, avec la plus grande circonspection ; mais, avec cette condition, le *nitrate d'argent* a été employé et administré avec succès comme antiseptique par le D^r. Hahneman, pour les ulcères, dissous dans dix mille parties d'eau ; en boisson, à un

---

(*) Transactions philosoph. etc. page 422.

millionième de ce sel. L'expérience lui avoit prouvé que l'eau, chargée seulement d'un quinze-centième, arrêtoit la putréfaction de la viande (*).

126. Dans l'histoire de cette fiévre pernicieuse, sur laquelle les malheurs si récens de l'Espagne et de l'Etrurie rappellent naturellement notre attention, on peut encore recueillir des preuves des vertus médicamenteuses de l'oxigène, et des composés auxquels il les communique à des degrés différens. Je ne parle pas seulement de l'odeur infecte qui environne le lit de ceux qui en sont atteints, de la putréfaction accélérée des cadavres des individus qui y succombent. Ces faits généralement attestés par tous ceux qui en ont écrit, indiquent déjà et le besoin et les moyens de purger l'air de ces effluves. On est également d'accord que la rapidité de sa propagation et l'intensité de ses effets sont en raison des causes locales d'insalubrité. Quelques-uns même pensent qu'elle ne devient contagieuse que lorsqu'elle est *compliquée des symptomes de la fiévre dite des hôpitaux et des prisons* (**). Suivant le docteur

____

(*) Journal de physique, tome xxxiv, page 379.
(**) Bibliothèque médicale, etc. tome iv, page 207.

Pugnet, c'est le *gaz hydrogène des marais* qui est l'élément de cette contagion ; et l'on connoît, dans tous ces cas, l'efficacité des fumigations acides, de celles surtout qui portent l'oxigène en excès. Je ferai voir dans la suite comment ce puissant agent peut changer les dispositions à recevoir l'impression du venin ; je ne m'occupe ici que des applications qu'on en a faites dans le traitement de la fiévre jaune.

127. M. Devèze, l'un de ces médecins du Cap Français réfugiés à Philadelphie, qui en a si courageusement secouru les habitans lors de la maladie de 1793, annonce qu'il a retiré les plus grands avantages des potions acidulées par *l'esprit de vitriol* et par *l'esprit de nitre* (*).

128. Le docteur Valentin, dans son Traité de la fiévre jaune d'Amérique, regarde comme l'une de ses principales causes, l'air infecté par les effluves putrides, agissant non seulement sur les poumons par la respiration, et sur la surface cutanée, mais encore sur les comestibles et les boissons. C'est, après les acides végétaux, *l'acide sulfurique* dans lequel il paroît que l'expé-

---

(*) Recherches et Observations sur la cause et les effets de la maladie épidémique de Philadelphie, en 1793. Philadelphie, 1794. pag. 67, 109, 113, 115, 123, etc.

rience lui a inspiré plus de confiance ; et il ne dissimule pas son étonnement que les médecins de Saint-Domingue n'aient tiré parti d'aucun des *acides minéraux* dans la maladie dont le docteur Gilbert a donné l'histoire (*).

129. Le docteur Pugnet parle du peu de succès à la Martinique, de l'acide muriatique oxigéné, qu'un chirurgien de marine faisoit prendre *à la manière du professeur Reich ;* mais il ne le rejette pas, et fait seulement sentir le danger de le classer parmi les antidotes. Il n'arrive en effet que trop souvent qu'un usage inconsidéré discrédite les remèdes les plus salutaires. Au reste, la pratique de M. Pugnet à Sainte-Lucie, fait assez connoître son opinion sur l'emploi bien ordonné des acides dans le traitement de la fiévre jaune. Il faisoit frotter les malades avec des linges trempés dans un mélange de parties égales d'eau chaude et de vinaigre ; il ajoutoit, suivant les circonstances, aux préparations de quinquina, la crême de tartre, le vinaigre, l'acide muriatique ; *il exigeoit qu'on purifiât chaque jour, deux fois, avec le gaz acide muriatique, non seulement l'intérieur de l'hôpital, mais également toutes les maisons*

(*) Bibliot. médic., tome IV, pag. 209, 307, 311, etc.

particulières qui étoient occupées par des malades. Il recommande aux Européens arrivans dans cette île, *d'adopter l'usage de purifier chaque jour toutes les pièces qu'ils habitent par une légère fumigation d'acide muriatique.... ou du moins par la vapeur du soufre en combustion.* Enfin, il cite, à l'appui de ces conseils, l'observation que les Européens qui habitent le quartier dans lequel se répandent les émanations de la soufrière, sont rarement atteints de la fiévre jaune (*).

130. J'ai fait connoître précédemment, n°. 27, l'opinion des commissaires de l'Ecole de Montpellier, sur les fumigations d'acides minéraux; elles sont, dit le rédacteur, M. le professeur Berthe, *les corrosifs les plus efficaces des miasmes putrides et contagieux disséminés dans l'air, ou logés dans les corps que les individus sont obligés de toucher.* Ce savant médecin, en traçant des règles de conduite loin de la route suivie par les empiriques, indique les circonstances où il convient d'associer aux autres moyens curatifs les acides végétaux et minéraux (**).

(*) Mémoires sur les fiévres du Levant et des Antilles, etc. page 339, 367 et 375.

(**) Précis historique, etc. page 241, 267, etc.

151. Dans les observations médicales sur la maladie de Livourne, en 1804, publiées par M. Palloni, pour servir d'instruction aux médecins de l'hôpital Saint-Jacques, dont le docteur Révolat vient de donner la traduction, les oxigénans et les acides minéraux sont encore plus positivement recommandés. « Plusieurs faits (dit le célèbre médecin de Pise, qui fut lui-même atteint de cette fiévre), me portent à croire que l'*acide nitrique* est un moyen infiniment avantageux dans les dernières périodes..... Il semble donc que ce remède est, plus que tout autre, propre à affoiblir l'énergie et les effets du levain morbifique. On peut, par cette raison, l'employer dès le commencement du traitement.... Garnet et Currie ont obtenu de bons effets de l'administration du *muriate oxigéné de potasse....* Certaines substances, par l'introduction de l'oxigène dans l'économie animale, paroissent opposer un frein à l'action de ce venin septique, et ranimer le principe de vitalité. »

Ainsi le professeur de Pise, en même temps qu'il rejette les prétendus spécifiques, pour ne suivre que la médecine rationnelle et observatrice, admet comme *base du traitement* les mercuriaux dans la première période, l'huile de Ricin à l'entrée de la dernière, les boissons acidulées avec l'acide nitrique, et les frictions avec la pommade mercurielle oxigénée.

On ne verra pas sans étonnement que l'auteur qui établit ces principes, qui rend témoignage des heureux résultats de leur application dans sa pratique, qui regarde *l'air vicié par des exhalaisons animales* comme le *véhicule du levain morbifique,* qui reconnoît que l'oxigène *neutralise le miasme de cette maladie, même hors du corps, ainsi qu'il le fait de toutes les contagions animales, comme celles du typhus des prisons, des hôpitaux, des vaisseaux,* etc., parle de préservatifs, sans faire mention de la désinfection de l'air par les fumigations. Cette omission paroît avoir frappé M. Revolat qui dit dans une des notes dont il a enrichi sa traduction : *Ajoutons... l'usage des moyens conseillés par la chimie moderne, tels que les acides muriatique oxigéné ou nitrique en vapeurs* (*).

Mais il est temps de faire voir que ce n'est pas seulement par leurs propriétés médicamenteuses, et en désinfectant l'air, que les oxigénans peuvent exercer une action salutaire.

(*) Observations médicales, etc. traduites par E. B. Revolat, médecin militaire près l'hospice de Nice, etc. pages 23, 30, 34, 44, etc.

Les oxigénans, et particuliérement l'acide muriatique oxigéné, considérés comme préservatifs de la contagion.

132. Le premier objet doit être sans doute de chercher le remède le plus efficace, de le porter immédiatement sur les corpuscules qui propagent la contagion, afin de détruire dans l'air, et partout où elle a pu se déposer, la composition qui jouit de cette funeste propriété. Mais ne peut-on pas employer dans d'autres vues les oxigénans les plus actifs, quand la nécessité des précautions n'est pas encore assez sentie pour vaincre l'indolence qui cherche à étouffer le sentiment du danger ; ou bien lorsque l'on n'a pas à sa disposition les moyens d'attaquer le foyer d'infection dans toute l'étendue de la sphère où il répand ses pernicieuses influences ? Cette question m'a paru mériter un examen particulier.

C'est une opinion universellement admise, ou, pour mieux dire, une observation renouvelée autant de fois qu'il y a eu des maladies épidémiques ou contagieuses, que parmi les hommes qui sont le plus exposés à recevoir l'influence de leurs causes, ou la communication du virus, il s'en trouve toujours quelques-uns qui ne les contractent pas. Cette observation seroit moins frappante si elle ne s'appliquoit qu'aux maladies produites par certaines constitutions de l'atmosphère, par la qualité des alimens, ou même par des exhalaisons invisibles; mais des témoignages nombreux et irrécusables en fournissent des exemples dans toutes les maladies, sans en excepter celles qui supposent le contact immédiat, ou l'insertion. Voici comment en parloit le célèbre Mauduit, dans un mémoire qui fut envoyé à Pétersbourg, en 1775, sur les expériences à tenter pour déterminer la nature du venin pestilentiel, en combattre les effets, et en arrêter la propagation (*).

« Si, parmi les hommes également exposés à la peste, un petit nombre ne la contracte pas; si, de deux hommes inoculés avec le même pus variolique, l'un reçoit la petite vérole, et l'autre ne la prend pas; si, de plusieurs personnes mordues jusqu'au sang par le même animal, dans le même accès, toutes n'ayant point fait de remèdes, les unes sont devenues enragées, et les autres n'ont eu aucun accident; s'il suffit que certaines personnes touchent le

____

(*) Journal de Physique, tome II, page 104.

vêtement d'un galeux pour contracter son mal; tandis que d'autres n'ont impunément qu'un même lit avec lui; si des libertins échappent aux dangers réitérés qu'ils bravent, tandis que le plus grand nombre est puni pour une seule foiblesse, n'est-il pas raisonnable de présumer que les sujets qui échappent aux périls sous lesquels le grand nombre succombe, ont une constitution diamétralement opposée à la nature des maux qu'ils évitent? »

133. Quelle peut être la nature de cette constitution? Le savant médecin que je viens de citer n'a pu la caractériser qu'en supposant dans ces sujets une humeur particulière, qu'il voyoit circuler dans leur sang, et qui étoit l'*antagoniste* du virus qu'elle anéantissoit. Il est aisé de sentir que l'expression de la chimie exacte lui a manqué; car, en admettant avec lui cette destruction, elle ne pouvoit être que le résultat, ou de la décomposition de la matière vénéneuse, ou de sa surcomposition par l'humeur qu'il met en jeu : or, dans l'un et l'autre cas, c'est par l'affinité que ces substances ont entr'elles, que l'état des combinaisons est changé. On ne me soupçonnera pas sans doute de vouloir rien ôter à la réputation d'un homme

dont les travaux, non interrompus, ont été constamment dirigés vers le bien de l'humanité; mais n'est-ce pas entrer dans ses vues que de faire remarquer combien la sévérité de l'expression importe aux progrès de la médecine, combien d'erreurs peut faire naître et entretenir un langage qui est en opposition avec les notions fondamentales ? Quelques-uns disent encore que l'affinité est une force par laquelle les corps semblables s'attirent, sans faire attention que, d'après cette définition, elle ne produiroit jamais qu'un aggrégé d'un plus grand volume ; d'autres ne conçoivent l'action chimique que par des contraires, parce que l'acide et l'alcali ont des propriétés sensibles, très-différentes, qui disparoissènt toutes dans le composé neutre qui résulte de leur union. Il est temps de substituer à ces traditions vulgaires les principes avoués par tous les physiciens.

134. On a dû remarquer, au surplus, que c'est moins une explication que des faits que j'ai cherchés, et l'on conviendra que je ne pouvois les prendre dans une meilleure source, ne m'étant pas proposé d'en recueillir les témoignages épars. Après cela, je n'aurai pas de

peine à persuader que ce n'est pas une humeur particulière, préexistante dans l'homme sain, qui opère la destruction du venin; que c'est bien plutôt un état de foiblesse, un commencement d'altération d'humeurs, déjà voisin de la maladie, qui rend quelques individus plus susceptibles de l'impression du virus contagieux.

C'est un principe adopté par l'auteur de l'article *Peste*, de l'Encyclopédie, que tous les corps ne sont pas susceptibles de son venin; qu'il n'affecte que ceux dont les fluides et les solides sont disposés à recevoir l'infection; que, *si le corps n'a pas cette disposition, il résistera à la contagion.*

M. Rasori a fait la même remarque à l'occasion de la mort du Dr. Dého, chez qui le levain morbifique, pris à Gênes, ne se développa que lorsqu'il fut de retour à Milan.

« Différens états du corps (disent les médecins qui ont tracé le tableau de la maladie de Cadix) disposent plus particuliérement à l'action de la contagion. Celle-ci, étant de nature septique, agit à la manière des fermens; et, quand elle produit dans les humeurs une tendance à la fermentation putride, elle rend l'homme plus susceptible de contracter les maladies épidémiques : c'est pour cela qu'elles sont plus communes et plus funestes dans les hôpitaux, sur les vaisseaux, dans les prisons (*). »

135. L'auteur des Remarques qui accompagnent l'édition française de ce rapport, a recueilli plusieurs exemples à l'appui de ce principe, que les effets de la contagion sont en quelque sorte subordonnés à des causes prédisposantes ; il se réunit à ceux qui l'appliquent même à la peste. « Il est universellement reconnu, dit-il, qu'elle n'éclate pas toutes les fois que le levain en est porté dans un lieu. On sait qu'il faut, de plus, certaines conditions dans l'état de l'atmosphère pour en favoriser l'explosion, et que jamais elle n'exerce de si cruels ravages que lorsque la constitution de l'air a été propre à développer son venin (**). »

C'est ainsi qu'en parle le docteur Bressy dans

(*) Rapport sur la maladie épidémique de Cadix, traduit de l'espagnol par F. P. Blin, médecin en chef des armées, etc. page 18.

(**) Il cite à ce sujet J. Guintherius, *de Pestilentiâ*, etc., J. Tadino, sur la Peste de Milan ; Turiano, sur celle de Messine, et ce passage de la dissertation de R. Mead, *de Peste : cum vero aeris inclementia sparsos stimulos addit contagio, summâ ibi furere vehementiâ observatur.*

un ouvrage où il s'attache surtout à déterminer les causes et les effets de la contagion. Après avoir distingué celle qui exige le contact d'un germe spécifique, et celle qui dépend de l'infection de l'air, qui produit les fièvres malignes et pestilentielles, et se propage avec une effrayante rapidité, il ajoute : « Si ces épidémies sont fatales par l'action des venins qui y donnent lieu, elles le sont presque autant par la terreur qui frappe de mort l'individu qui n'en est pas attaqué. » Il observe ailleurs que la putréfaction qui s'opère dans l'air, ne diffère pas de la putréfaction du corps vivant, que l'on nomme gangrène, qu'elle attaque d'abord ceux qui sont longtemps exposés aux exhalaisons dont elle infecte l'atmosphère ; qu'*il faut cependant que les miasmes rencontrent une entrée d'un facile accès, et une disposition particulière du corps vivant, pour que cette putréfaction y soit communiquée* (*).

Le contact ne suffit pas pour contracter la maladie (dit M. Pugnet dans ses Observations sur l'épidémie de Syrie, en l'an VII), *il faut de plus, dans chaque individu, une disposition particulière, une sorte d'affinité avec elle.* Il rappelle, à ce sujet, que le mé-

---

(*) Théorie de la contagion, etc. pages 3 et 219.

decin

decin en chef de l'armée, M. Desgenettes, donna le courageux exemple de l'attouchement immédiat ; que, pour bannir la terreur, le général en chef BONAPARTE *porta lui-même une main impunie sur des militaires qui en étoient incontestablement atteints.*

136. Ce médecin tient le même langage dans ses observations sur les fièvres des Antilles : *ses ravages sont toujours en raison des disposi-tions individuelles.* Cette opinion est établie par les faits dans tous les ouvrages que j'ai déjà eu occasion de citer sur la fièvre jaune des États-Unis, de l'Andalousie et de Livourne. La terreur est une des causes prédisposantes les plus générales ; *elle met le corps dans une situation plus apte à être atteint de la mala die :* ce sont les expressions de M. Devèze. Suivant M. Valentin, *elle attaque surtout les individus débilités par quelque cause que ce soit.* Le docteur Palloni, qui suppose la néces-sité de la proximité et du contact pour contracter cette maladie, ajoute : *outre une dis-position naturelle.* Je citerai enfin ce passage du professeur Berthe dans le Précis historique du voyage de la Commission médicale de Mont-pellier, en Andalousie : *on a vu partout quel-ques individus offrir constamment une idio-*

Q

syncrasie réfractaire à la contagion, quoi-
qu'ils s'exposassent au contact, même immé-
diat, des contagiés, dans tous les temps de
la maladie.

137. Cette doctrine, cependant, a trouvé
des contradicteurs, et ils ont fondé leur principale objection sur ce que c'étoit parmi les
soldats, les matelots, et dans la classe la plus
laborieuse du peuple, que se trouvoient les
hommes les plus robustes, et que c'étoit aussi
sur cette classe que les fiévres contagieuses
exerçoient leurs plus grands ravages; c'est-à-
dire, qu'ils ont supposé qu'il n'y avoit de dé-
bilité disposante que celle qui provenoit ori-
ginairement d'une foible constitution; qu'ils
ont mis à l'écart les nombreuses circonstances
qui peuvent amener cette disposition, en mi-
nant sourdement les plus forts tempéramens,
telles que l'entassement habituel, la privation
d'alimens sains, le dénuement de moyens pour
se défendre de l'intempérie des saisons, l'excès
et la continuité des fatigues. C'est précisément
parce que cette disposition peut naître d'une
infinité de causes différentes qui agissent ensemble ou séparément, et qui affectent des
sujets diversement constitués, que nous sommes
fondés à ne considrer ici que l'effet qui leur est

manifestement commun ; et cet effet est la diminution des forces vitales. Aussi voyons-nous que ceux qui ont combattu cette vérité, n'ont pas même entrepris de mettre à sa place quelque explication probable de la chance si inégale que courent ceux qui se trouvent enveloppés dans le même foyer de contagion (*).

138. Dans le nombre des faits qui peuvent répandre quelque jour dans cette importante discussion, il en est qui sembleroient, au premier coup-d'œil, fonder des conséquences opposées au principe que je viens d'établir ; en les examinant avec un peu d'attention, on voit bientôt qu'au lieu de fournir des objections solides, ils ajoutent réellement aux preuves des argumens d'un ordre inverse.

On a souvent remarqué que les ouvriers employés dans les tanneries, à la préparation des cuirs, des boyaux, des colles animales, etc.,

---

(*) M. H. Owen s'est déclaré partisan de ce systéme dans une Dissertation sur la contagion, imprimée au tome IV du *Thesaurus Medicus* d'Edimbourg, page 359 et suiv. Il ne dissimule pas que les plus grands médecins sont d'une opinion contraire. *Multi medici admodùm spectabiles existimant homines, nisi priùs fuerint debilitati, vix contagioni patere.*

qui respirent continuellement un air chargé d'exhalaisons putrides , jouissent d'une assez bonne santé , tandis que les étrangers n'approchent pas impunément des lieux où ils traitent ces matières fétides (*).

Le docteur Bressy , dans l'ouvrage déjà cité , me paroît en rendre l'explication sensible par l'exemple *des animaux qui se nourrissent de cadavres corrompus, sans ressentir aucun effet morbifique.* Il eût pu mettre sur la même ligne un phénomène analogue , mais bien plus extraordinaire ; je veux parler de *Stoupy ,* ce gardien de la ménagerie du Muséum d'histoire naturelle , que l'on a vu , il y a peu d'années , satisfaire sa voracité en mangeant des restes d'animaux dont la putréfaction étoit très-avancée. L'habitude acquise par degrés , ou , comme il l'appelle , le *suétudisme ,* avoit donc disposé le corps de cet individu à résister à l'influence des levains de corruption (**) ; il est tout simple que la continuité de l'irritation détruise à la fin l'irritabilité.

« Pourquoi la *suette ,* maladie épidémique , très-meurtrière , manifestée d'abord en Angleterre , alloit-elle chercher dans les Pays-Bas , et

____

(*) Vanswieten , *Comment. in Boerhavii Aphorism.*
(**) Théorie de la contagion , etc. pages 169 et 220.

en France , les Anglais qui s'étoient depuis quelque temps expatriés pour se soustraire à ses ravages, tandis qu'elle épargnoit les étrangers qui séjournoient en Angleterre? C'est que les Anglais, en quittant leur pays natal, emportoient avec eux leur genre de vie, leurs habitudes, leur tempérament. » Telle est la réponse que font à cette question, Freind, dans son Histoire de la Médecine, en l'appuyant d'une semblable observation d'Evagrius, dans l'une des plus fameuses pestes de Constantinople, et le savant traducteur du Traité des Airs et des Eaux, d'Hippocrate (*).

159. Il y a des maladies très-redoutables pour ceux qui arrivent dans certains pays, qui n'atteignent pas ceux qui l'habitent. L'auteur des Remarques sur le rapport des médecins de Cadix, en cite plusieurs exemples, d'après les observations de Makittrick, de Bontius, de Prosper Alpin et de James Lind. Telle est la fiévre des Indes occidentales, que les Européens contractent, et qui épargne les naturels

____

(*) *Incolas vel climati assuetos nunquam affligit.* Makittrick, *de febre malignâ biliosâ Americæ.*

et ceux qui sont depuis longtemps accoutumés au climat.

Si l'on rapproche ce qu'ont écrit les historiens des derniers ravages de cette fiévre pernicieuse en Amérique, aux Antilles, en Andalousie, en Etrurie, on est frappé, au premier coup-d'œil, de la discordance des témoignages à ce sujet ; mais un examen attentif de toutes les circonstances y laisse encore apercevoir des preuves de la puissance de l'habitude contre l'impression du venin, si ce n'est dans quelques cas rares où il a acquis une intensité qui n'épargne plus personne ; car ici, comme dans toutes les opérations de la nature, l'action des substances n'est pas seulement en raison de leurs affinités, mais aussi en raison de leur masse. Il seroit difficile d'imaginer comment ce principe commun à toutes les combinaisons pourroit être étranger à l'assimilation qui n'est jamais que l'effet d'une première combinaison.

C'est ainsi que, suivant le docteur Gilbert, la température extrêmement sèche de l'an X, donna une telle intensité à la maladie de SaintDomingue, qu'un assez grand nombre d'individus acclimatés en fut atteint.

140. Dans la maladie de Cadix, en 1800, on

remarqua, au contraire, que c'étoit parmi les arrivans qu'elle prenoit le moins de victimes ; mais les médecins de cette ville en indiquent la cause dans leur rapport : « La chaleur (disent-ils) et la constitution atmosphérique de l'été précédent, ont été dans cette ville semblables à celles qui règnent annuellement aux Antilles : on voit par là pourquoi ceux qui étoient nouvellement arrivés de ces contrées, ont été préservés ; c'est parce qu'ils étoient habitués à une pareille température, tandis que les domiciliés de Cadix en ont été atteints par une raison inverse de ce qui arrive sur le continent d'Amérique et dans les îles qui l'avoisinent. »

141. M. Devèze, dans ses Recherches sur la maladie de Philadelphie en 1793, affirme que les gens du pays y étoient seuls exposés ; que, dans le nombre des Européens qui s'y trouvoient, un seul, qui étoit depuis un an à Philadelphie, y avoit succombé ? Mais quels étoient ces Européens ? Des réfugiés de Saint-Domingue, c'est-à-dire, des hommes déjà accoutumés à l'impression de la température et de la constitution atmosphérique, qu'il regarde lui-même comme les principales causes disposantes. Or, en supposant avec lui qu'elles ne

décidoient l'invasion que parce qu'elles *agis-soient depuis longtemps sur l'économie ani-male* des habitans; il n'y auroit donc eu de dif-férence entr'eux et les Européens que dans la durée de leur influence.

142. Suivant M. Valentin, la fiévre jaune n'attaque presque aucun de ceux qui ont vécu pendant un certain temps entre les tropiques, et qui s'y sont acclimatés ; tandis qu'il n'y a pas d'épidémie au continent, que quelques naturels adultes ne soient emportés. Les faits sur les-quels ce savant médecin établit cette distinction, n'ôtent rien à l'opinion générale des effets de l'habitude, puisque l'on ne peut les concilier qu'en reconnoissant qu'il est un terme au-delà duquel elle devient impuissante.

143. Les observations du docteur Pugnet sur les fiévres des Antilles viennent à l'appui de cette réflexion. Après avoir annoncé que les causes en sont locales, qu'elles s'y développent spon-tanément, il ajoute : « La fiévre jaune n'attaque généralement que les étrangers, à l'époque ou peu après l'époque de leur débarquement dans ces îles; elle n'atteint fortement les colons que lorsque des causes extraordinaires d'insalubrité s'y manifestent. »

Le même auteur confirme positivement le rapport de plusieurs autres praticiens, que *ceux qui ont déjà soutenu les assauts de cette maladie, la contractent rarement de nouveau, au moins à un haut degré de violence.* Il demande s'il ne seroit pas possible que l'action des miasmes sur les élémens de la vie fût de nature à n'être pas également ressentie plusieurs fois; mais il laisse en même temps le choix d'une opinion moins conjecturale, c'est que la première atteinte les a *créolisés*, suivant l'expression des colonies; qu'elle les a rendus moins sensibles à l'impression des causes générales, soit que leurs solides aient été amenés à un état de relâchement convenable, soit que leurs humeurs aient subi toute l'altération qu'elles devoient éprouver sous ce climat. Il suffit, en effet, qu'il y ait des exemples, quoique rares, d'une seconde atteinte, pour conclure qu'ils n'ont que la garantie de l'habitude qui les a acclimatés.

144. M. Palloni, dans ses observations sur la fièvre jaune de Livourne, reconnoît également qu'une certaine habitude, *graduellement acquise*, de recevoir les impressions du miasme, contribuoit singuliérement à garantir de son

influence ; et ce n'est pas sans fondement qu'il lui attribue l'avantage qu'ont eu les ministres du culte, les hommes de l'art et les infirmiers, d'échapper à cette maladie. Mais il est bon d'avertir ceux qui se trouveront dans les mêmes circonstances, qu'ils ne seront pas toujours maîtres d'acquérir *graduellement* cette habitude ; que, quand ils auroient passé par tous les degrés dont elle est susceptible, la résistance qu'elle produit pourroit encore ne pas être en rapport avec l'intensité du venin, et qu'ainsi ce seroit imprudence de leur part de négliger les secours que leur offrent les fumigations pour se former habituellement une atmosphère d'air purifié, et recevoir l'impression salutaire d'un gaz qui a éminemment la propriété de soutenir les forces vitales. Combien d'officiers de santé ont été les victimes de cette négligence ! Le D[r]. Gilbert nous apprend qu'à Saint-Domingue presque tous les pharmaciens eurent la maladie, que la moitié fut enlevée, que tous les chirurgiens payèrent aussi le tribut, et que la plupart succombèrent. A Malaga, dit M. Keraudren, *presque tous les médecins ont succombé.* Enfin, M. Palloni convient lui-même que *deux ou trois* personnes de l'art ont été atteintes de l'infection à Livourne.

145. Pour faire sentir jusqu'où peut aller la force de l'habitude, il n'est pas besoin de rappeler ce que les anciens ont raconté de quelques hommes, tellement familiarisés avec les poisons les plus violens, qu'ils pouvoient en prendre impunément des quantités qui auroient fait périr subitement un grand nombre d'individus les mieux constitués. Il suffit de mettre à la place de ces traditions, auxquelles les uns accordent une entière confiance, que d'autres rejettent comme fabuleuses, ce qu'on observe tous les jours de l'usage, longtemps continué, des remèdes les plus énergiques, même de l'opium, du quinquina, etc. dont il faut successivement augmenter les doses, pour obtenir les mêmes effets. Il en est de même des alimens qui semblent pérdre leur insalubrité pour ceux qui y sont accoutumés. Les commissaires de l'école de Montpellier, en Andalousie, désapprouvent les privations subites que l'on s'impose indiscrètement dans la crainte de la contagion. Un changement brusque dans le régime, dit le professeur Berthe, loin d'effacer la disposition générale du corps à la maladie, produit nécessairement un effet contraire. Telle étoit, à cet égard, l'opinion d'Hippocrate, qu'il a consigné, dans ses Aphorismes, le précepte de ne pas changer des habitudes, même vicieu-

ses, sans adoucir le passage à des habitudes
uouvelles (*).

146. Il est facile maintenant de résoudre la
question proposée. Personne n'osera dire, sans
doute, que l'habitude exerce sur les miasmes
contagieux une action chimique qui change
ses propriétés ; ils restent les mêmes, mais ils
ne font plus sur les organes la même impression ; et c'est le trouble causé par cette impression, dans l'économie animale, qui produit ce
que l'on appelle disposition. Il n'importe qu'elle
naisse de la foiblesse originaire du sujet, de ses
privations ou de ses excès, d'un mauvais régime habituel ou d'une constitution atmosphérique extraordinaire ; la nature des causes disposantes est indifférente, les effets sont pareils ;
c'est toujours la diminution des forces vitales
qui rend le combat inégal, et l'action du venin
efficace. Cette disposition peut avoir son principe dans une affection morale comme dans une
impression physique. Dans tous les temps, on a
mis au nombre de ses causes le sentiment pénible
qu'inspire le spectacle d'une grande population

(*) *Ex multo tempore consueta, etiamsi deteriora fuerint,
inconsuetis minùs molestare solent. Oportet igitur ad in-
consueta transmutationem facere.* Aphor. L, sect. II.

en proie à la mortalité, et la crainte d'en être bientôt.la victime, dont les ames fortes ont elles-mêmes tant de peine à se défendre dans ces circonstances. De là vient qu'il est si fort recommandé par tous ceux qui ont traité des moyens de se préserver de la peste, et d'en arrêter les progrès, de ne point se laisser abattre par la tristesse, de chercher des dissipations, de ne pas souffrir, de jour, le transport des cadavres, d'éviter, en un mot, tout ce qui pourroit augmenter la frayeur du peuple (*). Quelques-uns n'ont pas craint de dire qu'elle augmentoit l'activité du virus contagieux; ce qui ne peut s'entendre que de l'augmentation du danger d'en être atteint, par le grand nombre de ceux' qui sont ainsi disposés à gagner l'infection, et sans changer véritablement la nature des miasmes qui la communiquent. Autrement, ce seroit supposer l'action de la pensée de l'individu sur un corps qui est hors de lui.

(*) J. P. Papon, *de la Peste*, etc. tome II, pages 42, 53 et 68.

On lit, à l'article PESTE de l'Encyclopédie : Thalès de Crète passe pour avoir chassé une peste qui faisoit d'horribles ravages à Lacédémone, en donnant de la joie aux habitans...... A Marseille, la frayeur en fit périr davantage que la contagion.

Mais, qu'est-il besoin de recourir à de semblables abstractions, ou même de rechercher
les causes possibles d'un changement de propriétés qui n'existe pas, quand la résistance à
la matière morbifique trouve une explication
si simple, et purement chimique dans ses rapports avec un de ces phénomènes généraux qui
se reproduisent tous les jours sous nos yeux
dans une infinité d'opérations différentes ? Pre-
nons-en un exemple : on sait avec quelle facilité l'acide sulfurique attaque la terre alumi-
neuse ; mais il est un terme d'agrégation de
la dernière qui s'oppose à toute combinaison,
sans que l'on soit tenté de soupçonner que
l'acide ait éprouvé quelque altération : l'état
de vigueur de l'homme sain est une force d'a-
grégation.

147. Si l'on est forcé de reconnoître que,
dans la recherche des moyens de se garantir
de l'impression des miasmes contagieux, l'objet
essentiel, et peut-être unique, que l'on doive
se proposer, quand on ne peut s'éloigner du
foyer de l'infection, est de soutenir, d'augmenter les forces vitales, le choix n'en est pas
difficile : les oxigénans possèdent au plus haut
degré cette propriété.

On a fait un grand nombre d'essais du gaz

oxigène pour la guérison de la phthisie pulmonaire ; il s'en faut beaucoup qu'ils aient réalisé les espérances que l'on avoit conçues ; la plupart des médecins le regardent même comme dangereux dans une maladie accompagnée de dispositions inflammatoires, où la chaleur et le mouvement sont déjà trop énergiques, où l'expérience clinique indiquoit plutôt le besoin de l'air des plaines, que de l'air trop vif des lieux élevés (*). C'est ainsi qu'en parloit M. Fourcroy, dans un mémoire lu à la Société de médecine, en 1789 (**) ; il est aisé de prévoir qu'il devoit déduire des mêmes principes la conséquence que l'air vital pourroit être utile dans toutes les affections caractérisées par la sensation du froid et par la lenteur des mouvemens ; il indique plusieurs cas où il a été administré avec succès : la description qu'il donne de ses effets avantageux est surtout remarquable. « Ils se manifestent, dit-il, par une augmentation très-sensible de chaleur à la peau, par la coloration du visage, par l'accélération

____

(*) Le D^r. Reich assure avoir donné avec succès les acides sulfurique et muriatique, pour prolonger la vie à des phthisiques dont il ne pouvoit espérer la guérison. *De la fièvre*, etc. page 76.

(**) Annales de chimie. Tome IV, page 83.

du pouls; ces symptomes vont tellement en croissant, qu'au bout de quelques semaines de l'usage de l'air vital; il en résulte un véritable mouvement fébrile, une augmentation générale d'activité des solides. »

148. Dans la même année, M. Chaptal suivoit, à Montpellier, le traitement de deux phthisiques par le gaz oxigène respiré; et l'on trouve les mêmes observations, les mêmes vues dans la lettre qu'il adressa, à ce sujet, à M. Berthollet (*). Les malades éprouvoient une sensation de chaleur qui, de la poitrine, se répandoit dans tous les membres, et paroissoit vivifier, par degrés, une machine défaillante; mais l'événement prouva encore que ce gaz ne convenoit que lorsqu'il s'agissoit d'animer et de réveiller un organe languissant; le soulagement qu'il procura dans le cas d'un asthme humide justifia cette indication.

Cette première observation se trouve aujourd'hui appuyée de plusieurs autres, rapportées dans le Recueil de la correspondance du docteur Beddoes, sur les vertus médicinales des gaz. Mais il paroît qu'en administrant par respiration l'oxigène, on a senti la nécessité d'en tem-

______

(*) Annales de Chimie, tome IV, page 21 et suiv.

pérer

pérer l'action, non seulement par la réduction des quantités, mais encore en l'affoiblissant par un mélange, de sorte que ce ne fût plus que *l'air commun enrichi d'oxigène* en certaines proportions. C'est ainsi que M. Phipps l'a employé plusieurs fois, avec succès, dans le traitement de l'asthme; il en porta la dose, dans un cas particulier, jusqu'à douze pintes, moitié gaz oxigène et moitié air commun (*). M. Baynton en obtint d'heureux effets dans la même maladie, quoique la proportion du gaz oxigène ajouté ne fût que d'un dixième (**). Trois autres observateurs se réunissent pour attester l'efficacité du gaz oxigène dans les maladies les plus rebelles de la peau, pour les ulcères, etc. (***). Un lépreux, pour lequel on avoit épuisé inutilement tous les remèdes, fut traité, à Chelsea, par M. C. Gimbernat, sous les yeux de plusieurs officiers de santé; on lui fit respirer, tous les jours, de *l'air vital*; au bout de trois semaines il pouvoit déjà se promener : successivement les muscles s'affermirent, l'éruption écailleuse à la peau devint moins considérable, les parties entamées du

____

(*) *On factitious airs*, etc. Part. iv, pages 50 et suiv.
(**) *Ibid.* page 56.
(***) *Ibid.* page 161.

R

nez et des oreilles se rapprochèrent; et, après deux mois de traitement, son état étoit entiérement changé (*).

Comme il y a des maladies qui viennent de défaut et d'autres d'excès, les remèdes utiles dans les premières seroient évidemment nuisibles dans les secondes, et réciproquement ; on ne guérit que par les contraires. C'est d'après cette maxime que les savans promoteurs de la médecine pneumatique ont employé, dans les cas de consomption, de phthisie, d'hémorragie pulmonaire, un air qu'ils ont appelé *réduit*, c'est-à-dire, appauvri d'oxigène, et quelquefois mêlé de gaz hydrogène carboné. La correspondance de M. Beddoes, avec MM. Thornton, Carmichael, Barr, Alderson, etc., en fournit plusieurs exemples (**). Les détails en seroient déplacés dans ce Traité ; je me borne à les indiquer comme servant à la confirmation de ce que j'ai rapporté précédemment du peu de succès du gaz oxigène dans le traitement de la phthisie, et, en général, des maladies dans lesquelles on devoit se proposer de réprimer, plutôt que d'augmenter l'action vitale. Cela même devient une preuve qu'il peut

---

(*) *On factitious airs*, etc. , Part. IV, page 149.

(**) *Ibid.* part. III, pag. 131; part. IV, pag. 87, 97, etc.

être utilement employé dans les cas contraires; tous les remèdes, sans exception, sont dans cette condition.

149. Qui est-ce qui ignore aujourd'hui que lorsqu'on renferme un animal sous un récipient rempli de gaz oxigène, sa respiration s'accélère, sa poitrine se dilate sensiblement, son cœur et ses artères se contractent avec plus de force et de vitesse que dans l'état naturel? Voilà les effets que nous devons desirer quand nous craignons qu'un état de foiblesse ne favorise l'action des germes contagieux sur quelques-uns de nos organes. Ils seront salutaires s'ils ne sont pas portés au-delà de la juste mesure; car, comme l'a très-bien remarqué le célèbre Macquer, le gaz oxigène, en accélérant les mouvemens vitaux, useroit à la fin les ressorts de la vie, aussi promptement qu'il fait brûler les corps combustibles. C'est donc avoir fait un pas important dans l'application de ce gaz, comme médicament, que de l'avoir étendu dans une assez grande quantité d'air commun pour en arrêter l'effet au degré qui le rend salutaire.

150. On a imaginé, depuis quelque temps, d'administrer l'oxigène sous forme liquide, en

forçant l'eau, par le moyen de la compression, à prendre environ moitié de son volume de ce gaz ; l'eau ainsi préparée a été reconnue tonique, propre à ranimer l'appétit et les forces (*).

Une observation que nous devons à messieurs Humboldt et Gay-Lussac, et qui pourra donner une plus juste idée des substances que l'eau recèle, et des propriétés qu'elle en reçoit, c'est que l'air que tient en dissolution l'eau de pluie, l'eau de rivière, de Seine, par exemple, est plus riche d'un dixième d'oxigène que l'air atmosphérique ; que l'eau chauffée par degrés, lorsqu'elle n'est pas portée à l'ébullition, laisse aller plus de gaz azote, et retient plus d'oxigène ; enfin, que l'affinité de l'eau avec ce principe est telle, que, lorsqu'on la met en contact avec les gaz oxigène et azote, elle abandonne une partie de ce qu'elle tenoit du dernier, pour prendre plus du premier (**). Voilà des faits dont l'utile application à l'hygiène, et même à la médecine, ne peut être contestée que par ceux qui se sont fait un système de mépriser les connoissances qui leur manquent.

______

(*) Bibliothèque britannique, tome VIII, page 173.

(**) Annales de chimie, tome LIII, page 252.

151. Toutes les compositions dans lesquelles entre l'oxigène, possèdent des vertus analogues, et souvent à un plus haut degré que lorsqu'il est simplement mis en état de gaz par le calorique. L'acide muriatique oxigéné se place ici au premier rang ; c'est lui qui en tient le plus abondamment, ou, du moins, qui le laisse aller plus facilement : c'est lui aussi qui produit le plus rapidement ces effets. Nous avons vu que M. Hallé avoit éprouvé sur lui-même qu'une très-foible quantité, étendue de beaucoup d'eau, suffisoit pour accélérer la digestion, n°. 123. Si on rapproche de cette observation ce que ce savant médecin établit ailleurs, que l'air vital est le principal iustrument des combinaisons pas lesquelles l'assimilation s'opère, que la substance de l'aliment s'animalise, pendant que la substance animale perd son excès d'animalisation (*), on concevra aisément les avantages qui doivent résulter de cette marche régulière de la nature, et des moyens de la rétablir aussitôt qu'elle commence à s'altérer ; puisque cet excès d'animalisation est l'une des causes les plus certaines

____

(*) Essai de Théorie sur l'animalisation, et l'assimilation des alimens. *Annales de chimie*, tome XI, p. 158.

de la disposition putride, si elle n'en est pas la seule immédiate.

Il s'en faut bien que l'acide muriatique oxigéné, engagé dans une base, exerce une action aussi forte et aussi prompte; cependant M. Van-Mons a éprouvé sur lui-même que lé muriate sur-oxigéné de potasse produisoit un effet excitant et stimulant sur tout le système de son individu, à tel point que la peau étoit plus rouge, plus animée, son pouls plus fréquent et son esprit plus actif (*). On a vu, n°. 131, qu'il avoit été employé avec succès dans le traitement de la fiévre jaune.

152. Je crois avoir réuni assez de faits et de témoignages, pour qu'il ne reste aucun doute que l'oxigène et les substances que l'on peut employer comme véhicule de ce principe, dans un état favorable à de nouvelles combinaisons, excitent réellement l'action de la vie, augmentent la chaleur, raniment les forces, réveillent la sensibilité des organes, et rendent ainsi à tous les mouvemens la régularité qui maintient l'ordre dans les diverses fonctions de l'économie animale. On a déjà vu comment ces effets devenoient anti-contagieux ou

---

(*) Annales de chimie, tome XXVIII, page 266.

préservatifs, en prévenant à temps les dispositions qui donnent accès à la matière morbifique (*). Pour jeter un dernier trait de lumière
sur un point aussi important, je ne puis mieux
faire que de laisser parler M. Chaussier, professeur d'anatomie et de physiologie à l'Ecole
de médecine, qui lui-même a mis souvent en
pratique les fumigations acides dans les hôpitaux, n°. 14, et qui fait habituellement usage,
dans les salles de dissection, de l'acide muriatique oxigéné, que j'appelle extemporané,
n°ˢ. 95 et 118. Voici comment il s'exprime
dans la note qu'il m'a remise, à la suite d'une
conversation où nous avions traité ce sujet.

(*) M. Guilbert, dans la Dissertation, déjà citée, sur
une nouvelle manière de détruire l'infection, paroît n'avoir
compté que sur la constriction des pores, pour fermer le
passage aux miasmes contagieux qui n'auroient pas été
neutralisés par l'acide muriatique oxigéné, lorsqu'il a dit,
§. 22 : *Et si corpus illo acido ablueretur, constricti cuti-
culæ poruli, contagioso effluvio transitum recusabunt.*
J'espère qu'après avoir lu ce qui précède, on ne sera pas
tenté de borner là ses propriétés. Il est d'ailleurs aisé de
prévoir qu'au lieu d'un préservatif d'un usage familier, il
deviendroit, par la manière de l'administrer, un remède
de l'espèce de ceux auxquels on n'a recours que dans le cas
de péril imminent; à peu près comme les frictions d'huile
du P. Louis de Pavie, pour se préserver de la peste.

153. « Il y a, dans l'animal vivant, un principe de force sans cesse agissant, existant dans
toutes les parties, qui leur donne la sensibilité,
la mobilité, la faculté d'éprouver l'impression
des différens corps apposés à leur surface ; impression qui augmente ou diminue cette action vitale propre à chaque partie. D'après cette
considération, voyons quel doit être l'effet de
de la fumigation sur l'être vivant.

» Le gaz vaporeux muriatique oxigéné, porté
par la respiration dans les cavités nasales et
pulmonaires, disséminé dans l'atmosphère que
l'on respire, ou porté par la déglutition dans
l'estomac, agissant enfin sur toute la surface
du corps, est un stimulant inaccoutumé qui
augmente l'action des organes et réveille leur
sensibilité.

» L'effet de la stimulation étant d'augmenter
l'action dans la partie, la circulation y devient
plus vive ; les secrétions qui se font à toutes
les surfaces, sont plus abondantes, et, par ce
moyen, elles sont garanties de l'impression
des miasmes morbifiques, qui sont en quelque
sorte repoussés, à mesure que la secrétion augmente, ou délayés par le mélange, au point de
perdre leur propriété délétère.

» Il faut donc considérer, relativement à
l'être vivant, et l'action chimique, et l'action

vitale qui est alors la grande force agissante
et préservatrice ; car les virus n'ont d'action
que par la débilitation. Un milligramme de
venin de la vipère, de virus variolique, vénérien, psorique, porté dans un corps pesant
60 kilogrammes, n'agit que parce qu'il change
le mode des forces vitales. Ces virus ne sont
point absorbés, ou ils sont altérés, affoiblis
dans l'acte de l'absorption, par leur mélange
avec d'autres fluides, si la force vitale est dans
son intégrité. »

154. Ainsi l'oxigène, et surtout les oxigénans
gazeux, produisent manifestement deux effets
qui concourent au même but : ils exercent sur
les miasmes contagieux une affinité qui les décompose, et ils aident la nature à résister à cette
puissance d'assimilation qui en fait le danger.
Quand ils sont portés en quantité suffisante,
et dans un état d'expansion capable de remplir
un grand espace, ils corrigent l'air infect, ils
détruisent le principe de contagion ; c'est l'objet
des fumigations d'acide muriatique oxigéné.
Quelques corpuscules malfaisans ont-ils échappé
à son action chimique, manque-t-on de moyens
nécessaires à cette opération, le péril, enfin,
n'est-il pas assez annoncé pour commander ces
précautions extraordinaires? il devient préser-

vatif. Tel est le point de vue sous lequel j'ai cru devoir le considérer dans cette section, et qui m'a paru mériter d'autant plus d'attention, que, cette conclusion une fois admise, il est impossible de penser que l'on veuille désormais se livrer imprudemment aux moindres apparences de contagion, quand il en coûtera si peu, et de dépenses, et de soins, pour s'en garantir.

J'ai promis d'indiquer, dans la dernière partie de ce Traité, la manière de se servir de ce puissant anti-contagieux, ainsi que de ceux qui peuvent, à son défaut, produire aussi d'heureux effets dans quelques circonstances ; mais je dois auparavant fixer l'attention sur d'autres questions, pour assurer le jugement dans le choix des moyens à employer.

Les alcalis possèdent-ils réellement des propriétés anti-contagieuses ou préservatives ?

155. Après toutes les preuves que j'ai rassemblées de l'efficacité des oxigénans et des acides minéraux, pour désinfecter l'air et détruire les miasmes délétères, on est surpris de me voir mettre en question si des substances d'une nature opposée ne jouissent pas aussi de la même vertu ; mais, dans un sujet où la moindre incertitude peut devenir si funeste à

l'humanité, il suffit qu'une opinion conserve quelques partisans, pour qu'on ne soit pas en droit de la rejeter avant d'en avoir examiné les fondemens; et, jusque dans les journaux français (de messidor an XI), le procédé de la purification des vaisseaux par les alcalis a été annoncé comme une découverte précieuse, qui devoit remplacer la pratique illusoire des fumigations, et faire supprimer désormais la contrainte des quarantaines.

C'est le D^r. Mitchil, professeur de chimie à New-Yorck, qui a fait connoître ce procédé. Si ces titres sont faits pour disposer à la confiance, ils rappellent en même temps un ouvrage dans lequel cet auteur, prenant un vol hardi, loin des routes communes de l'expérience et de l'observation, a cru pouvoir fabriquer le globe et son atmosphère avec 16 ou 17 atomes, qui, s'attirant de loin et se repoussant de près, produisent tous les phénomènes connus (*). Mais, laissant de côté les préventions que peut faire naître ce souvenir, il faut juger la chose en elle-même, d'autant plus, que l'opinion du docteur Mitchill, sur les propriétés anti-contagieuses des alcalis, est devenue celle

____

(*) *Voyez* Annales de chimie, tome XLIV, pages 305, et suiv.

d'un grand nombre de médecins des Etats-Unis.

Suivant le docteur Mitchill, les maladies pes-tilentielles naissent du *gaz septique* inhalé du dehors, ou engendré dans le corps; et les alcalis en sont les vrais antidotes. Lorsque le suc gastrique et la bile, qui sont de puissans anti-septiques, n'exercent plus leur action respective, le *septon* (c'est-à-dire l'azote) surabonde, et peut tourner en *oxide de septon*, ou en *acide septique*, lequel agit comme un poison. Alors, si on administre des sels à base de potasse, de soude, d'ammoniaque, de chaux ou de magnésie, les acides plus foibles sont déga-gés, et l'acide septique forme des *septates* (c'est-à-dire des nitrates) de potasse, de soude, etc. etc.

Voilà les vertus curatives expliquées; pour les propriétés anti contagieuses, les lessives alcalines, la potasse, la soude, la chaux, ré-pandues dans les rues et sur les places infectées, absorbent et neutralisent les vapeurs acides qui produisent les maladies.

La première idée de ce système se trouve dans une Dissertation inaugurale de M. Wintrop Saltonstall, élève du professeur Mitchill, im-primée à New-Yorck en 1796 (*), à l'occasion

---

(*) *Voyez* Annales de chimie, tome XXII, page 97.

de laquelle je m'étois borné à observer dans les précédentes éditions, qu'en admettant, avec l'auteur, que la matière des miasmes fût un oxide d'azote, ce seroit une raison de plus d'en opérer la destruction par les oxigénans, puisque le plus sûr moyen de changer les propriétés d'un oxide, étoit de le faire passer à l'état d'acide. L'étendue que l'on a donnée depuis à cette hypothèse, et l'application que l'on en a faite, m'obligent à la soumettre à une discussion plus sérieuse.

156. L'azote, ou, comme l'appelle M. Mitchill, le septon, est bien certainement une des parties constituantes des matières animales ; d'où viendroit sans cela l'ammoniaque que produit leur distillation ? J'indiquerai ailleurs les faits qui peuvent rendre probable que l'action meurtrière qu'elles exercent dans la dégénérescence putride, est un effet de la sur-azotation, ou de l'excès de ce principe ; mais est-il vrai, est-il possible que ce soit en prenant de l'oxigène, qu'il constitue le miasme infect et le virus contagieux ? La réponse affirmative s'établiroit si facilement par des expériences directes, que l'on a peine à concevoir comment on a pu en faire la base d'une théorie, et surtout

d'une théorie médicale, sans en avoir obtenu des preuves matérielles.

J'ai déjà eu occasion de rappeler, n°. 109, qu'indépendamment de l'air commun, dont l'azote fait à peu près les quatre-cinquièmes, ce principe existoit dans trois états de combinaison avec l'oxigène, savoir : le gaz oxide azote, le gaz nitreux et l'acide nitrique (l'acide nitreux n'est que l'acide nitrique chargé de gaz nitreux). Ce sont précisément les mêmes combinaisons auxquelles il a plu à M. Mitchill donner des noms dérivés de septon ; il n'en a pas découvert d'autres ; leurs propriétés distinctives sont parfaitement connues : il falloit donc les retrouver dans les miasmes dont il jugeoit l'air infecté et dans les parties lésées des victimes de la contagion. Il falloit, par exemple, examiner si l'air chargé de ces miasmes alongeoit aussi les lumières ; s'il étoit diminué par la seule agitation dans l'eau, comme il arrive toutes les fois que l'air est mêlé de gaz oxide d'azote; s'il diminuoit l'air commun et transformoit comme le gaz nitreux les sulfites en sulfates. Il falloit essayer de former des nitrates en saisissant la substance vénéneuse par des bases alcalines, reprendre ces bases par l'acide sulfurique, pour dégager l'acide nitrique, etc., etc. Mais

Il paroît que cette marche lente ne convient pas au professeur de New-Yorck; il crée un systême sans avoir besoin de faits nouveaux, sans prendre la peine de le mettre d'accord avec les faits connus. Il est temps de faire voir que son hypothèse et les conséquences qu'il en tire sont en contradiction manifeste avec des résultats d'expériences avoués de tous les chimistes.

157. S'il est vrai que le *gaz oxide azote* disséminé dans l'air agit *comme un poison*, comment vivent encore MM. Davy, Pictet, Proust, Vauquelin, Thénart et tant d'autres qui l'ont respiré en masse, dont quelques-uns l'ont nommé *gaz hilarant*, à cause de la gaîté extraordinaire qu'il leur a donnée? Le docteur Pfaff de Kiel vient de communiquer à l'Institut des expériences qui prouvent que ce gaz ne produit pas même une impression désagréable, lorsqu'il est pur et exempt de tout acide étranger.

Suivant M. Mitchill, les alcalis sont l'*antidote* de ce poison; et les savans chimistes hollandais ont observé que l'alcali caustique liquide n'exerçoit aucune action sur le gaz oxide d'azote (*).

(*) Journal Phys., tome XLIII, page 327.

Le *gaz nitreux* ne peut exister dans l'air tant qu'il y reste un peu de gaz oxigène, parce qu'il est subitement porté à l'état d'acide ; ce n'est donc pas lui qui peut infecter l'air, être inhalé comme poison.

Ce n'est pas non plus l'*acide nitrique*, qui ne s'élève dans l'air qu'au moment de son dégagement, qui se condense et se précipite dès qu'il est abandonné à la température ordinaire, qui ne pourroit y exister sans marquer sa présence par l'altération des couleurs. Comment concilier la maligne influence qu'on lui attribue avec la propriété bien constatée de défendre les substances animales de la putréfaction, et, lorsqu'il n'est pas concentré, de les mettre à l'abri de l'alcalescence spontanée, en en dégageant une grande quantité d'azote ! Ce seroit lui qui constitueroit la matière morbifique ; et nous l'avons vu, n°. 77, détruire subitement l'odeur putride. Quels terribles effets n'eût-il pas dû produire dans cette supposition, répandu aussi largement en vapeurs par messieurs Smyth, Menzies, Odier, Cabanellas, Batt, Mojon, etc., qui n'ont aperçu que son efficacité pour faire cesser l'infection et arrêter la contagion ! Quand on accorderoit enfin que l'acide nitrique pût se trouver mêlé à l'air en si foible quantité qu'il fût impossible d'en saisir les caractères

ractères spécifiques, sur quel fondement pourroit-on dire encore qu'il agit comme poison, tandis qu'on administre tous les jours cet acide à des doses bien supérieures, puisqu'elles ne sont réglées que par l'agréable acidité qu'elles communiquent aux boissons ?

La chaux ne seroit donc pas plus utile ici que les alcalis. Son action sur les matières putréfiées se borne à en dégager l'ammoniaque. On a vu que le gaz putride n'étoit pas même absorbé par l'eau de chaux, n°. 34. Si l'on considère, avec M. Fourcroy, que ce ne peut être un ferment étranger, mais *la matière pourrie elle-même*, dissoute dans les gaz exhalés pendant la putréfaction, qui agit sur les organes, quelle expérience plus directe peut-on desirer que celle dans laquelle ces gaz ont été en contact avec l'eau de chaux, sans perdre leurs propriétés ? Mais ce n'est pas la chaux dans son état de pureté, que M. Mitchill présente comme antidote, ainsi que les alcalis; ce sont des sels où ils sont engagés comme bases, et il est bien forcé de supposer dans le miasme un acide qui puisse les décomposer. Ce ne peut être dès-lors que l'acide nitrique, puisque le gaz oxide d'azote ne décompose pas même les carbonates terreux et alcalins.

L'impossibilité de l'existence de cet acide

S

dans l'air étant démontrée, le système des propriétés désinfectantes de ces sels, tombe, ainsi que celui de leurs vertus médicamenteuses. L'auteur assure que les habitations situées sur des terrains *de pierre à chaux* sont beaucoup moins affligées d'épidémies pestilentielles ; il n'est pas étonnant que la contagion établisse de préférence son foyer dans les maisons assises sur des terrains fangeux. On en trouve la preuve dans presque toutes les descriptions topographiques des pays que ces maladies ont dévastés. Mais, avant d'en conclure que le carbonate de chaux neutralise les miasmes délétères, comment n'a-t-on pas fait attention que, dans cette hypothèse, nos hôpitaux bâtis, pavés, enduits, pour la plupart, de carbonate de chaux, devroient être des lieux de purification, au lieu d'être habituellement des foyers d'infection !

158. Je suis bien éloigné cependant de refuser aux *lessives caustiques* la vertu de détruire les virus (*) ; on ne peut élever aucun doute sur ce qu'en ont écrit Mederer, Fontana et en der-

---

(*) Ce n'est pas en les saponifiant, comme le dit le docteur Bressy ; car, en les supposant de nature huileuse, ils pourroient être rendus à leur première malignité par un acide ; de même que l'huile reparoît après la décomposition

nier lieu le docteur A. Wolf, dans un Mémoire sur la Peste, dont nous devons la traduction à M. de Bock; leur opinion, conforme à la saine doctrine chimique, est appuyée d'expériences décisives. Mais les conditions dans lesquelles ils circonscrivent l'action des caustiques, achèvent de démontrer l'inutilité de leur usage, suivant la méthode du docteur Mitchill; ils exigent qu'il soit apporté immédiatement à l'endroit où le miasme a été déposé, et tandis qu'il est encore à la surface de la peau. Qui est-ce qui ignore en effet que les lessives caustiques concentrées désorganisent les substances animales, et par conséquent les virus qui participent nécessairement de leur nature? A cet égard leur puissance peut égaler, surpasser, si l'on veut, celle des acides : cette puissance procède de la même cause, c'est-à-dire, d'une affinité capable de rompre les combinaisons actuelles pour en produire de nouvelles; mais il ne s'ensuit pas que ce soit en s'appropriant les mêmes élémens du composé. Ce qu'il importe surtout de remarquer ici, c'est que les alcalis et les caustiques terreux sont

---

des savons. Il est d'autant plus étonnant qu'il n'ait pas fait cette réflexion, que, dans tout le reste de son livre, on trouve les acides indiqués pour *neutraliser* les miasmes contagieux.

fixes, tandis que les acides sulfureux, nitrique et muriatique, ont la propriété de former des fluides vaporeux ou gazeux qui enveloppent les corps entiers et imprègnent l'atmosphère dans laquelle ils sont plongés (*). Ainsi, en supposant une égale puissance désorganisatrice, il faudroit encore préférer celui de ces agens qui va chercher le venin à détruire, à celui qui reste sans effet, si l'on ne l'a mis en contact avec toutes les parties infectées.

Il est des cas, dans les morsures d'animaux, par exemple, où il s'agit uniquement de diriger l'action chimique sur des points indiqués et circonscrits par des plaies : nul doute alors que tous les cautérisans ne puissent être efficaces. Qu'importe que le virus hydrophobique soit emporté par de promptes et de profondes scarifications ; qu'il soit brûlé par le feu actuel ou par les oxigénans ; qu'il soit altéré dans sa composition par les acides minéraux, par le muriate d'antimoine, par le nitrate d'argent,

---

(*) C'est ce qu'a très-bien remarqué le D*r*. Odier en parlant du *septon oxigéné* du professeur de New-Yorck : *outre que le principe est fort douteux, l'application en seroit difficile, parce que l'influence des marais se répand au loin dans l'atmosphère*. Bibl. Britannique, tome III, page 284.

ou par la pierre à cautère ? Le résultat sera le même, une parfaite sécurité. Mais, quand il faut purifier une masse d'air chargée de miasmes délétères, qu'on n'a pu encore rendre visibles par aucun instrument optique, ni séparer par aucun moyen eudiométrique, n°. 50, que des émanations continuelles y reproduisent d'instant en instant ; lorsqu'il faut porter le contre-poison jusques dans les organes de la respiration, où l'on n'a pas encore imaginé d'introduire les alcalis, peut-on de bonne-foi proposer de les employer comme désinfectans et préservatifs ?

159. N'oublions pas cependant qu'en médecine, une théorie ne peut être jugée par théorie, et que la méthode qui sauve le malade est celle qui fait connoître le plus sûrement la nature de la maladie. Voyons donc quel succès a produit le système du docteur Mitchill, qui écrivoit au docteur Valentin, son ami, sur la fin de 1800 : *La doctrine du* SEPTON *fait des progrès rapides en Amérique ; les alcalis y sont considérés comme les plus grands promoteurs de la santé et les meilleurs antiseptiques qui soient au monde....... On fait à présent dans les États-Unis des ob-*

servations et des expériences tres-utiles (*).

Ce n'est que plus de deux ans après que M. Valentin fait imprimer son Traité de la Fiévre jaune, ainsi qu'il nous l'apprend lui-même. Dans cet ouvrage, particuliérement destiné à indiquer *non seulement les différens moyens curatifs* de cette fiévre, *mais encore ceux qui peuvent en préserver*, trouve-t-on quelques-unes de ces observations si pompeusement annoncées par le docteur Mitchill? l'auteur s'est-il prononcé en faveur de son systême? a-t-il du moins changé ou modifié en conséquence sa méthode préservative ou curative? Rien de tout cela. On voit qu'il s'est imposé l'obligation de faire connoître jusqu'aux argumens dont son ami a cherché à l'étayer, tels que ceux tirés des bons effets de l'anti-émétique de Rivière, de la couleur jaune que les matières animales reçoivent de l'action de l'acide nitrique ; l'affirmation des ouvriers qui travaillent les cendres, la chaux, la potasse, pour la fabrication du savon, que jamais ils ne sont atteints de la maladie ; la *recette de famille* par laquelle la viande la plus puante re-

____

(*) *Traité de la Fiévre jaune d'Amérique*, par Louis Valentin, docteur en médecine, etc. Paris, 1803.

devient douce et saine, en la faisant bouillir quatre minutes dans une lessive claire de cendres, etc. (*). Mais cette partie historique n'a rien de commun avec la doctrine qu'il professe comme médecin, ayant pratiqué pendant cinq ans dans les Etats-Unis.

Il déclare positivement qu'il laisse à d'autres à décider si le gaz qui s'exhale des marais et des

---

(*) La potion de *Rivière* est une mixture de sel d'absinthe et de jus de citron, qu'on prend au moment de l'effervescence ; voilà ce qu'on donne en preuve de la vertu médicamenteuse des alcalis ! L'odeur infecte que l'on respire en été, dans le voisinage des eaux qui s'écoulent des grandes buanderies, donne la mesure des vertus antiputrides des lessives et des savons. Le *jaune amer* n'est produit que par l'acide nitrique concentré. Cet acide délayé conserve les substances animales ; il en dégage l'azote et les rend ainsi imputrescibles. On sait maintenant que c'est au charbon qu'appartient la propriété de corriger la viande qui *commence* à s'altérer, et l'eau de cendres, même filtrée, en tient toujours abondamment : on le démontre par son évaporation à siccité. MM. Berthollet et Fourcroy ont observé que la dissolution d'une matière animale dans l'alcali exhale une *odeur putride très-désagréable* ; (Système des Connoissances chimiques, etc. tome V, pages 56 et 59); tandis que des morceaux de chair *très-fétides* perdent toute odeur, lorsqu'on les expose aux vapeurs d'acide nitrique : le D^r. Cabanellas s'en est assuré par une expérience toute semblable à celle que j'ai rapportée ci-devant, n°. 109, sur les vapeurs d'acide muriatique.

corps en putréfaction, est l'*azote oxigéné*, *le septon du docteur Mitchill, ou bien l'azote hy- drogéné* (*). Les préservatifs qu'il recommande sont l'oxicrat, qui a le précieux avantage d'*être tonique et antiseptique*...., principalement lorsqu'on augmente un peu la quantité de vinaigre ; l'eau antiputride de Beaufort, qui est une limonade avec suffisante quantité d'*acide sulfurique ;* la crème de tartre, les tamarins. Quant aux moyens de désinfection, il rappelle mes procédés. « On a reconnu, dit-il, que *les fumigations avec le gaz acide muriatique oxigéné* ont la propriété de désinfecter l'atmosphère, et d'arrêter, jusqu'à un certain point, la contagion. Puisse cette propriété se confirmer de plus en plus d'une manière irréfragable (**) !

Dans l'indication du traitement, soit en général, soit modifié suivant les diverses circonstances, on retrouve à chaque page la prescription et l'observation des bons effets des mêmes acides végétaux, de l'acide sulfurique, de l'acide nitrique étendu ou alcoolisé, du nitre et même de l'alun, quelquefois l'ammoniaque comme puissant sti-

---

(*) *Traité de la Fièvre jaune,* page 40.
(**) *Ibid.* pages 226, 231.

mulant et non comme antidote (*). Enfin, dans l'examen qu'il fait du traitement méthodique décrit dans l'Histoire médicale de l'armée de Saint-Domingue en l'an X, ce ne sont pas les alcalis qu'il regrette de n'y pas voir indiqués ; ce sont les vrais antiseptiques. *On ne trouve pas* (ce sont ses expressions) *qu'il soit fait mention en rien des acides minéraux* (**).

160. Ce n'est pas que les occasions aient manqué aux partisans du docteur Mitchill, de constater les avantages de sa méthode. Lorsqu'on voit qu'en 1797 la fièvre jaune emporta à Norfolck presque un sixième de la population ; qu'en 1798 , Boston en éprouva la maligne influence ; que , dans l'automne de 1799 , la terreur étoit encore à Philadelphie , au point que l'on arboroit le drapeau jaune sur les maisons où il y avoit des malades ; qu'en 1802 , 30 mille de ses habitans se réfugièrent dans les campagnes , pour se soustraire au danger ; que, sur la fin de la même année, on regrettoit encore à New-Yorck les médecins français *qui avoient été les moins malheureux dans le traitement des malades* ;

(*) *Traité de la Fièvre jaune*, pag. 197 , 205 , 207 , 209 , 210 , 213 , 219 , etc.

(**) *Ibid.* page 24.

que l'on y déploroit l'abandon où on laissoit ceux qui étoient atteints de cette fiévre, dont on ne s'approchoit plus qu'*en se tenant la bouche et les narines bien serrées dans un mouchoir imbibé de vinaigre*, pour voir s'ils respiroient encore ; qu'en 1803, cette épidémie y fit encore un grand nombre de victimes, etc., etc. (*).
Il n y a plus d'autre opinion raisonnable sur les vertus anti-contagieuses des alcalis, que celle exprimée en ces termes par les auteurs de la Bibliothèque médicale : *peut-on ne pas déjà s'étonner que la fiévre jaune ne soit pas devenue plus traitable depuis 1796, époque de cette découverte* (**) ?

Les ouvrages les plus récens sur le même sujet ne sont pas faits pour infirmer ce jugement. M. *Palloni* ne parle des alcalis que pour leur donner l'exclusion, par suite de la conviction qu'il a acquise des heureux effets des oxigénans, *des boissons acidulées par l'acide nitrique, etc. D'après cela*, dit-il, *je ne crois pas devoir faire mention des sels alcalins* (***).

______

(*) *Traité de la Fiévre jaune*, pag. 32, 35, 198.
(**) Tome IV, pag. 316.
(***) *Observations médicales*, etc. page 34. On peut mettre sur la même ligne la nouvelle édition que M. Devèze a donnée, l'année dernière, de sa *Dissertation sur la*

Le silence de M. *Dalmas* sur la découverte du docteur Mitchill est, si je puis le dire, encore plus expressif. Ce médecin, qui a vu et traité la fiévre jaune aux Antilles et dans les Etats-Unis ; qui retrace les désastres que cette maladie a causés en 1798, 1799, 1800, 1801, 1802 et 1803, à Philadelphie et à New-Yorck ; qui avoit été appelé en 1800 à la consultation des magistrats de cette dernière ville, pour fixer l'époque à laquelle la population qui en étoit sortie pourroit y rentrer sans danger ; qui rapporte et compare tous les systêmes de traitement, les effets de tous les remèdes qu'il a vu employer, laisse absolument dans l'oubli les prétendues vertus curatives et préservatives des alcalis. Sous ce dernier point de vue, il recommande à ceux qui ne peuvent s'éloigner du foyer de la maladie, tous les moyens connus pour la purification de l'air, et mon procédé comme un des plus puissans (*).

Veut-on savoir enfin quelle est l'opinion des compatriotes du docteur Mitchill sur la théorie du *septon ?* on en trouvera une solide réfuta-

___

Fiévre jaune, où l'on peut remarquer qu'il n'a pas même changé d'avis sur l'insalubrité des fabriques de savons.

(*) Recherches historiques et médicales sur la Fiévre jaune, etc., pag. vj, 56, 147, 194.

tion dans le Journal de médecine anglais du mois d'avril 1802 ; et ce qui étonnera sans doute le plus , ce ne sera pas de voir attaquer victorieusement un systéme qui est en contradiction avec tous les principes , mais bien qu'à cette époque son application n'ait encore produit ni expériences, ni observations qui méritent d'entrer dans cette discussion.

De l'effet de l'air sur les germes morbifiques ; peut-il en opérer la destruction ?

161. Je n'ai pas besoin d'avertir qu'il ne s'agit pas d'examiner si le renouvellement de l'air est utile. Il est bien connu que c'est la première condition pour obtenir la salubrité; que l'infection peut naître de sa seule stagnation ; qu'elle s'y manifeste avec d'autant plus de promptitude et d'intensité, qu'il est plus exposé à recevoir des émanations de corps putrescibles , ou même des secrétions naturelles d'animaux sains.

Mon intention n'est pas non plus de faire regarder comme superflues les mesures de précaution sagement établies, sous les noms de *Sereine à bord* et *d'évent ,* d'après lesquelles, à l'arrivée des navires suspects, on exige que les hardes de l'équipage et les marchandises susceptibles soient exposées à l'air plusieurs jours, même avant d'être transportées au lazaret pour entrer en quarantaine. Mais on entend répéter tous les jours que l'air pur décompose les levains morbifiques; il est bon de rechercher quel est le fondement de cette tradition, afin de déterminer, un peu plus rigoureusement qu'on ne l'a fait jusqu'à présent, la mesure de confiance que l'on peut accorder à ce mode de purification suivant les différentes circonstances.

Comme il y a des maladies essentiellement contagieuses, c'est-à-dire, qui dépendent d'un virus spécifique, d'autres qui, sans être importées, naissent de circonstances locales, ou d'une constitution particulière de l'atmosphère, ou de l'influence simultanée de ces causes, et qui affectent, à la même époque, les individus réunis dans un même espace, il faut distinguer les miasmes qu'elles produisent et l'action que l'air peut exercer sur eux.

L'opinion la plus généralement reçue aujourd'hui est que la peste ne se communique que par le contact, qu'elle n'est point portée par l'air, si ce n'est à une distance si peu considérable qu'elle feroit plutôt supposer le transport du miasme par une impulsion mécanique que par sa suspension dans le fluide atmosphérique.

Ce principe posé, il s'ensuit évidemment que l'air est par lui-même incapable de décomposer le virus pestilentiel, puisqu'il n'a pas seulement avec lui l'affinité d'adhésion.

Quelle idée ne donnent pas aussi de la fixité de cette composition les exemples nombreux que l'on cite de la communication de la peste par des meubles, des hardes retirés des décombres, sous lesquels ils étoient restés ensevelis pendant plusieurs années ! (*)

Si la continuité même du vent ne serviroit qu'à déplacer ces miasmes et à porter plus loin leur funeste influence, il faut bien chercher une autre explication de l'effet de l'exposition au grand air, que tant de témoignages univoques nous présentent, depuis tant de siècles, comme un des plus sûrs moyens de désinfecter les marchandises les plus susceptibles, telles que les peaux, les poils, les plumes, les cotons, etc. Cet effet me paroît devoir être attribué à une combustion lente de la nature de celles qui s'opèrent par le concours de l'action de la lumière avec celle de l'oxigène de l'air, et qui produisent à la longue des altérations sensibles sur toutes les matières animales. Il n'est pas douteux que l'on obtiendroit plus promptement un

---

(*) Mémoires de M. Pugnet, pag. 95 et suiv.

résultat aussi avantageux , si les marchandises suspectes recevoient en même temps l'impression de la rosée , qui agit, comme l'on sait , à la manière des acides très-étendus. Mais il n'est pas sans vraisemblance que, dans les lieux couverts , la succession de températures, tantôt sèches , tantôt humides , remplace à un certain point ce dernier agent. L'eau qui reste en dissolution dans l'air ne peut être moins riche en oxigène que celle qu'il laisse tomber en pluie, et qui tient 0,10 de ce gaz, plus que l'air atmosphérique , n°. 149.

La conclusion à laquelle cette discussion nous conduit est parfaitement d'accord avec ce qu'enseignent les maîtres de l'art (*) : il faut que l'exposition à l'air libre *soit longtemps prolongée* pour désinfecter les corps qui ont reçu le principe contagieux de la peste ; l'immersion dans le vinaigre produit plus sûrement le même effet ; il seroit utile d'essayer, contre la peste , les *fumigations nitriques* , si heureusement employées dans la fièvre des prisons ; *multipliées suffisamment*, elles pourroient offrir *un moyen de désinfection plus puissant et plus prompt que tous ceux dont on s'est servi jusqu'à présent.*

____

(*) Nosographie de M. le professeur Pinel , ordre VI, genre 1er. ; Bibliothèque Médicale, tome III, pag. 201, etc.

162. Dans les maladies qui se propagent sans contact immédiat d'un corps infecté, le miasme est le plus souvent apporté par l'air ; et puisqu'il en est lui-même vicié, il est évident qu'il ne le décompose pas. Ce n'est pourtant pas une raison de méconnoître le bienfait d'un air nouveau, qui, sans parler du soulagement qu'il procure par les organes de la respiration, peut encore produire deux effets salutaires : l'un, par la propriété que nous sommes forcés de lui accorder, de s'approprier les corpuscules de cette espèce, et de reprendre ainsi une partie de ceux que l'air infecté avoit déposés ou produits ; l'autre, en agissant comme délayant. On sait qu'une dissolution très-étendue ne laisse plus guère apercevoir que les caractères du dissolvant, et que, par ce moyen, les plus violens corrosifs peuvent être amenés au point d'être administrés intérieurement sans danger.

Il n'est donc pas étonnant que ceux qui peuvent quitter à temps les lieux infectés, trouvent leur salut dans une nouvelle atmosphère, qui ne tarde pas à les débarrasser des miasmes qu'ils ont emportés. C'est ainsi que l'émigration des villes est mise au premier rang des moyens de police sanitaire dans les Etats-Unis, à la première apparition des symptomes de la fiévre jaune. Mais il n'y a réellement que les vents,

agissant

agissant à la fois par leur vitesse et par leur masse, qui puissent produire cet effet dans le foyer de l'infection, et surtout les vents froids qui diminuent le pouvoir dissolvant de l'air en même temps qu'ils le déplacent. Ce seroit s'abuser que d'attribuer la même puissance à l'air tranquille qui environne les lieux affligés de l'épidémie, ou même à des courans d'air artificiellement établis dans des salles remplies d'effluves putrides, qui s'y régénèrent plus promptement, qu'ils ne peuvent être entraînés. C'est comme si l'on prétendoit assainir l'eau d'un grand lac en y faisant passer un filet d'eau courante. On trouve un exemple frappant de l'insuffisance de ces moyens, dans la traduction de la Médecine de Buchan par le docteur Duplanil (*) : « Dans l'Hôtel-Dieu de Montpellier, un de ceux dans lesquels la propreté est le plus sévérement observée, il y a une salle de blessés, dans laquelle la *gangrène est épidémique*, quelques précautions qu'on ait prises, *car on y a établi des courans d'air de tous les côtés* ; il est très-difficile d'en garantir les malades, et la plupart périssent malgré les secours les mieux administrés. »

Si les témoignages nombreux d'heureuses

______

(*) Part. I, chap. X, de la Contagion.

T

épreuves des fumigations d'acides minéraux,
dans des circonstances difficiles, ne permettent
plus de douter que les simples vapeurs d'acide
muriatique auroient fait cesser toute infection
dans cette salle, en portant son action destruc-
tive sur les corpuscules délétères, jusque dans
les anfractuosités des murs et les replis des
étoffes, qu'elles auroient fini par en tarir la
source ; il faut en conclure que, sans négliger
les moyens d'entretenir un air pur, de le renouveler, d'en déterminer l'action à la surface
des matières suspectes, on doit, pour obtenir
une parfaite sécurité, mettre en usage les gaz
acides comme les vrais préservatifs et anticontagieux.

*Les mêmes moyens peuvent-ils avoir la même
efficacité dans les diverses maladies contagieuses ou épidémiques ?*

163. On a vu, n°. 44, qu'une substance non
putride étoit très-disposée à la putréfaction après
avoir absorbé une certaine quantité de gaz putride. Ce qu'on a coutume de désigner sous le
nom de levain morbifique, n'agit pas différem-
ment ; c'est toujours la *matière pourrie* qui
dispose à la putréfaction. Le principe contagieux de la peste naît également de la peste

elle-même ; ce sont, dit le savant auteur de la Nosographie philosophique , des émanations subtiles qui s'échappent du corps des pestiférés, et qui , portées sur celui d'un homme sain , y développent avec plus ou moins de rapidité la maladie qui les a produites. En leur attribuant la qualité de *fermens*, on n'ajoute rien à cette explication. Les expériences, dont j'ai fait connoître les résultats , ayant été constamment dirigées sur les produits de la putréfaction animale au dernier degré , et particuliérement sur l'air qui en étoit infecté, on voit au premier coup d'œil les nombreuses applications qu'elles peuvent nous fournir. Il n'est pas possible cependant de supposer que toutes les maladies que l'homme affecté peut communiquer à l'homme sain , ont pour cause commune une matière semblable ; tandis que les symptômes qui les annoncent , leur assignent des caractères particuliers, et qu'il en est plusieurs , telles que la gale, la petite vérole , le mal vénérien , la peste, l'hydrophobie, etc., dont la propagation dépend manifestement d'un virus spécifique : mais ce n'est pas dans ce premier aperçu que nous devons chercher la solution de la question.

164. En admettant la distinction justement établie entre les maladies qui proviennent de

quelques émanations répandues dans l'air, que l'on nomme épidémiques parce qu'elles frappent la multitude qui en reçoit l'impression, et celles que l'on ne contracte que par le contact immédiat d'une matière souvent aussi invisible, mais plus fixe, quelquefois par l'insertion d'un levain morbifique; il faut reconnoître d'abord que ce sont les premières qui règnent le plus habituellement, dont il est le plus difficile de se garantir, et pour lesquelles le besoin de préservatifs et d'anti-contagieux se fait principalement sentir. Or, c'est dans cette classe que viennent se placer la fiévre d'hôpital, celle des prisons, celle des gens de mer, celle que l'on prend dans le voisinage des marais, où la *putréfaction fermente*, pour me servir de l'expression figurée de Jaucourt; en un mot, toutes les fiévres malignes qui doivent leur existence à des exhalaisons putrides.

Ce seroit donc avoir déjà fait quelque chose d'un assez grand prix pour l'humanité, que de l'avoir mise en possession de moyens sûrs de prévenir le retour de pareils fléaux, ou d'en arrêter la marche dès la première invasion. Mais il se présente ici deux considérations propres à donner à ces moyens une plus large application.

165. La *première* est la conséquence nécessaire des principes établis dans la section précédente (numéros 145 et 152), que l'action des
virus les plus décidément contagieux n'affecte
pas également tous les individus qui y sont
exposés; qu'elle dépend d'une infinité de causes
disposantes, dont l'effet immédiat et détermi-
nant est la diminution des forces vitales. Nous
n'avons plus alors d'exception; la plus impru-
dente cohabitation a quelquefois eu lieu sans
effet; il y a telle constitution qui résiste même à
l'insertion du pus; au milieu des plus grands
ravages de la peste, un petit nombre de ceux
que leurs emplois retiennent le plus assidûment
au service des pestiférés échappe toujours au danger (*). Samoïlowitz assure que ceux qui ont une
fois entiérement surmonté la peste n'y sont plus
sujets. On cite quelques exemples rares de sujets
atteints deux fois de la fiévre jaune; mais le docteur Dalmas n'en a pu découvrir aucun pendant
les dix années qu'il a passées au continent d'A-
mérique; il tient pour règle, conformément à
l'opinion généralement admise dans les îles,
qu'*une seule épreuve suffit pour acclimater.*

______

(*) On en a des exemples frappans dans la terrible peste
de Marseille, qui fit périr 87,766 personnes; dans celle
de Moscow, qui en emporta 133,299.

On a également observé à Cadix que ceux qui avoient eu cette maladie en 1800, n'avoient pas été attaqués en 1804. Puisque le venin, resté le même, n'agit plus sur l'être vivant placé dans les mêmes circonstances, il faut bien que celui-ci ait acquis le pouvoir de lui résister.

Ainsi, que l'on admette ou que l'on rejette la communication sans contact; que chaque maladie soit produite par un virus particulier, ou qu'elle ne reçoive le caractère spécifique que de la matière qui sert de véhicule aux miasmes, ou de complications accidentelles qui les modifient à raison de la constitution atmosphérique et de la nature du climat : dans toutes les hypothèses, c'est toujours à la diminution des forces vitales, à l'affoiblissement de la contractilité musculaire, comme l'enseigne le professeur Pinel, qu'il faut attribuer les phénomènes de la fièvre putride : l'intérêt le plus pressant sera donc de prévenir les dispositions qui rendent l'impression de ces miasmes funeste; c'est un avantage que l'on pourroit encore se promettre du gaz acide muriatique oxigéné, quand il faudroit le reconnoître impuissant pour décomposer quelques-uns de ces virus (*).

(*) « C'est principalement dans la classe si nombreuse des maladies adynamiques, que les fumigations acides convien-

166. La *seconde* considération , qui me paroît indiquer une application encore plus étendue de ce gaz oxigénant , est appuyée sur un
fait pour lequel on peut compter autant de témoignagnes qu'il y a de descriptions des maladies qui , à différentes époques et dans certaines contrées, ont fait des plaies profondes à
l'humanité. Quels qu'en soient le caractère et
la cause première au moment de l'invasion , la
quantité d'effluves putrides que produisent continuellement et le nombre des malades et la putréfaction accélérée des cadavres (*) , ne tarde

nent, et comme moyen préservatif, et comme moyen curatif. Quoique distinctes par quelques symptômes particuliers, toutes ces maladies se ressemblent par le caractère essentiel, l'accablement, la diminution des forces, la langueur des
fonctions, la tendance à la putréfaction ». *Cette proposition
a été soutenue , le 13 thermidor an XIII , à l'École de
médecine de Paris , par M. Morland , sous la présidence
du professeur Chaussier.*

(*) James Lind rapporte que dans l'épidémie de Cadix ,
en 1764 , les corps étoient complétement putréfiés, six
heures après la mort. On y a fait la même observation
en 1800 ; elle se trouve dans tous les ouvrages qui traitent
de cette fièvre pernicieuse. Le professeur Barthe a particulièrement recueilli les témoignages de l'odeur extraordinairement infecte que l'on respiroit près du lit des malades, et qui restoit longtemps attachée aux habits de ceux
qui s'en étoient approchés. *Précis historique ,* etc. , pag. 57
et 185 .

pas à former un foyer d'infection qui en augmente sensiblement la malignité, en aggrave les symptômes, en complique la marche, et finit souvent par opposer le plus terrible obstacle à la cessation de la mortalité.

167. Les ravages de la PESTE elle-même sont communément subordonnés à l'influence de ces causes. Cette opinion est consacrée par tant d'observations, que je puis me dispenser de rien ajouter à celles que j'ai déjà citées, n°. 135, d'après les historiens des fameuses pestes de Marseille, de Messine, etc., et qui prouvent suffisamment que ce sont certaines constitutions de l'atmosphère qui en déterminent l'explosion, qui en rendent la communication si prompte et les suites si funestes : que faut-il de plus pour recommander la pratique des moyens destinés à combattre ces constitutions ? Cette indication ne sera pas désavouée par ceux qui, comme le Dr. Pugnet, pensent que la peste est endémique en Egypte, en ce sens qu'il est de sa nature de se reproduire dans tous les lieux qu'elle a habités, et où elle n'a pas été absolument anéantie, *tout autant de fois que le climat l'y invite.* J'examinerai dans la suite les avantages que l'on peut en retirer pour la destruction radicale de ce virus spécifique.

168. M. Gilbert écrivoit, à son retour de Saint-Domingue, en l'an X : *le tropique du Cancer est la limite de la* FIÉVRE JAUNE; les désastres qu'elle a produits, en dernier lieu, dans diverses contrées de l'Europe, en nous ôtant la sécurité que nous pouvions fonder sur cette observation, nous obligent à redoubler d'attention dans la recherche des moyens de prévenir et de combattre ce fléau.

Cette fiévre est-elle contagieuse? Cette question a été traitée par tous ceux qui se sont trouvés à portée d'en étudier la nature, d'en suivre la marche et d'en observer les progrès; mais il s'en faut bien qu'ils en aient pris la même opinion; et il est à remarquer que les propositions contraires se trouvent presque toujours appuyées par des faits qui paroissent également concluans.

Dans les Indes occidentales, que l'on regarde comme son pays natal, elle est jugée contagieuse par le plus grand nombre des médecins qui en ont donné l'histoire; tels que *Warrin*, *Lining*, etc. *Makittrick* avoue lui-même qu'il avoit d'abord adopté leur avis. Les relations officielles des médecins de Cadix et de ceux de Madrid, envoyés à Séville en 1800, en ont porté le même jugement. Le professeur *Berthe* ne se borne pas à rapporter les faits qui l'ont décidé à penser que cette maladie avoit été portée directement de Cadix à Séville par la voie de mer ; il discute les raisons, il examine les circonstances particulières qui ont pu faire adopter le système opposé (*). Le D^r. *Durand*, dans une lettre adressée à M. Valentin, en septembre 1802, lui annonce la conviction où il est, ainsi que l'académie de Madrid, *qu'il n'y a que la contagion introduite à Cadix, et non les influences du climat, qui ait pu y exciter les ravages qu'on y a vus* en 1800. M. *Thiébaut*, dans sa lettre à M. Desgenettes, sur la maladie de Livourne, en 1804, indique la manière dont la contagion de la fièvre jaune a été communiquée dans ce port par un vaisseau venu de Cadix, et qui avoit touché à Alicante. La correspondance du D^r. *Kerandren* avec les commissaires des relations commerciales à Malaga et à Alicante, publiée dans le Journal de Médecine de pluviôse an XIII, donne les renseignemens les plus précis sur l'introduction de la maladie par des marchandises entrées en

____

(*) « Je ne connois pas, dit-il, de preuves plus convaincantes de la nature contagieuse de la maladie, que les faits relatifs aux individus qui s'en sont évidemment préservés en évitant toute communication. » *Précis historique*, etc., pag. 59, 176, 276 et 377.

fraude. Des employés des douanes sont morts en les enlevant.... *Quiconque a eu en sa possession, ou touché les objets de la fatale contrebande, a péri.* Enfin, le programme rédigé par le collége supérieur de Médecine et de santé du roi de Prusse, publié par son ordre le 17 avril 1805, pour annoncer un prix concernant la contagion de la fiévre jaune, établit la principale question à résoudre sur la transmission du virus par des substances inanimées, en admettant comme *indubitablement constaté par l'expérience que la fiévre jaune est du nombre des maladies contagieuses qui se communiquent par les malades aux personnes en santé par l'effet de la contagion.* C'est sur le même principe que la plupart des gouvernemens, et principalement les puissances maritimes, viennent de prendre les mesures les plus rigoureuses pour prévenir cette communication.

169. La proposition contraire; ou la non-contagion de la fiévre jaune, est soutenue par plusieurs autres hommes de l'art, dont les écrits méritent d'autant plus d'attention qu'ils ont tous séjourné et pratiqué dans les lieux et aux époques où elle étoit en activité.

M. *Devèze* est un de ceux qui ont le plus fortement combattu l'opinion publique et réuni le plus de faits pour prouver que la maladie, qui régna à Philadelphie, en 1793, étoit simplement épidémique ; qu'elle n'y avoit été apportée ni par des navires, ni par des hommes ; qu'elle ne se communiquoit pas à ceux qui étoient habituellement en contact avec les malades. Le Dr· *Cassian*, et le plus grand nombre de ses confrères dans les États-Unis, tiennent la même doctrine, quoique les quarantaines et les émigrations, toujours ordonnées par la police sanitaire, supposent nécessairement un germe contagieux. M. *Valentin* nous apprend que l'Académie des médecins de Philadelphie et la Faculté de Baltimore ont reconnu *l'origine domestique* de cette fiévre ; il atteste lui-même que des lits, des vêtemens, qui avoient servi à des personnes mortes de l'épidémie, ont été mis à l'usage d'autres individus, sans avoir même été aérés et sans leur communiquer l'infection. M. *Dalmas* se prononce également contre l'importation ; il observe que cette maladie ne sort pas de certaines limites ; que les réfugiés à la campagne ne la propagent pas, et que l'on ne peut la considérer comme produite par un *virus matériel, palpable et communicable seulement par le toucher.* Suivant M. *Pugnet,* les sources de la fiévre jaune *dans les Antilles sont locales.....; elle s'y développe spontanément sans communication suspecte.* Le D^r. *Gilbert* dit encore plus positivement qu'elle n'a pas été importée à Saint-Domingue, qu'elle n'est pas contagieuse. Enfin dans ses observations sur la fiévre de Livourne, le professeur *Palloni* paroît très-disposé à se ranger à cet avis ; car, quoiqu'il indique comme le plus sûr préservatif, de *s'éloigner des individus atteints de cette fiévre,* il assure que dans l'hôpital de cette ville, *le levain infect s'est borné à l'individu malade, sans se communiquer aux personnes qui le soignoient, ni à d'autres sujets affectés de différentes indispositions, ce qui n'arrive pas dans les autres maladies épidémiques et contagieuses.*

170. Il m'a paru nécessaire de faire connoître ces opinions, non pour prendre parti dans cette controverse ; il ne m'appartient pas de prononcer sur une question que M. Halley ne jugeoit pas encore suffisamment éclaircie, en rendant compte à la première classe de l'Institut de la description de la maladie de Livourne par le D^r. Thiébaut (*) ; mais pour faire voir que, malgré ce dissentiment, le besoin de pré-

---

(*) *Bibliothèque médicale,* tome VIII, page 284.

venir, de corriger l'infection de l'air est una-niment reconnu, et que les fumigations d'acides minéraux sont aussi sûrement indiquées dans les maladies qui ont un levain spécifique, que dans celles qui n'en ont pas.

On a vu que tous ceux qui se refusoient à admettre la communication par un virus con-tagieux, étoient par cela même obligés de re-courir à l'influence de certaines causes locales, parmi lesquelles l'altération de l'air atmosphé-rique est mise en premier ordre, et suivant M. Devèse, *celle d'où dérivent presque toutes les autres.....* Indépendamment des accidens de chaleur et d'humidité qui modifient l'action de l'air sur l'économie animale, il *peut devenir plus meurtrier en se chargeant de miasmes infects qui s'élèvent de toute part.*

M. Valentin croit que les *effluves putréfac-tifs* qui émanent des terrains fangeux, des eaux croupissantes, *agissent non seulement sur les poumons par la respiration et sur la surface cutanée, mais encore sur les comestibles et les boissons qu'elles altérent.* Il tranche la question en termes non équivoques, lorsqu'il dit : « Quoique la fièvre jaune ne soit pas ori-ginairement contagieuse, elle peut le devenir consécutivement...... Ne voit-on pas que des fièvres de mauvais caractères se communiquent souvent par les émanations des malades ou de leurs excrétions, à ceux qui les soignent et qui les environnent ? » Il rappelle, à ce sujet, les exemples bien connus du typhus des vaisseaux et de celui des hôpitaux, où l'émission du gaz des corps malades se communiquant aux corps sains, soit par le toucher, soit par les voies de la respiration et de la mastication, forme la véritable contagion, dont la virulence, comme dans les contagions à virus fixe, est relative à la disposition des sujets.

M. Pugnet conclut de même de ses observations, que *la fièvre jaune devient contagieuse quand elle prend le caractère de fièvre putride continue; qu'elle se communique alors non seulement par le toucher, mais encore par la voie de l'atmosphère,* et il ajoute qu'elle a ce nouveau trait de conformité avec la fièvre des marais.

Le D^r. Gilbert a lui-même apporté cette restriction remarquable à sa première assertion; on ne peut se dissimuler qu'une maladie aussi grave et d'un caractère putride et gangréneux ne puisse se porter *par communication de l'air respiré, ou par le contact des effets imprégnés de ces miasmes*.....Les quarantaines sont de toute nécessité dans les départemens méridionaux.

M. Dalmas avoue qu'il est impossible de méconnoître son *caractère épidémi - contagieux*, lorsqu'alimentée par des causes puissantes, elle acquiert une énergie qui atteint toutes les personnes renfermées dans le cercle de son activité, et qu'il est impossible d'éviter autrement que par la fuite.

Le Dr. Blin, qui, dans ses remarques sur le rapport des médecins de Cadix, avoit combattu leur opinion, semble craindre que le parti qu'il prend ne fasse négliger imprudemment des précautions salutaires ; il se hâte de prévenir, « qu'en refusant à la maladie de Cadix le caractère contagieux proprement dit, il n'a point prétendu que cette fièvre, une fois répandu chez un grand nombre de sujets, n'ait pu, comme la fièvre des prisons, celle des camps et des hôpitaux, se communiquer à beaucoup de personnes saines, *par la contagion qu'un si grand nombre de malades a dû occasionner dans l'atmosphère*. »

M. Leblond en rend un témoignage conforme dans l'ouvrage qu'il a présenté, le mois dernier, à la première classe de l'Institut, et où il décrit la maladie des Antilles et du continent américain : « Elle est contagieuse lorsque les malades se trouvent réunis en grand nombre

dans

dans un même lieu, où l'air n'est pas fréquemment renouvelé et purifié. »

Je ne dois pas omettre que M. Valentin, dans une digression sur cette maladie qui a désolé l'Andalousie, conclut, d'après les informations qu'il en a reçues, que « si elle s'est rapprochée par ses caractères de la fièvre jaune d'Amérique, elle en a différé certainement *par sa nature contagieuse*, qui s'est portée avec une fureur extraordinaire sur toutes les classes indistinctement. »

Quant à la fièvre de Livourne, quelque éloigné que soit M. Palloni de convenir, avec M. Thiébaut, de son caractère contagieux, nous pouvons encore recueillir des observations du professeur de Pise, celle qui est réellement la plus importante à notre objet ; c'est *qu'un air stagnant et vicié par des exhalaisons animales, en devient aisément le véhicule.*

Ainsi, quelque origine que l'on donne à la fièvre jaune ; qu'elle se développe spontanément par des causes locales ; qu'elle soit importée d'un pays infecté, ou communiquée au débarquement d'un navire où la fièvre de mer avoit acquis une énergie extraordinaire ; qu'elle soit contagieuse de sa nature , ou qu'elle ne prenne ce caractère que dans un foyer circonscrit, que par l'intensité et la durée des causes qui la produisent, de la même manière que la fiévre des prisons ; dans toutes ces hypothèses, ce sont les fumigations qui offrent le secours le plus puissant : c'est en attaquant directement les miasmes qui vicient l'air, en les décomposant par les gaz et les vapeurs acides, à mesure qu'ils se répandent, et prévenant par là leur accumulation, que l'on peut espérer d'en arrêter les terribles effets. Les faits que j'ai déjà rapportés ne permettent pas de douter que l'expérience ne soit ici d'accord avec les principes ; on en trouvera de nouvelles preuves dans la quatrième partie de ce Traité.

171. Je ne puis terminer cette discussion sans tirer au moins de ce qui précède quelques inductions relativement à la question proposée par le Collége suprême des médecins de Berlin : « *Peut-on admettre que la matière qui produit la fiévre jaune, s'attache à des corps inanimés et devient une partie inhérente de ces substances, sans perdre ses propriétés contagieuses, et en état de communiquer cette maladie ?* » Pour sentir toute l'importance de cette question, il suffit de considérer que son indécision laisse les gouvernemens dans la pénible alternative ou d'entraver les opérations commerciales par des formalités, des prohi-

bitions inutiles, ou d'accorder l'entrée à des marchandises infectées du venin propagateur de ce fléau.

Pour porter un jugement sûr, d'après les faits qui nous sont connus, ce n'est pas assez d'écarter ceux que l'on peut considérer comme isolés ou négatifs, dont la contradiction apparente trouve souvent une explication satisfaisante dans les dispositions différentes des sujets, à raison de leur constitution individuelle, de la résistance acquise par l'habitude, ou d'une longue impression de l'intempérie du climat; on doit encore exclure ceux qui prouvent trop, et par cela même sont en opposition avec le principe admis : tels sont ceux rapportés par MM. Devèse et Valentin, dont il faudroit conclure que, dans le foyer même de cette fièvre, les lits, les vêtemens même de ceux qui en sont morts ne peuvent la communiquer ni à l'homme sain, ni à celui qui est traité dans le même hôpital pour une autre maladie.

Les relations d'une invasion subite à une époque déterminée, avec l'indication précise de l'arrivée de tel navire, du débarquement de telles marchandises, de la marche de l'épidémie de proche en proche, semblent, au premier aspect, pouvoir fournir quelques lumières; mais quand ces relations seroient appuyées de témoignages univoques; quand elles offriroient la description de l'état antérieur des lieux sous le rapport de la salubrité, ainsi que le desiroit M. Hallé à l'occasion de la lettre de M. Thiébaut sur la maladie de Livourne, il en résulteroit à peine quelques probabilités pour la résolution de la question présente, parce que la communication d'homme à homme a dû nécessairement avoir lieu avant le déplacement et l'attouchement des marchandises; et que l'on ne doute plus que l'individu atteint de cette maladie ne puisse la communiquer à l'homme sain. Ce ne seroit que dans le cas où il seroit authentiquement constaté que, sans aucune cause locale prédisposante, cette fièvre se seroit déclarée à l'ouverture de ballots chargés au loin, apportés par un navire dont l'équipage auroit été en pleine santé dans toute la traversée, que l'on pourroit en inférer qu'il y a eu importation du levain morbifique par des corps inanimés : c'est une donnée qui nous manque et dont il sera peut-être difficile de réunir, de longtemps, toutes les conditions.

172. S'il falloit prendre un parti, sans attendre le résultat du concours ouvert par le Collége

des médecins de Berlin (*), je ne prendrois pour bases que les points sur lesquels il n'y a pas réellement divergence d'opinions, et qui peuvent être résumés comme il suit :

La fièvre jaune, qui se rapproche de la peste par quelques symptômes, par la rapidité de sa marche et l'étendue de ses ravages (**), en diffère en ce qu'elle n'a point, comme elle, un virus fixe et spécifique. Elle a son principe dans un air vicié par des émanations putrides ; elle peut naître spontanément par l'accumulation de ces miasmes, quand la chaleur du climat et son insalubrité en favorisent le développement. L'air, qui en est chargé, à un certain point, la communique immédiatement, quelquefois même aux acclimatés : cet air a une odeur fé-

------

(*) Les expériences exigées par le programme seront autres sans doute que celles du D^r. Cathrall, rapportées par M. Valentin. Il a analysé la *matière noire* rendue par le vomissement ; il y a reconnu un acide dont il n'a pu déterminer la nature ; il en a donné à des animaux dont la santé n'a pas été altérée. Que conclure de là ? Si cette excrétion est le résidu extrême de la putréfaction, elle cesse d'en être le levain. On sait d'ailleurs que les chiens mangent impunément du pain imprégné du venin de la vipère.

(**) *Voyez* les Recherches historiques, etc. de M. Dalmas, pag. 60 et suiv.

tide; cette odeur s'attache aux vêtemens, qui en sont fortement imprégnés (*); elle dure jusqu'à ce qu'une quantité suffisante d'air nouveau ait repris et dispersé ce que l'air vicié y avoit déposé. Cette maladie n'est pas essentiellement contagieuse; elle le devient facilement, dans une certaine étendue, par la complication de la fiévre des prisons.

Jusque là, rien ne fait soupçonner l'existence d'un germe, qui peut rester longtemps à l'écart sans exercer aucune action à la plus petite distance; qui n'attend qu'un déplacement fortuit, une température favorable, ou quelques causes excitantes, pour se développer. Les exemples que l'on cite d'étrangers arrivans, de réfugiés qui ont été atteints à leur rentrée dans des villes où la maladie avoit entiérement cessé (**), ne prouvent qu'une grande disposition à recevoir l'impression d'un reste d'infection, qui ne pouvoit plus affecter ceux des habitans qui, à l'époque de ses plus grands désastres, avoient acquis, par l'habitude, le pouvoir de lui résister.

Mais il faut reconnoître en même temps que le miasme de la fiévre des prisons peut produire

---

(*) *Précis historique*, etc., par M. le professeur Berthe, page 57.

(**) *Ibid.* page 46.

de terribles effets, même hors de l'espace où
il est continuellement renouvelé. On sait que
des criminels, non malades, tirés d'une prison
où régnoit cette fiévre, pour être amenés dans
une salle de justice en Angleterre, la communiquèrent aux juges et à un grand nombre des
assistans, par leurs habits imprégnés de ces
miasmes. J. Lind, qui rapporte ce fait, est allé
sans doute beaucoup trop loin, lorsqu'il a dit
que le corps nu du malade communiqueroit
moins la contagion que les habits que l'on lui
auroit ôtés. Il est certain, au contraire, puisqu'il ne s'agit pas d'un virus fixe spécifique,
que l'exposition, pendant quelque temps, au
grand air, auroit suffi pour détruire l'infection
de la matière inanimée; tandis que l'atmosphère
infecte ne pourroit manquer de se renouveler
près du corps du malade.

Concluons que ce seroit se livrer à une im-
prudente sécurité que d'affranchir, dès à présent, de toute mesure de précaution, des marchandises arrivant de lieux suspects, et surtout
le transport des effets qui auroient été à l'usage
des malades. Mais si l'on peut, sans danger,
restreindre les prohibitions, abréger la durée des
épreuves sanitaires, comment se refuseroit-on
à délivrer le commerce de ces entraves ! Quelques heures de fumigations, par la combustion

du soufre, par le dégagement du gaz acide muriatique simple ou oxigéné, suivant les circonstances, donneront infailliblement une garantie plus sûre qu'un mois d'exposition à l'air libre, quelle que soit la nature du virus contagieux. Qu'est-ce que la dépense qu'elles occasionneroient en comparaison des avantages qui en résulteroient ? Il suffiroit de destiner des emplacemens convenables pour cette purification ; d'y faire une abondante fumigation avant que d'y transporter les marchandises, de la continuer pendant tout le temps que l'on procéderoit à l'ouverture des caisses, des ballots, etc.; de la répéter après qu'on en auroit tiré les matières susceptibles, pour les disposer à recevoir l'impression du gaz. J'abandonne ces vues à la sagesse des gouvernemens dont la sollicitude est éveillée sur cet objet.

173. L'examen de l'action des oxigénans et des acides minéraux sur les virus que l'on peut considérer comme spécifiques, ne m'arrêtera pas aussi longtemps. En supposant que quelques-uns soient dans un état de composition, ou, si l'on veut, d'aggrégation capable de rendre impuissantes les affinités même du gaz acide muriatique oxigéné, il est bien certain qu'après avoir corrigé l'infection de l'air, détruit les

effluves putrides dont il se trouveroit accidentellement chargé, et porté les fumigations sur
toutes les matières qui auroient pu en recevoir
l'impression, on ne seroit pas à l'abri de la contagion ; puisque le moindre des corpuscules
d'un virus de cette espèce, soit apporté par le
mouvement de l'air, soit déposé sur les murs,
les meubles, les vêtemens, deviendroit le germe
pernicieux de la maladie pour celui qui en seroit atteint. Heureusement les principes et les
observations repoussent également cette supposition.

Un levain quelconque de contagion n'est pas
un corps simple ; les substances de cette nature
ne peuvent ni se multiplier, ni se reproduire :
et comment douter de sa reproduction, quand
le pus d'un varioleux, le bubon d'un pestiféré,
donnent naissance à d'autres germes de même
espèce, capables d'infecter des milliers d'individus ? Mais, si c'est un composé dont les élémens ont été assemblés par l'organisation animale, il doit subir la loi commune à tous ses
produits, il est impossible qu'il résiste à la combustion ; et nous avons vu que tel étoit le résultat de l'action de l'oxigène et du gaz acide muriatique oxigéné, qui semble n'en retenir une
portion que pour la lancer en masse sur tous les
corps soumis à ses affinités, n°s. 115, 116 et 117.

Jusqu'ici, on n'a pu pénétrer le secret de la nature dans ces terribles compositions, n°. 60 ; car il faut compter pour rien ces idées vagues d'un phlogistique libre , d'un caustique essentiel , d'un sel volatil arsenical, d'un ferment alcalin , etc. , empruntées si arbitrairement pour les définir ; et nous ne devons pas regretter ces temps où l'émulation de créer au lieu d'observer, a enfanté tant de systêmes, qu'une logique sévère a fait rentrer dans les ténèbres. Mais quand l'analogie est frappante , il est permis de s'en aider , du moins pour essayer de rendre compréhensible ce qui excède tout ce que l'imagination peut ajouter à nos conceptions habituelles. En considérant le développement des virus contagieux , on est saisi d'étonnement qu'un atome, souvent invisible, puisse , avec tant de rapidité, porter le désordre dans toutes les fonctions de l'homme le mieux constitué. N'auroit-on pas éprouvé le même sentiment , en voyant ces inflammations sans feu , ces combustions sans chaleur , ces désorganisations subites, et tous les phénomènes qu'opère l'acide muriatique oxigéné , si l'on n'eût pas connu sa composition , avant d'en observer les effets ? Mais les chimistes, instruits par les procédés même de sa préparation, ne pouvoient demeurer incertains sur la cause de leur intensité : ils ont vu clairement que c'étoit à l'oxigène, à la fois condensé, et foiblement enchaîné, qu'appartenoit cette énergie extraordinaire.

Osons avancer à la lueur que jette ici la comparaison des causes et des effets : ce n'est pas non plus une matière inconnue, un élément nouveau qui imprime son caractère aux virus contagieux ; ce n'est aussi qu'un accroissement d'activité de l'un des principes simples que recèlent si abondamment toutes les substances animales. Ne demandons plus d'où peut venir cet accroissement ; il s'explique naturellement par cette règle familière, que les affinités sont d'autant plus puissantes, que les corps entre lesquels elles s'exercent sont plus libres ; la mesure nous en est donnée par un exemple non moins étonnant, dans la réunion des deux conditions simultanées de condensation et de foible union. Il est donc extrêmement probable que c'est l'azote condensé, et en même temps peu engagé, qui fait le principal caractère de tous les virus contagieux, qu'ils peuvent être rendus spécifiques par la nature et les proportions différentes des substances qui lui servent de véhicule ; mais que leur grande énergie est toujours la suite nécessaire de l'action de ce principe, dans cet état jusqu'à présent peu connu ; et, pour trancher le mot, qu'elle dépend d'une véritable *sur-azotation*, comme celle de l'acide muriatique de la sur-oxigénation.

Si de nouvelles recherches peuvent donner à cette explication le dernier degré d'évidence, comme on a le droit de l'espérer, d'après tout ce que nous connoissons déjà des résultats de l'analyse animale, des produits de la putréfaction, de la formation de l'ammoniaque et de la nitrification ; il ne manquera plus rien pour établir une théorie solide sur l'action victorieuse des oxigénans, dans tous les cas de contagion.

174. Essayons maintenant de fonder la même conclusion sur des observations directes : les faits parlent à un plus grand nombre, et les conséquences sont plus à la portée de l'intelligence commune.

Le *virus variolique* est un de ceux dont la contagion spécifique est le plus caractérisée : M. Cruickshank a essayé sur deux sujets l'inoculation d'une portion de ce virus, après l'avoir mêlé avec l'acide muriatique oxigéné, l'insertion n'a produit aucun effet; l'autre portion a communiqué l'éruption varioleuse (*). Il n'est pas possible d'acquérir une preuve plus convain-

---

(*) Annales de chimie, tome XXVIII, page 271.

cante que la propriété morbifique étoit radica-
ment détruite.

175. J'ai déjà fait remarquer que les observations pratiques ne laissoient aucun doute que
c'étoit l'oxigène des mercuriaux qui, en aban-
donnant ce métal, détruisoit la composition
du *virus syphilitique*, n°. 117. Le docteur
Swediaur en a réuni de nouvelles preuves à
celles déjà consignées dans les ouvrages de Bra-
savola, T. Bonet, Schenckius, Fallope, Fer-
nel, etc. (*). Cependant, on pouvoit désirer
encore une expérience du même genre que celle
que je viens de rapporter sur le pus varioleux;
elle lui a été fournie par M. Harrisson. Ce médecin prit de la matière d'un ulcère évidemment
syphilitique, il la mêla avec de l'oxide de mercure gommeux, il essaya d'inoculer la vérole
avec cette matière, *le résultat fut qu'il ne
s'ensuivit aucune infection;* tandis que la matière prise du même ulcère, sans mélange, produisit un ulcère et des symptomes véroliques.

176. L'*hydrophobie* est jusqu'à présent regardée comme incurable, quand le virus qui
lui est propre a pénétré dans la masse du sang.

____

(*) *Traité complet sur les Maladies syphilitiques*, etc.

En concluroit-on qu'il n'y a aucun agent capable de le détruire? C'est comme si l'on refusoit à l'eau la propriété d'éteindre le feu, parce qu'elle ne rétablit pas les maisons incendiées. L'auteur de la Dissertation couronnée, en 1783, par la Société royale de Médecine de Paris, a fait voir que ce virus pouvoit être attaqué avec succès, dans les plaies où il avoit été porté par la morsure des animaux enragés, avant que l'irritation nerveuse locale eût déterminé la fièvre rabifique. Il en a cherché le traitement d'après ce principe, que *le véritable contre-poison est le remède qui s'attache à la substance vénéneuse par les lois de l'affinité* (*); et quel est le spécifique qu'il indique, fondé sur des observations décisives? C'est l'un des plus puissans oxigénans, le muriate d'antimoine sublimé (beurre d'antimoine). On le trouve recommandé dans un ouvrage publié depuis par deux hommes de l'art qui avoient été à portée d'en suivre les effets (**). M. Fourcroy n'a pas hésité d'annoncer que l'acide muriatique oxigéné,

---

(*) Dissertation sur la Rage, par M. Le Roux, chirurgien-major de l'hôpital-général de Dijon , etc. page 19.

(**) Méthode de traiter les morsures des animaux enragés , etc. , par MM. Enaux et Chaussier. Dijon , 1785, page 39.

« qui porte avec l'oxigène dont il est surchargé, une action si promptement oxidante sur tous les mixtes combustibles, pourroit détruire le virus hydrophobique dans les plaies où il a été déposé (*) ».

Je puis me dispenser de revenir sur le *virus psorique*; ce que j'en ai dit, n°. 119, suffit pour démontrer qu'il est complétement détruit par l'action des oxigénans. Mais peut-on espérer que, dans le nombre de ces réactifs si puissans, il s'en trouve quelques-uns qui agissent aussi sur le *virus pestilentiel* proprement dit? Telle est la question importante que je vais examiner en terminant cette section.

177. On est porté à croire que le virus qui communique la peste, doit être le produit d'une composition bien solide, si l'on en juge par sa durée. Aux exemples que j'en ai déjà cités, d'après M. Pugnet, n°. 161, j'ajouterai ici les observations de Sydenham et Van-Swieten, dont il résulte qu'il peut rester un temps considérable dans l'inaction, sans perdre ses funestes propriétés. Suivant ce dernier, la peste de Vienne, de 1713, se déclara dans les mêmes maisons qui avoient été les premières infectées en 1677, et

____

(*) Annales de Chimie, tome XXVIII, page 271.

provenoit de la même matière purulente qui s'y étoit conservée pendant trente-six ans.

Quelques-uns ont pensé que toutes les pestes n'étoient pas de la même nature ; le Dr. Mauduit ne s'en est pas laissé imposer par l'autorité de Sydenham, qui s'est déclaré pour cette opinion ; il a vu, ainsi que le plus grand nombre des auteurs, dans l'histoire des pestes, depuis Thucydide jusqu'à nos jours, qu'elles avoient toutes la même origine, et produisoient les mêmes effets, sans autres différences que celles que l'on observoit dans les symptomes des pestiférés d'une même époque. Le résultat des profondes méditations de ce médecin, sur les moyens de combattre ce fléau, a été qu'il falloit tenter des expériences pour connoître, d'une manière certaine et positive, la nature de son venin, soit en l'inoculant à des animaux, soit par des mélanges du pus des pestiférés avec différentes substances (*).

Malheureusement ces expériences nous manquent encore ; et il faut convenir qu'elles sont aussi difficiles que périlleuses. Quoi qu'en aient dit les médecins de Marseille, il est encore très-

______

(*) *Expériences à tenter pour parvenir à déterminer la nature du venin pestilentiel*, etc. Journal de Physique, tome II, page 120.

douteux

douteux que les chiens, qui peuvent bien certainement apporter le principe de cette contagion, soient susceptibles de la recevoir, même par l'inoculation ; soit que cela vienne de la figure des pores absorbans, de la texture de la peau, comme l'a pensé Mauduit.; soit que cela tienne à un principe plus général, appuyé sur des exemples fréquens, et que le Dr. Samoïlowitz applique particuliérement à la peste; que les animaux d'une même espèce prennent, par contagion, des maladies qui n'agissent pas sur des animaux d'espèce différente.

178. L'épreuve du virus de la peste, soumis à l'action des anti-contagieux, ne pouvant être décisive qu'après qu'il auroit été inoculé sans effet, comme nous l'avons vu du pus variolique et du venin syphilitique; elle sera impossible, tant que l'on ne connoîtra aucun animal naturellement disposé à prendre cette maladie, et qui puisse servir de sujet pour de semblables essais ; car, personne n'osera proposer de risquer de donner à un homme une maladie aussi terrible. Les circonstances même dans lesquelles M. Samoïlowitz a pensé que l'insertion de ce virus pouvoit devenir un préservatif salutaire, ne pourroient justifier une pareille témérité, dès qu'elle

X

auroit un objet étranger à la conservation de l'individu.

Il faut observer encore que ce virus ne s'annonce par aucune sensation dont l'absence ou l'affoiblissement puisse faire juger des progrès de sa décomposition. S'il faisoit quelque impression sur les nerfs olfactifs, on seroit mal fondé à soutenir que cette contagion ne peut être apportée par l'air; et le grand nombre de témoignages les plus récens paroît avoir fixé sur ce point les opinions, n°s. 163 et suivans, Ainsi, nous ne pouvons pas même nous aider de l'odeur, de ce caractère qui accompagne constamment les émanations putrides, et dont nous avons vu les changemens devenir des indices certains de la destruction des corpuscules odorans.

179. Ce n'est pas que je veuille dissuader ceux qui en auroient les occasions, de tenter les expériences recommandées par le docteur Mauduit, ni prétendre que l'on ne puisse tirer aucune lumière du mélange du pus des pestiférés avec différens réactifs; mais quand on supposeroit que ces essais confirmassent l'opinion qu'il s'étoit formée de sa *nature alcaline*, en considérant que la peste étoit originaire des

pays chauds ; que les symptomes de cette maladie étoient semblables à ceux que les alcalis produisent sur l'économie animale ; que les remèdes qui avoient été employés avec le plus de succès, participoient de la nature acide ; que les cadavres de ceux qui y avoient succombé tomboient rapidement dans un état de corruption qui faisoit horreur même aux animaux carnassiers ; quand on auroit acquis la preuve que l'humeur qui s'écoule du bubon des pestiférés altère les coulenrs végétales, comme l'ammoniaque, et neutralise les acides, faudroit-il en conclure avec lui que l'acide est le spécifique de cette maladie, en lui appliquant la maxime : *contraria contrariis curantur ?* Non, sans doute, et le médecin, au niveau des connoissances chimiques, seroit encore en droit de demander si cette alcalescence n'est pas plutôt le résultat que le principe de l'action du virus contagieux. Les observations répandues dans les ouvrages de Pringle, de Haen, Gaber, Gardane, etc., avoient démontré, il y a longtemps, qu'à une certaine époque de la dégénérescence putride, toutes les substances animales donnoient des signes d'alcalescence, dans quelque état et de quelque manière qu'elles eussent cessé de faire partie du corps vivant.

180. S'il est vrai, comme le dit le docteur White, comme le suppose M. Smith, que la peste puisse être produite par une accumulation d'effluves putrides, n°s. 54 et suiv., la nature en est assez connue, puisqu'elle n'a, au moins dans l'origine, aucun levain spécifique qui la mette en état de résister aux agens ordinaires de leur décomposition. Ne dissimulons pas, néanmoins, que ce ne seroit encore que préjuger la question, et nous pouvons la résoudre par des faits plus avérés et des principes plus solides.

Quand on a brûlé les hardes d'un pestiféré, les meubles qui étoient à son usage, personne a-t-il jamais soupçonné que le virus dont ils étoient infectés pût se retrouver entier dans la cendre que laissent ces effets? On est forcé de convenir qu'il est détruit par la combustion. Mais, si c'est aussi un combustible soumis, comme tous les autres, aux affinités de l'oxigène de l'atmosphère, sur quel fondement pourroit-on imaginer qu'il résistera à l'oxigène condensé de nos anti-contagieux, qui opère si rapidement des combustions si étonnantes, qui est le corps le plus *brûlant* que nous connoissions dans la nature? Il ne s'agit donc que d'appliquer ici les définitions que j'ai précédemment établies, nᵒ. 173 ; c'est-à-dire, d'appeler les choses par leur véritable nom, pour prononcer, sans attendre d'inutiles essais, que le virus atteint par l'oxigène surabondant de l'acide muriatique sera tout aussi bien *brûlé* que par le feu entretenu à l'aide d'autres combustibles, et accompagné de la chaleur que laisse aller l'oxigène de l'air, en perdant la forme gazeuse. Cette théorie lumineuse est aujourd'hui généralement adoptée par tous les physiciens.

181. Je parlerai un autre langage à ceux à qui cette doctrine n'est pas familière, et je leur dirai : il n'est malheureusement que trop prouvé qu'une lettre, sortie des mains d'un homme infecté du venin pestilentiel, peut en apporter assez pour communiquer cette terrible maladie ; c'est pour cela qu'on n'en reçoit aucune des pays suspects qui n'ait été passée au vinaigre. Mais quand elle a subi cette opération, vous la touchez sans crainte, parce que vous avez la confiance que le virus qui pouvoit s'y être attaché a été détruit, nᵒ. 94. Je n'ai donc plus à chercher des preuves de la possibilité de cette destruction : vos habitudes, formées à l'exemple de tous les peuples, sont fondées sur ce principe, et en annoncent la conviction.

Comparez maintenant, et seulement dans

leurs effets sensibles, l'agent qui vous a donné cette sécurité, et ce puissant anti-contagieux que vous offre l'acide muriatique oxigéné. Là, c'est une liqueur placée au dernier rang des antiseptiques, qui ne produit sur nos sens que l'effet d'un léger stimulant, qui assaisonne plus qu'elle n'altère les substances savoureuses ; qui, portée sur les couleurs les moins fixes, les surcompose sans en séparer les élémens, et dont l'action, toujours lente, n'est efficace que sur les corps qu'elle baigne. Ici, c'est un fluide subtil qui, une fois dégagé de ses liens, s'élance de ses propres ailes, envahit subitement l'espace des plus vastes habitations, n'y laisse pas un point qu'il ne touche, ne touche rien qu'il ne s'approprie ; qui détruit radicalement les couleurs, les saveurs, les odeurs les plus virulentes ; qui allume spontanément les huiles, le soufre, les métaux (*) ; qui brise enfin le tissu de toute matière organisée, et dont l'être vivant ne peut recevoir la plus légère impression, sans qu'une sensation extraordinaire l'avertisse aussitôt de sa présence.

182. Voilà le grand instrument de désinfection que la Chimie moderne nous a fait con-

____

(*) *Voyez* Annales de Chimie, tome VI, page 249.

noître, qu'elle nous a appris à manier sans danger, et avec la certitude de n'en obtenir que des effets salutaires. Je ne crois pas qu'il puisse rester quelque doute que le venin pestilentiel, quelque part qu'il se trouve, sous quelque forme qu'il se déguise, sera réduit à l'état de matière inerte par l'énergie de son action, comme nous l'avons vu de tous les virus contagieux que l'on a pu soumettre à des essais, après leur avoir ainsi enlevé leur propriété malfaisante. Je me plais à répéter ici ces mots du Dr. Moreau de la Sarthe : *Il doit être essayé pour détruire les germes pestilentiels......... Il devroit être en usage dans les différens lazarets de l'Europe*, n°. 116.

Si l'on n'a pas perdu de vue ce que j'ai dit des avantages que l'on pouvoit d'ailleurs retirer de ce puissant oxigénant, soit pour prévenir les dispositions qui donnent accès à la contagion, soit pour remédier à la congestion d'émanations putrides, suite inévitable des grandes mortalités, et souvent le principe le plus opiniâtre de leur propagation ; on n'hésitera pas de conclure avec moi que, de tous les moyens employés et proposés jusqu'à ce jour pour se préserver de la peste, et pour arrêter ses ravages, aucun n'a jamais présenté d'aussi puissans motifs de confiance, et qu'il n'y a plus qu'une indolence stupide, ou une coupable indifférence pour les maux de l'humanité, qui puisse négliger d'en faire usage et d'en publier les succès.

183. J'appuierai encore cette conclusion par un examen rapide de quelques procédés employés et recommandés comme anti-pestilentiels, et dont je n'ai pas eu jusqu'ici occasion de parler.

On n'a jamais manqué de remèdes et de préservatifs contre la peste, dit le Dr. Wolff, mais il s'en faut qu'ils aient répondu aux promesses de leurs inventeurs. Le charlatanisme et la superstition ont souvent mis en crédit les recettes les plus absurdes. Il y a de ces prétendus préservatifs qu'il suffit de nommer pour les reléguer dans cette classe. Tels sont la *poudre de crapauds*; les *pilules chinoises*, que les Juifs vendent si cher aux Orientaux; le *bol d'amalgame d'or*, qui, semblable à un aimant, attire à lui hors du corps le venin pestilentiel; le *tabac* fumé et mâché, qui n'empêche pas, comme le remarque le docteur Wolff, que la peste ne prenne les Turcs, la pipe à la bouche; l'*ail*; la fameuse *essence de spruce*; la *belladona*, etc. etc. etc.

Je ne mettrai pas sur la même ligne les *frictions glaciales*, qui sont encore recommandées dans les écrits des plus savans médecins ; mais les bons effets que l'on en a obtenus dans le traitement de quelques pestiférés ne peuvent les faire considérer comme ayant la vertu de préserver.

Deux autres moyens ont particuliérement fixé l'attention des plus judicieux observateurs, comme promettant quelque succès ; les frictions d'huile et les cautères.

184. L'emploi de l'*huile* contre la peste, a été originairement suggéré par l'observation que dans les pestes les plus désastreuses de Tunis et de la Basse-Egypte, tous les porteurs d'huile en avoient été garantis. Il paroît que l'usage en est généralement adopté à Smyrne. On trouve dans la Notice que le D^r. Desgenettes fit répandre à ce sujet dans l'armée d'Egypte, plusieurs faits qui en constatent l'efficacité dans le traitement des pestiférés, et comme préservatif. Si la méthode qu'il décrit devoit être suivie dans les deux cas, il est difficile de croire que, dans les circonstances les plus alarmantes, on voulût s'y soumettre par pure précaution ; car il ne s'agit pas seulement d'oindre le corps entier avec de l'*huile d'olive tiéde*, il faut encore le frotter fortement........ ; si les sueurs ne sont pas assez abondantes, recommencer la friction jusqu'à ce

que le malade nage, pour ainsi dire, dans les sueurs..........; continuer les frictions plusieurs jours de suite......; tenir enfin le malade à un régime sévère, dont on ne se relâche que du 35e. au 40e. jour. A la vérité, on ne prescrit à ceux qui se dévouent au service de ces malades, que de s'oindre le corps d'huile, de ne pas négliger d'ailleurs les précautions reçues pour les vêtemens de toile cirée, les chaussures de bois, etc. Quelques faits assez authentiques confirment l'efficacité prophylactique de cette onction. Cependant, le Dr. Valentin pense que la question reste encore à résoudre; il puise les motifs de cette opinion dans la Notice même du savant professeur Desgenettes; il observe que rien n'a été déterminé avec précision......; que les expériences n'ont point été assez multipliées parmi ceux de l'armée que la peste a frappés. On conçoit aisément pourquoi ces expériences ont été si rares, quand les occasions de les faire étoient si nombreuses : la cause s'en trouve dans la nature même du remède et de la sujétion qu'il exige. La vertu préservative de l'huile, fût-elle invinciblement démontrée, il n'y auroit encore que ceux qui se croiroient très-près du danger, qui se résoudroient à une opération, si non répugnante, au moins très-désagréable, par la né-

cessité où elle les mettroit de changer leurs habitudes, d'interrompre leurs relations, de sus-
pendre leurs travaux, sans pouvoir juger combien de fois il faudra répéter ces onctions pour
être pleinement garanti, ni même combien de
temps chaque onction peut les rendre inacces-
sibles au venin. Je laisse à penser si l'on peut,
sous ce point de vue, en comparer les avantages
avec ceux que présentent les fumigations, la
facilité de les employer au premier soupçon,
la confiance de détruire le virus dans tout l'espace qu'elles remplissent, et d'augmenter, en
même temps, dans l'individu qui y est exposé,
la puissance de résister à son impression.

185. On a cru longtemps, d'après les écrits
de plusieurs médecins célèbres, que la contagion épargnoit les individus qui portoient des
cautères. En dernier lieu, le chirurgien en chef
de l'armée d'Egypte, M. Larrey, a recueilli
quelques observations favorables à cette opinion ; il a particuliérement remarqué que la
peste attaquoit rarement les blessés dont les
plaies étoient en pleine suppuration : mais le
fait rapporté par Samoïlowitz, de douze chirurgiens, sur quinze, morts de la peste à Moscow, quoiqu'ils portassent tous jusqu'à deux et
trois cautères, permet-il d'accorder une con-

fiance entière à ce moyen ? M. Pugnet, dans son Mémoire sur l'épidémie de Syrie, s'étonne que des officiers de santé de mérite paroissent encore croire à la prophylaxie des cautères, de la gale, etc. et distinguent seulement entre cautères anciens et cautères récens, gale nouvelle et gale invétérée. *Il m'est démontré*, dit ce médecin, *que les uns sont aussi insuffisans que les autres.*

L'application que l'on a voulu faire de ce moyen à la fiévre jaune, n'a pas donné des résultats plus rassurans. M. Valentin nous apprend que ceux qui portoient des vésicatoires, des cautères, ou des ulcères suppurans, n'ont pas été plus exempts que ceux qui n'en avoient pas. M. Dalmas s'est également convaincu de l'inutilité des exutoires : *C'est une erreur de croire qu'un cautère, un vésicatoire, même une gonorrhée, sont un préservatif.* Il porte le même jugement de la méthode de réaction que le docteur Rush de Philadelphie, avoit fait adopter, *fondée sur le principe qu'une grande irritation en fait cesser une moindre, et qu'une fluxion déterminée vers une partie, dégage toutes les autres ;* qui ordonnoit en conséquence des *frictions de mercure*, portées jusqu'à salivation. L'expérience a démenti les espérances qu'on en avoit conçues.

186. On voit dans une lettre de l'hospodar de Valachie, Constantin Ypsilanti, à M. de Carro, médecin à Vienne en Autriche, du 25 juillet 1804, insérée dans plusieurs de nos journaux, que, sur l'observation que quelques individus, précédemment soumis à la *vaccination*, n'avoient pas été atteints de la peste, on lui avoit proposé de l'employer pour combattre ce terrible fléau. Mais ce prince, trop éclairé pour ne pas réduire à leur juste valeur ces flatteuses espérances, annonce que le Dr. Walli lui a avoué, à son passage à Bucharest, *que ses essais avec le vaccin ne lui avoient rien appris*, et qu'il regarde l'établissement des lazarets comme ce qui a été fait jusqu'à ce jour de plus salutaire à cet égard.

M. de Carro, qui a eu une part directe à l'introduction et à la propagation de la vaccination dans le Levant et une grande partie de l'Asie, vient d'adresser lui-même aux auteurs du Journal de Paris (27 juillet 1805), une lettre dans laquelle il réclame contre l'opinion que l'on lui a attribuée, et qu'il n'a jamais eue, que la vaccination pouvoit préserver de la peste.

187. Quelques-uns ont recommandé de porter habituellement, en temps de peste, des *chemises soufrées*. Cette pratique s'est introduite

d'après le manuscrit d'un médecin, qui disoit en avoir fait usage avec succès pendant plusieurs années qu'il avoit passées parmi les pestiférés; c'est-à-dire, suivant le procédé indiqué par M. Valentin, des chemises trempées dans une décoction de parties égales de soufre et d'eau commune. On sait que le soufre pur ne contracte aucune union avec l'eau; ce seroit donc à quelques parcelles de soufre restées adhérentes au linge qu'il faudroit attribuer la vertu préservative qu'il auroit acquise dans cette immersion; et il n'y a, jusqu'à présent, aucune observation qui puisse faire soupçonner qu'il exerce seul quelque action sur la peau; ce n'est que dans les cas d'éruption, et lorsqu'il a été uni à la graisse, qu'il devient un topique efficace. Il est bien plus vraisemblable que, comme il falloit prendre le soufre dans le plus grand état de division, on n'employoit réellement que le soufre sublimé, ou ce qu'on appelle fleurs de soufre, qui tiennent toujours une portion d'acide formé pendant la sublimation. Alors les bons effets que l'on en auroit obtenus s'expliqueroient naturellement, ou, pour mieux dire, ne seroient plus que des résultats conformes à la théorie.

C'est une vérité à laquelle il me semble qu'on n'a pas fait encore assez d'attention, que depuis

Hippocrate, le soufre, qu'il appeloit déjà *anti-loïmique* (anti-pestilentiel), toutes les fois qu'il a été porté à l'état d'acide, ou brûlé seul, sans mélange, du moins, de ces parfums qui dénaturent le produit de sa combustion, a constamment détruit le virus de la peste. Pour en ajouter une dernière preuve, je citerai l'expérience rapportée par le D^r. A. Wolff, qui fut faite par des médecins russes, lors de la peste de Moscow, en 1771, qui me paroît la plus directe et la plus concluante que l'on puisse tenter en ce genre : *dix pelisses infectées furent exposées à une forte fumigation de soufre et de salpêtre réunis,* dix criminels, condamnés à mort, furent obligés de s'en vêtir ; *aucun de ces malheureux ne gagna la peste.*

188. Ainsi, l'application des principes les plus évidens, les résultats des expériences les plus décisives, les conséquences des observations, puisées dans les meilleures sources, concourent à établir que les progrès dans l'étude des sciences naturelles, ont mis à notre disposition, non seulement les moyens de rendre à l'air sa salubrité, de le purger des miasmes qui l'infectent, de nous armer contre leur funeste impression ; mais encore des agens assez puissans pour anéantir, dans les virus contagieux

les plus fixes., toute faculté de développement. Telles sont les propriétés de l'oxigène, des oxigénans, des fumigations acides, et surtout du gaz acide muriatique oxigéné. Il me reste à en indiquer le choix, à en diriger l'emploi, et à faire connoître les heureux résultats de leur application depuis la dernière édition de ce Traité.

QUATRIÈME PARTIE.

Indication des vrais préservatifs et anti-contagieux.

Nouvelles observations qui constatent leur efficacité.

Instruction sur la manière de s'en servir et d'en approprier l'usage aux différentes circonstances.

189. M'ÉTANT proposé d'apprécier, par la théorie et par les faits, toutes les méthodes de désinfection, employées ou recommandées jusqu'à ce jour, j'ai souvent été obligé d'entrer dans des détails qui ont pu faire perdre de vue la série des conséquences établies par ces discussions.

sions. C'est pour les rappeler que je crois devoir présenter ici une courte nomenclature des préservatifs et des anti-contagieux, sur lesquels il importe le plus de fixer son jugement, pour assigner à chacun le rang de puissance où il doit être placé, et le degré de confiance qu'il mérite.

190. LE FEU. Tous les composés produits de l'organisation végétale ou animale sont soumis à son action : la combustion détruit radicalement les virus les plus fixes. La seule élévation de température n'opère pas la désunion de leurs principes. Les *grands feux*, allumés en temps de peste, sont plus nuisibles qu'utiles. Cette opinion, déjà annoncée par Méad, se trouve aujourd'hui pleinement confirmée, n° 97.

191. L'AIR. Ce fluide ne décompose pas les germes morbifiques une fois formés ; il ne se charge pas de ceux qu'on appelle fixes. Il agit comme délayant sur ceux qui l'infectent. La purification par l'*exposition au grand air* ne s'opère qu'*à la longue*. Elle paroît résulter d'une vraie combustion lente, à la faveur du concours de la lumière, peut-être aussi des vicissitudes de sec et d'humide. N°s. 161 et 162.

192. L'EAU, froide ou chaude, employée en lavage, entraîne les molécules hétérogènes :

Y

ce qu'elle laisse, comme ce qu'elle emporte, n'est pas décomposé. L'eau dans laquelle on agite le gaz putride en prend et en conserve l'odeur, n°. 31. Le D^r. Crawford, dans la belle suite d'expériences qu'il a faites sur le virus cancéreux, sur le gaz fétide des chairs en putréfaction, a bien démontré que l'eau qui en étoit imprégnée, qui en retenoit une partie en dissolution, conservoit la même odeur et présentoit les mêmes phénomènes chimiques, jusqu'à ce qu'il eût opéré la décomposition de ce gaz par l'acide nitrique, ou par l'acide muriatique oxigéné; décomposition qui s'annonçoit par la précipitation d'une substance gélatineuse blanche : d'où il conclut que c'est précisément la partie soluble de ces effluves qui est la plus délétère (*). Le virus pestilentiel, plus fixe, ne communique point à l'eau de qualité sensible ; elle ne peut que le déplacer. On a remarqué que les lessives même n'avoient pas empêché que le linge ne communiquât le mal (**). Cependant, comme il y a une petite quantité de gaz oxigène en excès dans la portion d'air absorbée par l'eau, n°. 150, il ne seroit pas sans vraisem-

---

(*) *Transact. Philos.*, 1790, vol. LXXX.
(**) Papon, de la Peste, etc. tome 11, page 86.

blance qu'il exerçât une foible action , dont la continuité finiroit par détruire le venin.

193. La CHAUX. Dans son état concret, elle prévient la putréfaction des matières animales en les desséchant : unie à l'eau , elle les décompose; elle dégage l'ammoniaque de celles qui ont subi un commencement de putréfaction. Elle est utile pour absorber le gaz acide carbonique. L'air, chargé d'effluves putrides, n'en est pas complétement dépouillé en passant par l'*eau de chaux*, nᵒˢ. 34, 55 et 56. Mes expériences s'accordent, à cet égard, avec celles de M. Cruickshank , qui a constaté que la fétidité de la matière des ulcères étoit un peu changée, mais non détruite par l'eau de chaux (*).

194 Le VINAIGRE ordinaire ou acide acéteux. Il doit être compté au nombre des meilleurs désinfectans pour les corps qui peuvent y être plongés , ou qui sont susceptibles d'en recevoir des lotions abondantes. Il ne jouit pas d'ailleurs d'une assez grande expansibilité, soit spontanée, soit même à l'aide de la chaleur, pour qu'on puisse l'employer avec avantage dans l'appar-

____

(*) Annales de Chimie, tome XXIX , page 217.

tement le plus resserré, n°. 94. Le vinaigre,
jeté sur des corps ardens, ne donne, au lieu de
vapeurs acides, que du gaz hydrogène carboné.

195. L'ACIDE ACÉTIQUE, ou vinaigre radical.
Il ne s'élève guère plus, à la distillation, que le
vinaigre; mais son action sur les matières in-
fectes est plus rapide et plus puissante. L'odeur
vive et pénétrante qu'il répand, à toute température, change momentanément l'état de l'air en-
vironnant, et porte dans les organes de la respiration un stimulant utile, n°. 95. Un petit
flacon de cet acide est un préservatif commode
et peu coûteux, que ne doivent pas négliger ceux
qui sont obligés de fréquenter des lieux infectés
par des exhalaisons animales.

196. Le CHARBON. Il a la propriété d'enlever
l'odeur fétide aux viandes qui commencent à
s'altérer ; il se charge des matières extractives
végétales et animales ; il retient, à la filtration,
celles qui corrompent l'eau. On assure qu'il a
produit de bons effets, appliqué sur des ulcères
gangréneux. Il condense les gaz lorsqu'il a été
auparavant privé d'air et d'eau. Au reste, rien
ne prouve qu'il exerce une action sur l'atmosphère, à la plus petite distance, ni qu'il décompose les virus fixes.

197. L'ACIDE CARBONIQUE. On l'a placé parmi les anti-septiques, parce que la chair pourrie que l'on y plonge reprend de la couleur et de la consistance ; mais il ne fait qu'enlever la partie extérieure plus avancée. C'est ainsi qu'injecté sur des ulcères cancéreux, je l'ai vu détruire l'odeur insupportable qu'ils exhaloient. Quelques médecins, et particuliérement M. Devèze, l'ont employé comme médicament dans le traitement de la fiévre jaune ; mais il seroit difficile de concevoir qu'il pût arrêter les progrès de la putréfaction, dont il est lui-même un produit continuel et abondant.

198. LE SOUFRE. Son efficacité, comme topique préservatif, est très-incertaine. Brûlé seul, la vapeur qu'il produit est un des plus puissans anti-contagieux, n°. 187 : de cette manière, il est très-utile pour la désinfection des hardes et marchandises que l'on craint peu d'altérer. Il peut servir à purifier l'air stagnant dans les lieux resserrés et non couverts, comme les cours de prison, etc. n°. 99. Boerhaave pensoit même que la *fumée du soufre* pouvoit être employée pour détruire la contagion, jusque dans les chambres habitées, en la répandant assez modérément pour ne pas exciter une toux trop violente.

Si l'on mêle le soufre avec deux ou trois parties de nitre, la combustion est plus rapide; elle s'opère par l'oxigène de l'acide nitrique décomposé, comme dans la chambre de plomb du fabricant d'acide sulfurique.

199. L'ACIDE SULFUREUX et l'ACIDE SULFURIQUE. Tous les acides minéraux sont anti-septiques. Ceux qui se forment par l'oxigénation du soufre sembleroient devoir être placés en premier ordre ; cependant la seule manière de les employer comme desinfectans est celle que je viens d'indiquer. L'acide sulfureux en liqueur n'est pas assez expansible pour atteindre l'air putride, même à une très-petite distance, n°. 73 ; l'acide sulfurique est encore plus fixe ; il altère subitement les corps qu'il touche. On ne pourroit l'employer en lavage qu'extrêmement étendu. Le D^r. Crawford a observé que, lors même qu'il est concentré, il ne détruit pas aussi promptement l'odeur du gaz hépatique animal que les acides nitrique ou muriatique oxigéné (*).

─────────

(*) L'acide sulfurique a paru à M. Cruickshank augmenter plutôt que diminuer la fétidité du virus des ulcères (*An account*, etc. tome II , page 276). Ce fait pourroit induire en erreur, si je n'en donnois l'explication : le chimiste anglais n'opéroit pas sur le virus même, qui eût

L'acide sulfurique concret ou *fumant* seroit peut-être l'agent le plus énergique à raison de sa prodigieuse expansibilité (*). Il suffit de déboucher momentanément un flacon qui en tient douze à quinze grammes, pour remplir un vaste laboratoire d'épaisses fumées blanches ; mais ces vapeurs sont très-fuffocantes, et la préparation de cet acide seroit dispendieuse pour un usage journalier.

200. L'ACIDE NITRIQUE détruit bien sûrement les odeurs putrides et les miasmes contagieux. Il pourra arriver, qu'à raison de sa nature particulière, il soit par la suite reconnu plus efficace dans certaines circonstances, que les autres acides minéraux avec lesquels il partage la propriété désinfectante, ou du moins que l'acide muriatique simple ; par exemple, pour diminuer en même temps la malignité de la maladie, ainsi que plusieurs médecins assurent l'avoir

---

été infailliblement décomposé, mais sur sa dissolution aqueuse ; de sorte que la première action de l'acide se portant sur l'eau dissolvante, a pu momentanément concentrer et exalter la matière virulente.

(*) *Voyez* Diction. de Chimie de l'Encyclop. méthod., tome I , page 383.

observé à la suite de ces sortes de fumigations. En attendant que la comparaison des effets, d'après des rapports multipliés, ait établi à cet égard quelque différence, les vapeurs d'acide nitrique doivent être regardées comme un des meilleurs préservatifs, un des plus précieux agens de désinfection. Ces vapeurs peuvent être dégagées par l'acide sulfurique *à chaud* et *à froid*. Le premier procédé est celui qu'a employé le D[r]. Smith, n°. 18; il en produit en plus grande quantité; elles sont, surtout dans les premiers instans, plus disposées à s'élever et à se répandre; mais on a vu qu'il étoit difficile qu'il n'y eût pas en même temps quelques vapeurs rouges produites, pour peu que les matières fussent chargées d'impuretés, que la chaleur fût trop forte, que l'on augmentât les doses du mélange, ou même qu'il se trouvât quelque métal dans l'espace où elles devoient se condenser, n°. 104. En opérant *à froid*, ainsi que le prescrit M. Odier, on prévient la formation du gaz nitreux; les vapeurs qui se dégagent ne causent aucune incommodité aux assistans. Si leur condensation est trop prompte pour qu'elles puissent remplir un grand espace, on peut en assurer l'effet en multipliant les appareils. Cette fumigation sera surtout avantageuse dans les endroits resserrés et peu élevés. M. Queralto,

l'un des médecins envoyés, en 1800, à Séville,
n'avoit pu connoître les expériences de M. Odier;
ses propres observations le conduisirent sans
doute au même résultat, puisqu'il dit avoir communément opéré à froid , quoiqu'il fût fourni
d'appareils au bain de sable et de lampes fumigatoires. Par ce procédé, la décomposition étant
moins complète , la dépense sera un peu plus
considérable ; mais je ne puis que répéter à cet
égard ce que j'ai dit , en comparant le prix du
nitre avec celui du sel commun : il n'est pas
permis de supposer que l'on veuille marchander
la conservation des hommes.

201 L'ACIDE MURIATIQUE corrige également
l'infection et détruit les miasmes contagieux. Il
présente ici de grands avantages, à raison de son
expansibilité, parce que la première condition
est d'atteindre la matière sur laquelle on veut
opérer quelque changement. Depuis le premier
essai que j'en ai fait, en 1773, il a produit les
plus heureux effets. On verra bientôt que la manière de l'employer est simple , peu coûteuse ;
qu'elle n'exige que la chaleur que produit le
mélange; en un mot, qu'elle n'est réellement
susceptible d'aucune erreur de manipulation.

202 L'ACIDE MURIATIQUE OXIGÉNÉ. Un peu

d'oxide noir de manganèse, ajouté au sel commun, donne un acide gazeux encore plus pénétrant, qui, sans prendre la forme visible de vapeurs, se porte au loin, s'insinue partout et exerce sur tous les composés animaux une forte action désorganisatrice. Il est à la fois le désinfectant le plus efficace, le préservatif le plus sûr, l'anti-contagieux par excellence. Préparé par le mélange des acides nitrique et muriatique, il peut être renfermé dans des appareils commodes, pour être toujours prêt à servir au besoin.

203. LE MURIATE SUROXIGÉNÉ DE POTASSE. M. Palloni nous apprend qu'il a été employé avec succès par Garnet et Currie dans le traitement des maladies putrides. Ce sel n'étant connu que depuis peu de temps, il n'est pas étonnant que l'on ne l'ait pas encore essayé comme anti-contagieux. Sa grande inflammabilité ne permet pas de le mettre en contact avec des substances animales dans l'état concret; mais il se dissout facilement dans environ vingt parties d'eau, à la température moyenne. Lorsqu'on fait attention qu'il tient un tiers de son poids d'oxigène, on peut raisonnablement présumer que sa dissolution étendue remplaceroit très-avantageusement les lessives en usage pour désinfecter

les hardes , les chemises soufrées et autres topiques très-légérement réputés anti-pestilentiels.

204. Le muriate suroxigéné d'étain , ou liqueur fumante de Libavius. Ce sel, qui fournit spontanément des vapeurs très-expansibles, doit être placé au nombre des substances les plus capables d'opérer radicalement la désinfection de l'air. Vicq-d'Azyr le proposa en 1780 , pour se préserver du danger des exhumations ; ce qui fait d'autant plus d'honneur à la sagacité de ce médecin , que c'étoit alors deviner à la fois et la vraie nature de ce sel, et l'action des oxigénans sur les miasmes putrides (*). Après avoir recommandé surtout les fumigations acides , suivant mon procédé , il ajoute : *on pourroit employer dans les mêmes vues la liqueur fumante de Libavius.*

Cette substance saline , à laquelle les auteurs de la Nomenclature chimique , fidèles à leur plan de ne marcher qu'avec les faits , n'osoient encore donner, en 1787 , que le nom de muriate d'étain fumant , est présentement bien

____

(*) Rapport sur plusieurs questions proposées à la Société Royale de Médecine , sur les précautions à prendre pour la fouille des caveaux destinés aux sépultures , dans une église de l'île de Malte, etc. page 36.

connue. M. Adet, dans un Mémoire lu à l'Académie des Sciences, en 1788, a démontré que
c'étoit une combinaison de l'étain avec l'acide
muriatique oxigéné, dans le plus haut degré de
concentration (*); et les expériences de Pelletier
en ont fourni de nouvelles preuves (**).

Telle est la propriété de ce sel liquide, qu'il
n'est pas possible de déboucher un flacon qui
en contient, sans que tous les assistans ne soient
aussitôt affectés de vapeurs irritantes qui se répandent spontanément dans l'air, et dont les effets se
manifestent immédiatement par la toux. Je ne
parlerai pas ici de sa préparation, elle est connue de tous les pharmaciens; et ceux qui voudront en faire usage comme désinfectant, s'en
procureront facilement, sans être obligés de
faire eux-mêmes des opérations laborieuses,
qui seroient absolument sans fruit pour leur
objet; puisqu'il leur suffira d'en laisser dégager
momentanément quelques vapeurs, pour en recevoir l'impression stimulante, et agir en même
temps sur les miasmes contagieux répandus dans
l'air. Je dois seulement les prévenir que cette
liqueur doit être tenue dans des flacons qui bou-

____

(*) *Voyez* Annales de Chimie, tome 1, page 5.
(**) Mémoires de Chimie de B. Pelletier, tome 11,
page 388.

cheât bien, et qu'il arrive souvent qu'elle fait adhérer les bouchons au point qu'il faut casser les goulots. Cet inconvénient fera préférer, sans doute, les préservatifs plus aisés à manier, et produisant aussi des sensations moins violentes : mais il ne faut pas perdre de vue que ces qualités sont les signes d'une plus grande énergie; qu'il est des cas, comme dans la contagion pestilentielle, où elle ne peut être portée à un trop haut degré, où l'on auroit à se reprocher une circonspection timide dans les essais, pour chercher des remèdes à des maux qui n'en ont point de connus.

Nouvelles observations de l'efficacité des fumigations d'acides minéraux.

205. C'est surtout depuis la seconde édition de ce Traité, que j'ai eu la satisfaction de voir la pratique de ces procédés devenir chaque jour plus générale. A mesure que les observations de leurs heureux effets me sont parvenues, je me suis empressé de les publier, pour décider par les faits ceux que les principes n'auroient pu convaincre. Je me bornerai à rappeler ici sommairement celles qui ont déjà été imprimées dans d'autres ouvrages. Je rapporterai avec plus de détails celles qui reçoivent un plus grand

intérêt de la gravité des circonstances , de l'authenticité des témoignages , ou des nouvelles applications qu'elles présentent.

Les maladies pour lesquelles le besoin de détruire les miasmes putrides se fait sentir presque continuellement , sont la *fiévre d'hôpital*, celles dites des *prisons* , *des camps* , *des gens de mer* et *des marais* , qui prennent naissance de l'air chargé d'exhalaisons délétères , dont le foyer , une fois établi , s'étend de proche en proche , et qui finissent par envelopper dans leurs ravages tous ceux qui sont à portée d'en recevoir la funeste impression , si l'on ne se hâte d'en tarir la source.

206. J'ai déjà eu occasion de parler de la manière dont M. Fleury avoit pratiqué les fumigations d'acide muriatique oxigéné dans l'hôpital de Cherbourg, n°. 113. Les salles y étoient remplies de prisonniers arrivant d'Angleterre , après la paix d'Amiens; « plusieurs , dit ce médecin , avoient des *ulcères*, dits *d'hôpital* , auxquels une chirurgie médicale opposa en vain tous les moyens curatifs connus. Les fumigations d'acide muriatique oxigéné , *usitées habituellement pour l'amélioration de l'air* , furent particuliérement dirigées sur ces ulcères, et bientôt la contagion , qui donnoit à d'autres

ulcères et à des plaies récentes le même caractère, s'arrêta; et j'eus la satisfaction de voir
graduellement s'opérer des guérisons que j'avois tentées en vain jusqu'alors (*) ».

Le D^r. Desgenettes, l'un des inspecteurs généraux du service de santé des armées, a introduit la pratique des mêmes procédés dans les
hôpitaux militaires. Le rapport qu'il communiqua à ce sujet à la première classe de l'Institut national, le 1er. juillet 1804, annonçoit
que les fumigations d'acide muriatique oxigéné,
opérées suivant ma méthode, dans la totalité
des salles de malades et magasins de celui de
Paris, formant une capacité de 26781 mètres
cubes (776640 pieds cubes), n'avoient occasionné que la modique dépense de 3 francs
78 centimes (**).

Ces fumigations, continuées pendant toute
l'année suivante dans le même hôpital, ont
donné lieu à des observations que M. Desgenettes a cru également devoir communiquer
à l'Institut, le 1er. juillet dernier, non seulement sur la salubrité qu'elles ont procurée,
mais encore sur leur influence dans la guérison

(*) *Essai sur la Dyssenterie*, etc. présenté à l'Ecole de
Médecine de Paris, le 6 janvier 1803.

(**) *Voyez* Moniteur du 11 août 1804.

où la prophilactique des maladies. J'ai déjà annoncé que l'extrait de ce second rapport seroit inséré à la fin de ce volume (note 13).

Les mêmes procédés sont pratiqués réguliérement à l'hospice de la Maternité sous la direction du médecin en chef, M. le professeur Chaussier. Des appareils permanens de désinfection, dont on trouvera dans la suite la description, ont été établis dans les autres hospices, par les soins des administrateurs. Leur usage se répand de jour en jour dans les départemens : on ne peut douter qu'il ne devienne bientôt familier, même aux gens de service de ces établissemens. Ce sera l'effet naturel de la multiplicité des exemples, de l'autorité des suffrages (*), des lumières que portent sur cet objet les savans professeurs de l'Ecole de Médecine de Paris, dans leurs tournées annuelles pour la réception des pharmaciens (**), et sur-

---

(*) Voyez *Code pharmaceutique à l'usage des hospices civils*, etc. rédigé par M. Parmentier, publié par ordre du ministre de l'intérieur, ensuite du rapport de l'Ecole de Médecine.

(**) Voyez *Annales de Chimie*, tome LI, pages 318 et suiv., le programme arrêté par le jury médical du département de la Niévre, présidé par M. le professeur Chaussier.

tout

tout de la lettre de S. Exc. le ministre de l'intérieur à MM. les préfets des départemens, du 20 janvier dernier, qui leur recommande, dans les termes les plus pressans, de prendre tous les moyens de propager une découverte aussi précieuse pour l'humanité (15).

M. *Schéel*, l'un des rédacteurs du Journal du Nord, pour la physique et la médecine, a annoncé que dans l'hospice des Enfans-Trouvés, dont il est médecin, les fumigations d'acide muriatique oxigéné étoient employées *sans la moindre incommodité pour les enfans et les nourrices* (*).

J'ai été informé par la correspondance de M. *Harles*, professeur à l'Université d'Erlang, auteur d'un ouvrage présenté au roi de Prusse, sur le danger de la propagation de la fièvre jaune, que le Journal de Médecine pratique de M. Hufeland venoit de publier les heureux résultats de quelques expériences de ces fumigations dans les hôpitaux de Vienne et de Berlin.

Le professeur *Pfaff* de Kiel, le D^r. *Luiscius* de Delft, en publiant la traduction de ce Traité en Allemagne et en Hollande, ont formellement exprimé le vœu que l'autorité publique

---

(*) *Voyez* Annales de Chimie, tome LI, page 325.

Z.

intervînt pour diriger l'application de cette méthode et parvenir à la rendre populaire (*). Le dernier m'assuroit encore, par sa lettre du 5 juin dernier, « que depuis qu'il faisoit usage de ces fumigations dans sa pratique très-étendue, jamais la fiévre catarrale maligne, si fréquente dans ce pays, et qui, sans cela, faisoit presque toujours des progrès dans la même famille, ne s'étoit communiquée ».

Enfin, M. le baron de Wink, président de la Chambre royale de Munster, écrivoit, le 16 mars, à M. le D^r. Friedlaonder, que le Directoire général à Berlin, à qui il avoit envoyé *deux machines guytoniennes*, « en avoit fait faire un grand nombre, et donné des ordres rigoureux à toutes les Chambres du pays, de les faire établir dans tous les hôpitaux, maisons de force, prisons, etc. etc. (**) ».

207. Ce qui s'est passé l'année dernière à Coutances est un nouvel exemple bien frappant de l'efficacité de ces moyens pour faire cesser les ravages de la *fiévre des prisons*.

« Sur vingt-huit prisonniers, dix-huit avoient été attaqués, dans la même semaine, quelques-

---

(*) *Annales de Chimie*, tome XLVI, page 106.
(**) *Moniteur* du 19 avril 1805.

uns avec une telle violence, que les médecins jugèrent le mal supérieur aux ressources de l'art..... La même maladie s'étoit manifestée dans des maisons voisines de la prison..... Quelques personnes, guidées par le préjugé populaire, avoient conseillé de purifier l'air par la vapeur du vinaigre et par l'odeur des graines de genièvre brûlées ; on suivoit leur conseil et la maladie ne perdoit rien de sa malignité. M. Costaz, préfet du département de la Manche, se transporta à Coutances, ordonna la suppression des fumigations de genièvre et de vinaigre....., fit exécuter en sa présence, dans chaque chambre, le *procédé guytonien*, et donna ordre de répéter cette opération tous les jours, le matin et le soir. *Ces précautions ont arrêté le mal comme par enchantement* (*) ».

Dans les mêmes prisons de Dijon, où avoit été faite, en 1773, la seconde épreuve authentique de ce procédé, n°. 6, la même fièvre fut apportée, en avril 1804, par des individus qui en étoient atteints, dont plusieurs avoient succombé avant d'y arriver ; deux concierges en avoient été victimes dans l'espace d'un mois;

(*) *Moniteur* du 12 août 1804.

elle fut aussi heureusement arrêtée par les fumigations d'acides minéraux (*).

M. Duboscq de la Roberdière, dans son Histoire de l'Epidémie scarlatine qui a régné à Vire en 1800 et 1801, après avoir indiqué le procédé le plus simple pour dégager l'acide muriatique oxigéné, en employant le sel, l'oxide de manganèse et l'acide sulfurique, ajoute : « J'ai suivi dernièrement ce procédé pour désinfecter l'air de la maison d'arrêt de Vire, dans laquelle plusieurs individus avoient été atteints de la fièvre putride des prisons, et je puis affirmer que cette désinfection a eu un succès complet........ J'ai éprouvé maintes fois, depuis plusieurs années, l'heureux effet de cette méthode dans les maisons particulières infectées par des maladies contagieuses (**) ».

208. En 1802, la frégate danoise *Frédérik-Stein*, surchargée d'hommes destinés à compléter la garnison de Sainte-Croix, fit une heureuse épreuve des fumigations d'acide muriatique oxigéné ; l'équipage jouit d'une santé par-

---

(*) *Journal de la Côte-d'Or*, du 21 novembre 1804.

(**) *Recherches sur la Scarlatine angineuse*, etc. chap. 6, §. 4.

faite pendant tout le trajet aux Indes occidentales. Le célèbre constructeur et capitaine de
vaisseau, Holenberg de Copenhague, a rapporté que les fers n'avoient pas été endommagés
par les vapeurs de l'acide (*). Toutes les puissances qui ont des ports, ont donné récemment
des ordres, pour qu'on en fît usage à bord des
bâtimens qui y entrent. La pratique en est expressément recommandée sur les vaisseaux de
la marine impériale.

209. Dans les cas d'*épidémies*, on a également
ment reconnu les avantages de cette méthode.
Elle fut appliquée en 1803, sous la direction
de MM. Vetringe-Coulon et Bechstein, au traitement d'une fièvre qui désoloit l'île d'Ameland;
*la maladie perdit journellement ses carac-
tères les plus fâcheux de malignité et de
contagion* (**).

« Dernièrement encore, dit M. Harles, dans
sa lettre du 28 décembre 1804, j'ai éprouvé
avec grand succès la puissance des vapeurs de
l'acide muriatique dans des fièvres malignes
contagieuses de la nature du typhus ».

M. Hippeau, médecin à Chizé, département

____

(*) *Annales de Chimie*, tome LI, page 324.
(**) *Moniteur* du 12 janvier 1804.

des Deux-Sèvres, s'exprime ainsi dans ses Remarques sur l'épidémie dyssentérique qui y a
régné dans l'automne de 1804 : « De toutes les
maisons de mon quartier, la mienne est la seule
qui ait été exempte de l'influence épidémique ;
je crois le devoir aux fumigations d'acide muriatique que j'ai faites dans tous les appartemens , à plusieurs fois différentes , selon le procédé de Guyton-Morveau (*) ».

Le D^r. Montfalcon a employé, avec un égal
avantage, les fumigations nitriques dans le département du Léman , non seulement pour arrêter la contagion, mais encore pour la guérison des ulcères gangréneux , suite de l'épidémie qui y régnoit (**).

Je citerai encore l'article suivant , inséré dans
plusieurs de nos journaux , du mois de février
dernier : « Une épidémie meurtrière régnoit à
Celsouet, département de la Manche.... ; elle
vient de cesser , et c'est principalement aux fumigations acides qu'on en est redevable ; depuis qu'on en a fait usage, il n'a péri qu'un seul
individu ».

210. On ne peut nommer la *fièvre jaune* sans

(*) *Journal de Médecine* , etc. tome x , page 186.
(**) *Biblioth. Britannique* , octobre 1802.

rappeler les terribles désastres qu'elle a tout récemment produits, et sans exciter un vif intérêt à connoître l'effet des moyens employés pour combattre ce fléau. Mais, avant d'exposer les résultats décisifs des dernières épreuves des fumigations d'acides minéraux, qu'il me soit permis de déplorer encore une fois l'insouciance des chefs, dont elles devoient faire la sûreté, la négligence de ceux qui en étoient chargés, la manière mesquine et incomplète dont elles ont le plus souvent été exécutées. Le général Rochambeau écrivoit du Port-au-Prince, le 30 avril 1803, à M. le sénateur Aboville : *je n'ai jamais eu connoissance du procédé de Guyton-Morveau contre l'insalubrité.* Ceux qui commandent les armées, quand ils pourroient oublier que leur santé est le principe de leur force, se croient-ils donc eux-mêmes à l'abri des germes morbifiques qui infectent leurs camps? L'empereur Claude II n'a-t-il pas été une des premières victimes de la contagion qui détruisit tant de légions romaines en Thrace, l'an 270? Combien de fois cet exemple ne s'est-il pas renouvelé depuis!

Ce n'est pas, comme l'on voit, que l'emploi de ces moyens ait laissé quelque doute sur leur efficacité. Un capitaine de Dunkerque, arrivant de Saint-Domingue, a déclaré « qu'ayant fait usage des fumigations acides, il s'étoit préservé et avoit préservé tout son équipage de la maladie terrible qui a moissonné tant de Français dans cette colonie (*) ».

211. J'ai déjà fait remarquer, n°. 28, combien il étoit surprenant qu'après les succès des fumigations d'acides minéraux à Séville, en 1800, et le vœu formel des médecins, pour que la pratique en fût rendue familière, on eût laissé, en 1804, la même maladie faire, dans la même province, des milliers de victimes avant de recourir à ces puissans anti - contagieux. On sait seulement qu'ils furent mis en œuvre, avec des avantages marqués , dans quelques maisons particulières de Cadix , les premiers jours d'octobre (**); mais *malheureusement l'effet n'a pas pu être assez général, quoique l'usage en fût ordonné par le gouvernement et la Junte de santé :* ce sont les termes de la lettre de M. Desjobert, communiquée à l'Institut , le 19 novembre dernier, par M. Tenon.

Au mois de février suivant, époque à laquelle on n'étoit pas encore sans de justes sujets de crainte , parce que plusieurs des individus rentrés dans leurs foyers, avoient été atteints de la

---

(*) *Journal de Paris*, du 17 février 1805.
(**) *Ibid.* du 22 novembre 1804.

maladie, l'opinion sur les vrais préservatifs étoit autrement prononcée, à en juger par cet article, inséré dans les feuilles publiques : « La Junte de santé a ordonné dans l'Andalousie l'emploi du gaz acide muriatique oxigéné pour la purification des meubles, hardes et édifices. Si on étendoit cette mesure aux autres provinces où la maladie a régné, on ne doute pas que l'on ne pût bientôt rétablir les communications ».

212. La fièvre de Livourne n'a été bien jugée, dès son invasion, que par le D^r. Brignolles, qui fut une de ses victimes. On ne pensa à employer les procédés de désinfection, que lorsque le grand rassemblement occasionné par la procession de *Montenero*, en eut augmenté la violence ; et l'on voit par la lettre du D^r. Moricone à M. Nauche, du 13 décembre 1804, publiée dans plusieurs de nos journaux, que les fumigations suivant ma méthode ont été placées au nombre des moyens dont on pouvoit espérer le plus de succès.

213. La fièvre jaune a été vue pour la première fois en France, le 19 août 1802, à bord du vaisseau américain *Columbia of Providence*, entré dans le port de Marseille. On en trouve

la relation dans la correspondance du D^r. Se-gaud avec M. le professeur Fouquet (*), Plusieurs médecins la prirent d'abord pour une fiévre maligne ordinaire; mais, après une observation suivie des symptomes, et l'ouverture des cadavres, son identité avec la fiévre jaune d'Amérique et celle de l'Andalousie, fut unanimement reconnue. Ce jugement ne fut que trop confirmé par la nouvelle que l'on reçut, quelque temps après que ce bâtiment eut été obligé de remettre en mer, que de tout l'équipage, qui avoit été complété à Barcelone, il ne restoit, à son arrivée à la Providence, que le capitaine et deux matelots. *Il n'y auroit pas eu tant de victimes,* dit l'auteur, *si on avoit fait désinfecter le navire, comme je l'avois proposé.*

Cette fiévre a reparu dans le même lazaret en octobre 1804, avec des caractères de contagion encore plus alarmans : ce ne fut que le 17 février que les papiers publics annoncèrent en même temps son apparition et sa cessation par les fumigations d'acides minéraux, en ces termes : « Plusieurs observations recueillies sur les individus atteints de la fiévre jaune, dans le lazaret de Marseille, confirment, d'une manière

____

(*) Précis historique, etc. par le professeur Berthe, page 395.

éclatante , l'efficacité des fumigations d'acide muriatique , suivant la méthode de M. Guyton-Morveau. Tout navire venant d'Espagne ou d'Etrurie , et sur lequel la fiévre jaune étoit en activité , a été complétement désinfecté. La même méthode a préservé constamment les gardes qui ont eu soin des malades , à l'exception de ceux qui étoient entrés sur les navires avant qu'on eût pris aucune précaution ». On trouvera à la fin de ce Traité (16) l'extrait des procès-verbaux qui m'ont été communiqués , et dont les détails seront lus avec intérêt par ceux qui , placés dans les mêmes circonstances , voudroient y puiser à la fois des preuves de l'identité de la maladie et la description des procédés si heureusement employés pour s'opposer à sa propagation.

214. On a vu que tous ceux qui ont écrit sur les *épizooties* , ont regardé comme le premier objet de la sollicitude de l'autorité publique , la désinfection des étables , et indiqué, pour cet effet, les fumigations d'acides minéraux , n°s. 7 et 13. Cependant M. Rasori (c'est l'auteur de l'Histoire de la maladie de Gênes, dont j'ai parlé n°. 25) a cherché à répandre des doutes sur leur efficacité. La manière dont

il a été relevé par M. Junius Poggi (*) me dispenseroit de m'occuper ici d'une opinion qui n'a été visiblement émise que dans un esprit de controverse , si je n'avois à puiser dans l'écrit même de M. Rasori des faits dont tout homme de bonne foi tirera certainement une conséquence bien opposée à la sienne.

Une vache, renfermée dans une étable où on avoit laissé le cadavre du dernier animal mort de l'épizootie, y a passé quarante jours , pendant lesquels on faisoit réguliérement les fumigations d'acide muriatique oxigéné, et en est sortie en pleine santé. De soixante-deux bœufs , tous malades, dont huit presque mourans, placés dans deux étables où l'on pratiquoit les mêmes fumigations , cinquante-deux ont été parfaitement guéris , quoique communiquant avec les animaux infectés.

M. Poggi rapporte le fait suivant , d'après la relation du D^r. Blay : soixante bœufs avoient été amenés à Livourne pour l'approvisionnement de Mahon ; il en mourut trente-huit dans six jours : ce médecin fut appelé ; il proposa les fumigations acides quatre fois par jour ; les vingt-deux bœufs restant furent tous sauvés et envoyés à leur destination.

(*) *Annales de Chimie*, tome XLVIII, pages 43 et 186.

Le professeur Luiscius m'écrivit de Delft, au mois de juin dernier, que les fumigations acides avoient été reconnues avantageuses dans l'épizootie qui avoit régné sur les chevaux en Hollande.

Cette méthode est enseignée et pratiquée à l'Ecole vétérinaire d'Alfort; l'un des professeurs, M. Dupuy, a employé au dépôt de Vincennes les fumigations d'acide muriatique oxigéné, et a sauvé par ce moyen trois chevaux condamnés.

Enfin M. Trousset, médecin, professeur de chimie à Grenoble, informé par M. Vauquelin que j'étois occupé d'une nouvelle édition de ce Traité, vient de me faire remettre la note suivante : « Un propriétaire, à la Buisserate, ayant vu périr successivement dans son écurie vingt-huit bœufs ou vaches et quarante-deux moutons, et la mortalité continuer, quoiqu'il eût changé les fourrages, fait paver à neuf et blanchir l'écurie, commençoit à soupçonner que c'étoit l'effet du poison. M. Trousset, qu'il consulta, lui indiqua mes procédés de désinfection; on fit d'abord dans cette écurie, à deux jours différens, de grandes fumigations d'acide muriatique, à la dose de trois kilogrammes de sel marin et deux d'acide sulfurique; ensuite une troisième avec addition de cinq hectogrammes d'oxide de manganèse : depuis plus d'un an, cette écurie a été remplie d'animaux de toute espèce, aucun n'y a éprouvé de maladie ».

215. *Les salles dans lesquelles on élève les vers à soie* ont été heureusement désinfectées par le gaz acide muriatique oxigéné. On sait que l'air en est souvent vicié par des exhalaisons animales, surtout après la quatrième mue, au point d'en faire périr la plus grande partie et de communiquer à ceux qui les soignent les germes de maladies putrides. C'est à M. Paroletti, de l'Académie de Turin, que l'on doit la première idée de cette application. Il se détermina à en faire l'essai, en juin 1802, dans une salle où le mauvais état de ces insectes lui annonçoit la perte presque entière de la récolte qu'il en espéroit : après deux jours de fumigations, *la maladie disparut, les vers de cet atelier montérent heureusement et eurent un succès parfait.* L'année suivante, il eut occasion d'en faire une seconde épreuve sur quelques centaines de vers qui présentoient les mêmes symptomes de putridité ; on se borna à tenir ouvert près d'eux un de ces flacons portatifs, dont on trouvera dans la suite la description ; presque tous montèrent et donnèrent d'excellens cocons (*).

____

(*) Le Mémoire de M. Paroletti a été imprimé dans le

La même idée s'est présentée à M. l'abbé
Reyre, occupé depuis trente ans , dans le départe-
tement des Bouches-du-Rhône, à perfectionner
l'éducation des vers à soie, et surtout à rechercher
les moyens de les garantir de cette terrible maladie, que l'abbé Sauvage a nommée *la touffe.*
Il m'annonça , le 25 juillet 1804, qu'il avoit
fondé les plus grandes espérances sur mes procédés de désinfection, et me fit quelques observations sur la construction des appareils qu'il
avoit fait venir de Paris. Son zèle pour l'amélioration de cette branche d'industrie, vient de
le déterminer à donner une troisième édition
de l'écrit qu'il avoit déjà publié sur ce sujet, à
la suite duquel il a fait imprimer ma réponse
et le Mémoire que lui a communiqué M. Paroletti. *Ces deux pièces , dit-il, serviront de
guide à ceux qui voudront faire usage de ce
moyen.*

216. Les auteurs de la Bibliothèque Econo-
mique ont inséré dans leur dernier volume l'article suivant, à la suite d'une notice de mes

---

septième cahier de la Bibliothèque Italienne. On en trouve
des extraits dans le tome L des Annales de Chimie, p. 107 ;
et dans le Bulletin de la Société Philomatique , tome III ,
pages 170 et 282.

procédés de désinfection : « On peut s'en servir utilement pour se débarrasser d'insectes incommodes. Le dégagement du gaz autour des lits et des meubles, fait tomber les punaises en asphyxie, et l'on nous assure que des habitans de l'Amérique sont parvenus, par ce moyen, à chasser de leurs chambres les moustiques et les maringuoins, qui sont un vrai fléau dans cette partie du globe ».

Plusieurs personnes m'ont effectivement rapporté qu'elles avoient employé avec succès le gaz acide muriatique oxigéné pour se délivrer des punaises. Il étoit difficile de croire que le même gaz qui fait vivre les autres animaux, pût faire périr ces insectes ; j'eus recours à une expérience directe, en en plaçant plusieurs sur un tamis, au dessous duquel j'avois ouvert un flacon désinfectant, et je vis qu'ils ne s'en portoient que mieux ; d'où il faut conclure que, si en pareil cas on en a obtenu de bons effets, ils sont dus à l'intensité des fumigations, qui, suivant l'ordre naturel des choses, a converti le remède en poison.

217. Ceux qui habitent des appartemens récemment peints, sont exposés à des accidens produits par l'oxide de plomb, et qui, suivant leur intensité, participent plus ou moins de la maladie

maladie connue sous le nom de *colique des peintres*. L'année dernière, à l'époque où le Tribunat prit possession de sa nouvelle salle, on me demanda si mes procédés de désinfection auroient la propriété de détruire l'odeur de la peinture, et de prévenir l'impression délétère qui, dans des circonstances semblables, avoit affecté un grand nombre de personnes. Je répondis qu'ils seroient de peu d'utilité dans des ateliers où la céruse seroit portée dans l'air par le mouvement de la pulvérisation à sec; mais que les molécules de cet oxide métallique, par lui-même très-fixe, ne pouvant être volatilisées qu'à la faveur de leur union avec l'huile ou le mucilage, il y avoit lieu de croire que le gaz acide muriatique oxigéné exerceroit sur ces excipiens une action capable de les approcher de l'état charbonneux, et de les forcer ainsi d'abandonner les molécules métalliques à leur pesanteur. Cette opération fut exécutée avec des doses proportionnées à la grandeur de l'espace; on la répéta pendant plusieurs jours: la saison étoit peu favorable, puisque c'étoit au commencement de janvier, cependant on s'est généralement accordé à en reconnoître les bons effets.

Dans le programme arrêté cette année par le jury médical du département de l'Indre, sous la présidence de M. le professeur Chaussier, commissaire du gouvernement, pour la réception d'un pharmacien, l'article du Manuel des procédés de désinfection, est terminé par cette phrase : « Ces fumigations seront également efficaces pour détruire l'odeur désagréable et souvent dangereuse que laissent dans nos appartemens, dans les chambres d'un vaisseau, les peintures faites avec l'huile et les oxides métalliques : en faisant, dans un appartement qui vient d'être peint, deux ou trois fumigations successives, on le privera, en peu de jours, de l'odeur qu'il auroit conservée plusieurs mois, si on l'eût abandonné à la seule action du temps ».

218 On a employé depuis quelque temps, avec avantage, les fumigations acides pour détruire l'odeur qui se répand dans les maisons lors de la vidange des fosses d'aisance. On va voir qu'il falloit que de nouveaux accidens graves fissent naître l'occasion de constater leur efficacité pour garantir les ouvriers du méphitisme de ces fosses.

Les belles expériences du professeur Chaussier avoient bien démontré que, de tous les poisons, le gaz hydrogène sulfuré étoit le plus prompt et le plus terrible ; que non seulement il tuoit sur le champ l'animal qui le respiroit, mais qu'introduit dans l'estomac, porté dans le tissu cellulaire, il déterminoit également la mort en quelques minutes ; enfin que son action délétère s'exerçoit même à la surface du corps et à travers la peau (*). Mais on n'avoit encore aucune preuve directe que la présence de ce gaz fût la cause de l'une des asphyxies les plus foudroyantes auxquelles les vidangeurs sont exposés. Les savantes et judicieuses recherches de M. Hallé sur la *mite* et le *plomb*, dont j'ai déjà parlé, n°. 94, imprimées en 1785, formoient à cet égard le dernier état de la science (**).

Il n'y a plus de doute maintenant que l'hydrogène sulfuré et l'hydrosulfure d'ammoniaque ne soient parties constituantes de ces gaz pernicieux, et que l'acide muriatique oxigéné n'ait la propriété d'en prévenir le danger, et même d'arracher à la mort les malheureux qui en ont ressenti les effets.

On en trouve les preuves dans le Mémoire lu à la Société de l'Ecole de médecine de Paris, le 2 mai dernier, par le docteur Dupuytren, sur les causes de la mort de trois ouvriers asphyxiés, le 15 avril précédent, dans une fosse

---

(*) Recueil périodique de la Société de Médecine, vendémiaire an XI.

(**) Bibliothèque Médicale, tome IX, pages 195 et suivantes.

d'aisance du quartier des Halles, qui avoit été vidée quatre jours auparavant, et où ils étoient descendus pour faire quelques réparations (*).

M. Dupuytren ayant pris lui-même plusieurs bouteilles de l'air de la fosse, s'est convaincu, par l'examen qu'il en a fait avec M. Thénart, professeur de chimie au Collége de France, qu'il contenoit du gaz ammoniacal, du gaz hydrogène sulfuré et de l'hydrosulfure d'ammoniaque. L'eau qui couvroit le fond de la fosse en étoit manifestement chargée. Il n'étoit pas difficile, après cela, d'assigner la vraie cause de ce triste événement. L'hydrogène sulfuré n'est pas seulement incapable de servir à la respiration, il agit comme le plus actif de tous les poisons.

En partant de ce point de fait bien avéré, et sachant d'ailleurs que l'hydrogène sulfuré et l'hydrosulfure d'ammoniaque sont radicalement décomposés par l'acide muriatique oxigéné, ils ont senti combien il seroit important de déterminer à quelle dose ces poisons sont redoutables aux animaux, et la quantité de gaz

----

(*) Ce Mémoire, rempli de détails instructifs sur la manière de désinfecter les fosses et de rappeler à la vie ceux qui y sont asphyxiés, est imprimé en entier, tome IX, page 10 de la Bibliothèque Médicale.

acide oxigéné nécessaire pour en détruire l'action.

Il résulte de leurs expériences que l'air, qui contient seulement un 800ᵉ. de gaz hydrogène sulfuré, tue les oiseaux et les chiens; que l'hydro-sulfure d'ammoniaque, quoique moins actif, produit les mêmes effets à la dose d'un 500ᵉ.; et qu'il faut employer le gaz acide muriatique oxigéné en quantité à peu près égale à celle de l'hydrogène sulfuré dont l'air est infecté, pour lui enlever ses qualités vénéneuses.

C'est en opérant en grand, dans la fosse même où les trois ouvriers avoient été asphyxiés, qu'ils ont surtout été à portée de juger l'action rapide de ce puissant désinfectant. *A peine les fumigations avec l'acide muriatique oxigéné furent commencées, que la fosse et la cave dans laquelle elle aboutit, et toutes celles avec lesquelles elle communique, se remplirent d'une vapeur blanche très-épaisse; en même temps l'odeur d'hydrogène sulfuré et d'ammoniaque disparut tout à coup.* Ces phénomènes ont ainsi rendu sensible ce que la théorie avoit annoncé : l'oxigène, dont l'acide étoit surchargé, a saisi l'hydrogène; le soufre isolé a été abandonné à sa pesanteur; l'ammo-niaque a été prise et neutralisée par l'acide muriatique ; il n'est rien resté de la composition gazeuse délétère.

MM. Dupuytren et Thénard ont porté plus loin ces expériences : d'après les vues de M. Thouret, ils ont entrepris de *poursuivre jusque dans les poumons des animaux le gaz hydrogène sulfuré pour l'y décomposer*. Des oiseaux qui périssoient constamment après avoir respiré de l'air tenant seulement un millième de gaz hydrogène sulfuré, furent rappelés à la vie en les plaçant avec célérité dans une cloche où l'on avoit introduit du gaz acide muriatique oxigéné. L'emploi de ce gaz n'a jamais manqué son effet sur les chiens : un épagneul, asphyxié par un 300e. de gaz hydrogène sulfuré, n'offroit plus aucun mouvement ; on lui plaça le nez à la vapeur de l'acide muriatique oxigéné, on lui fit respirer continuellement ce gaz très-foible ; *au bout de quelques heures, il étoit parfaitement revenu à la santé.*

Voilà donc encore une heureuse application de la propriété désinfectante de ce gaz, et il n'y a plus à chercher d'autre préservatif et d'autre secours contre les effets meurtriers de ce méphitisme, si commun dans les fosses d'aisance, où le soufre est abondamment porté par le sulfate de chaux et l'ardoise employés à la construction des bâtimens voisins.

219. Avant de terminer les observations sur l'efficacité des fumigations contre l'impression délétère de l'hydrogène sulfuré, je crois devoir proposer quelques vues nouvelles, qui ne sont que les conséquences des faits que je viens de rapporter.

Il arrive souvent que le poison le plus violent, au lieu de causer immédiatement la mort, ou des désordres qui en manifestent les propriétés, n'occasionne qu'un dépérissement progressif et des affections morbifiques, dont on ne peut pas même soupçonner la vraie cause. Le gaz hydrogène sulfuré nous en fournit un exemple dans la maladie des mineurs de Fresnes, près Valenciennes, qui porte dans le pays le nom de *maladie jaune*, à cause de la teinte qu'elle donne à la peau, et que M. le professeur Hallé appelle *anæmie*, parce que la privation de sang est un de ses principaux caractères (*). Il paroît qu'elle s'est déclarée, pour la première fois, en avril 1803, dans une galerie de la mine de houille, de 234 mètres de profondeur au-dessous du sol. Tous les ouvriers qui y ont travaillé ont été atteints de cette maladie, quel-

(*) *Voyez* Bibliothèque Médicale, tome VI, pag. 195 et 342; et tome VIII, page 297.

ques-uns, trois et quatre mois après que la galerie avoit été fermée. Quatre de ces ouvriers ont été envoyés à l'hospice de l'Ecole de médecine de Paris, et traités sous la direction de M. Hallé, qui, de tous les remèdes qui leur furent administrés, jugea l'usage interne des martiaux le plus convenable à leur état.

L'analyse de l'air de cette galerie, par M. Liégeart, professeur de chimie à Douay, y a démontré la présence de beaucoup de gaz acide carbonique et du gaz hydrogène sulfuré; l'eau qui y avoit été prise exhaloit fortement l'odeur de ce dernier. Si l'on rapproche de cet examen le jugement de la Société de Médecine sur la description des symptomes de cette maladie, dans lesquels elle crut apercevoir quelque analogie avec les suites chroniques de l'asphyxie, connue des vidangeurs sous le nom de *plomb*, on en conclura, avec les rédacteurs de la Bibliothèque Médicale, que c'est un *empoisonnement lent causé par le gaz hydrogène sulfuré*, affoibli sans doute; peut-être aussi modifié par son union avec d'autres substances.

La source du mal étant ainsi bien connue, pourquoi ne pas lui appliquer le préservatif dont l'efficacité ne peut plus être mise en doute? Il est très-probable que des fumigations d'acide muriatique oxigéné, pratiquées de temps en temps dans cette galerie, feroient cesser le danger, de manière qu'en y entretenant d'ailleurs un courant d'air par les procédés connus, les mineurs pourroient y reprendre leurs travaux.

INSTRUCTION

Sur la manière de se servir des préservatifs et anti-contagieux, et d'en approprier l'usage aux différentes circonstances.

220. LES procédés pour corriger l'insalubrité de l'air, pour détruire les miasmes contagieux et se garantir de leur impression, sont fondés sur les mêmes principes; mais on conçoit qu'ils doivent varier pour le choix des agens, les doses et les manipulations, suivant l'objet, les circonstances et les localités.

1°. Dans les cas de maladies qui menacent toute une population, qui, quelle qu'en soit l'origine, se propagent par le nombre des victimes, et finissent par devenir contagieuses, il faut, dès l'apparition des premiers symptomes, employer à la fois de grandes fumigations en vaisseaux ouverts dans les édifices publics, des fumigations journalières partout où il y a des malades, les appareils désinfectans dans les maisons particulières, brûler, la nuit, du soufre dans les passages étroits, jusque dans les cours où l'air est stagnant, n⁰⁵ 198 ; mettre les préservatifs dans toutes les mains : le salut général dépend de l'ensemble des précautions individuelles.

2°. Les grandes fumigations en vaisseaux ouverts sont encore indispensables, lorsqu'il s'agit de désinfecter des lieux fermés, non habités, ou momentanément évacués ; tels que les chambres des lazarets, les infirmeries, les salles d'hôpitaux, les bâtimens de mer, les prisons, les maisons de détention, les étables, les dépôts de meubles qui ont servi aux malades, les magasins de marchandises suspectes, les appartemens où quelques individus sont morts avec des symptomes de dissolution putride, les lieux où des matières animales ont été abandonnées à la putréfaction, les fosses d'aisance où il y a danger d'asphyxie par l'hydrogène sulfuré ; en un mot, partout où l'on doit se proposer d'opérer en quelques heures une purification complète, où l'intensité et la durée des fumigations ne peuvent être restreintes par aucune considération, où il y a plus à craindre de pécher par défaut que par excès.

3°. Dans les lieux habités où se renouvellent continuellement des exhalaisons putrides, que leur accumulation ne tarderoit pas à rendre contagieuses, il n'y a de sûreté qu'en pratiquant des fumigations périodiques, à doses réglées suivant l'espace, soit en vaisseaux ouverts, soit par le moyen des appareils permanens de désinfection. Des malheurs récens et des exemples d'un grand poids indiquent leur utilité dans les laboratoires d'anatomie.

4°. Lorsqu'il n'est question que d'entretenir la salubrité de l'air dans la chambre d'un malade, de ranimer les forces vitales par un léger stimulant, de détruire l'odeur fétide des déjections, de prémunir les assistans contre toute impression délétère, ces objets peuvent être remplis en ouvrant tous les jours deux ou trois fois un appareil permanent, ou même un simple flacon désinfectant, si l'appartement est peu spacieux. Il n'en faut pas davantage pour prévenir la *touffe* des vers à soie, et garantir ceux qui les soignent, de la maligne influence de cette maladie.

5°. Enfin, les flacons d'acide muriatique oxigéné extemporané, ou appareils désinfectans portatifs, offrent un préservatif sûr et commode à ceux qui sont obligés d'approcher des malades, de fréquenter les hôpitaux, les prisons, les maisons d'arrêt, qui sont exposés à séjourner même accidentellement dans des endroits marécageux, dans le voisinage des ateliers où l'on traite en grand des matières animales ; ils seront encore utiles dans ces assemblées où la capacité des salles est tellement disproportionnée avec le nombre des assistans, qu'ils ne peuvent respirer, après la première heure, que l'air que d'autres ont expiré.

L'acide acétique, ou vinaigre radical, est un agent de désinfection qui n'a ni la même expansibilité ni la même énergie, dont on peut néanmoins retirer quelque avantage dans les mêmes circonstances.

221. Cette distinction établie, je vais indiquer le manuel des procédés qui conviennent à chacun de ces objets.

Les grandes fumigations en vaisseaux ouverts se font avec le gaz acide muriatique oxigéné, et avec le gaz acide muriatique ordinaire. L'expérience a également démontré leur efficacité ; le premier cependant est reconnu le plus actif, et doit être préféré toutes les fois que l'on soupçonne des hydrosulfures ou d'autres composés analogues, qui ne peuvent être radicalement détruits que par combustion.

Ces fumigations s'opèrent aussi bien *à froid* qu'*à chaud*. L'application d'un bain de sable ne produit guère d'autre avantage que la décomposion plus complète du sel commun employé, c'est-à-dire, l'économie de quelques centimes ; et la manipulation devient un peu plus embarrassante. Il faut y renoncer lorsqu'il y a danger du feu.

Les matières qui servent à la production du *gaz acide muriatique oxigéné* sont : le sel commun ou sel de cuisine ; l'oxide noir de manganèse pulvérisé et passé seulement au tamis de crin ; et l'acide sulfurique (huile de vitriol du commerce) tel qu'il se trouve chez les pharmaciens et les droguistes, marquant au pèse-liqueur de Baumé 66 degrés, ou environ 1. 84 de pesanteur spécifique.

Les proportions combinées pour la saturation respective, et par conséquent pour la plus grande production du gaz, sont :

Sel commun.......... 5 *parties,* en poids.
Oxide de manganèse.... 1
Acide sulfurique...... 4

Pour déterminer les doses, prenons pour exemple une salle de 13 mètres de longueur, sur 6 de largeur (40 *pieds sur* 19), et 4. 5 d'élévation, donnant par conséquent une capacité de 350 mètres cubes (10360 *pieds cub.*), il faudra :

Sel commun........ 30 ^{décagram.} (env. 10 ^{onc.}).
Oxide de manganèse. 6........... 2
Acide sulfurique.... 24........... 8

Ayant mêlé, sans trituration, le sel et l'oxide de manganèse, on les mettra dans un vase de verre ou de poterie dure ; le vase placé au milieu de la pièce, on y versera, en une seule fois, l'acide sulfurique, qu'il faut tenir pour cela dans un flacon à large goulot, ou encore mieux dans un gobelet, afin que le jet n'en soit pas ralenti, et qu'on puisse s'éloigner avant d'être incommodé par la vapeur.

Les portes et les fenêtres seront tenues fermées pendant sept à huit heures, après lesquelles on les ouvrira pour donner accès à l'air du dehors, et l'on pourra alors y entrer sans éprouver la moindre incommodité.

Il sera aisé de juger combien ces quantités devront être augmentées ou diminuées, suivant la grandeur de l'espace à purifier. Il y a telle chambre pour laquelle il suffira de mettre dans une soucoupe ou un gobelet 30 grammes de sel, 6 de manganèse et 24 d'acide.

C'est ainsi que doivent être successivement désinfectées toutes les pièces d'une maison, à la suite de maladies qui ont présenté quelques caractères de contagion ou d'épidémie.

Les procédés sont absolument les mêmes pour les grandes fumigations en vaisseaux ouverts, par le *gaz acide muriatique ordinaire*, si ce n'est que l'on n'y emploie point d'oxide de manganèse. On détermine également les quantités des deux autres ingrédiens, toujours dans les proportions indiquées, suivant l'étendue des lieux où l'on opère.

222. Pour les fumigations que j'ai nommées *à doses réglées*, parce qu'elles doivent être pratiquées et souvent répétées dans des *lieux actuellement habités*, la condition essentielle est de se rendre maître de l'expansion du gaz, tellement qu'il suffise à l'effet qu'on veut produire, sans faire sur les malades et ceux qui les servent une trop vive impression. C'est pour atteindre ce but que j'ai fait construire des appareils, dont on trouvera ci-après la description, qui rendent l'opération si facile, qu'il ne peut rester aucun prétexte pour en négliger l'usage.

Ces fumigations se font aussi très-bien en vaisseaux ouverts, comme celles dont je viens de parler, soit par le gaz acide muriatique oxigéné, soit par le gaz acide muriatique ordinaire, ayant attention de n'opérer que sur des doses réduites en proportion de l'espace, ou même réparties sur différens points, s'il est d'une étendue considérable.

Un autre moyen de rendre le dégagement des vapeurs plus successif, est d'affoiblir l'acide sulfurique d'un volume égal d'eau; ce qui doit se faire quelques heures auparavant, avec la précaution de ne verser l'eau sur l'acide que peu à peu, pour éviter que la chaleur que produit ce mélange ne brise le flacon.

Une méthode très-avantageuse pour répandre également le gaz salutaire, sans la moindre incommodité pour les assistans, est celle que le Dr. Chaussier a introduite dans plusieurs grands hospices. Elle consiste à promener dans les salles le vaisseau dans lequel on a mis le sel, ou le mélange préparé d'avance de sel et de manganèse, à n'y verser à la fois que quelques gouttes d'acide sulfurique, à n'en ajouter que lorsque les vapeurs commencent à se ralentir. Un homme de service tient d'une main une espèce de planchette, sur laquelle est posée la capsule, et de l'autre le flacon d'acide ; il modère ou augmente ainsi à volonté l'intensité de l'effet. Si l'on veut opérer à chaud, on a un petit réchaud portatif, sur lequel on place un creuset de Hesse ou autre vaisseau de poterie dure, contenant le mélange de sel et d'oxide de manganèse.

223. On a pratiqué l'année dernière, au lazaret de Marseille, les fumigations d'acide muriatique par un procédé différent: On a mis dans des capsules de l'acide muriatique au lieu de sel, et l'on a versé dessus l'acide sulfurique. Il n'y a pas de doute qu'il n'en résulte absolument le

même

même effet, parce que l'acide sulfurique concentré, s'emparant rapidement et avec chaleur sensible de l'eau unie à l'acide muriatique, rend à ce dernier son expansibilité gazeuse. Ce procédé est nécessairement un peu plus coûteux, à raison de la différence des prix du sel et de son acide; mais les succès étonnans qu'on en a obtenus pourront faire desirer de connoître la manière dont l'opération a été conduite, les doses qui ont été employées. J'ai conservé ces détails dans l'extrait des procès-verbaux et rapports des officiers de santé (16).

224. Les fumigations d'*acide nitrique* conviennent surtout dans les *lieux habités*, peu élevés, parce que les vapeurs blanches qu'elles produisent sont moins expansibles que les gaz, et se condensent plus promptement.

On met dans une capsule de verre ou de poterie dure, 15 grammes (*environ 4 gros*) d'acide sulfurique; on y projette peu à peu une égale quantité de nitrate de potasse (salpêtre raffiné) en poudre, et l'on remue de temps en temps le mélange. Ces doses et cette manière d'opérer sont celles adoptées par M. Odier pour une chambre de 35 mètres cubes (1000 *pieds cubes*) de capacité; c'est-à-dire, de 325 centimètres (10 *pieds*) sur chaque dimension.

B b

Cette fumigation se fait toujours à froid ; les matières doivent être très-pures : si la grandeur de l'espace l'exige, il faut multiplier les capsules, sans augmenter les quantités dans le même vase. Ces conditions sont essentielles pour prévenir la formation de vapeurs rouges très-suffocantes.

Si, au lieu du nitre pur, on projette dans la capsule un mélange de deux parties de sel et d'une partie de nitre, on obtient une vapeur *nitro muriatique* plus active, plus approchant de la nature gazeuse ; on peut alors, sans inconvénient, doubler et tripler les doses dans la même capsule.

Description des Appareils de désinfection.

225. On a dû remarquer que, pour les fumigations en vaisseaux ouverts, on n'avoit besoin que d'ustensiles qui se trouvent partout, et qu'il seroit d'autant plus inutile de décrire, que les formes et les dimensions en sont à peu près indifférentes.

Il n'en est pas ainsi des appareils destinés à mettre entre les mains de tout le monde (de ceux même qui, étrangers à toute manipulation, se résoudroient difficilement à manier les acides minéraux), de vrais *réservoirs de gaz désinfectant*, dont ils puissent se servir en tout temps, sans le moindre travail, pour purifier l'air, détruire les mauvaises odeurs, se défendre des germes morbifiques, et stimuler l'action vitale, qui peut les rendre insensibles à leur impression.

Ces appareils, faits pour contenir le *gaz oxigéné extemporané*, sont ou permanens, ou portatifs. Les uns et les autres se trouvent depuis longtemps tout préparés chez M. *Dumotiez*, ingénieur en instrumens de physique, rue du Jardinet, nº. 2, et chez M. *Boullay*, pharmacien, rue des Fossés-Montmartre, nº. 17. Leur construction est établie sur des principes invariables, dont dépendent leur solidité, leur commodité, leur durée : il importe qu'ils soient connus de ceux qui en voudront faire usage.

226. L'APPAREIL PERMANENT est une espèce de presse, toute en bois, sans aucun métal, dans les proportions convenables pour une salle de dix à douze lits. Il vaut mieux les multiplier suivant la grandeur de l'espace, que d'en augmenter les dimensions.

On en voit la coupe planche Iʳᵉ., *fig.* 1ᵉʳᵉ.

A. Est un plateau sur lequel sont solidement fixées les deux jumelles B B.

C. Est un vase de cristal de la capacité de 6 à 7 décilitres, mastiqué sur une petite tablette mobile D, qui s'engage à rainure dans les jumelles, et que l'on arrète par la pression de la vis E. Ce vase porte à son orifice un cordon destiné à agrandir le cercle de contact de l'obturateur ; il doit être assez épais pour résister à la pression de la vis supérieure ; il faut que ses bords soient dressés avec la même exactitude que ceux des récipiens de machine pneumatique.

F. Vis en bois, passant dans la traverse supérieure G, et portant à son extrémité la traverse mobile H, qui embrasse les jumelles en forme de boîte coulante. On doit avoir attention que cette tablette ne soit point trop assujétie, mais qu'elle puisse au contraire se prêter à tous les mouvemens, comme si elle étoit portée par un genou, afin que l'obturateur J prenne facilement le contact dans tout le pourtour des bords du vase.

Cet obturateur est un disque de glace très-épaisse, mastiqué dans la partie inférieure de la tablette H. Il doit être parfaitement dressé et douci sans être poli.

La *fig.* 2 donne le plan de toutes les parties à vue d'oiseau.

L'appareil ainsi préparé, et éprouvé en y agitant fortement de l'eau, on met au fond du vase 40 grammes d'oxide noir de manganèse, passé au tamis de crin ; on verse dessus un décilitre d'acide nitrique à 1.40 de pesanteur spécifique (39 *degrés de l'aréomètre de Baumé*), et un décilitre d'acide muriatique à 1.134 de pesanteur spécifique (17 *degrés de l'aréomètre de Baumé*). On repousse aussitôt la tablette mobile à sa place, on la fixe par le moyen de la vis E; on abaisse enfin l'obturateur en tournant la vis supérieure E, ayant soin qu'il ne reste rien sur les bords du vase, qui puisse empêcher le contact parfait de l'obturateur.

Quelle que soit la capacité du vase, le mélange ne doit jamais en occuper que le tiers.

Il n'y a d'autre avis à donner sur la manière de se servir de cet appareil, que de l'ouvrir quand on le juge utile, en tournant la vis supérieure, et de le fermer aussitôt que ceux qui en sont le plus près commencent à en être affectés. On peut, après cela, se reposer sur l'expansion spontanée de la portion qu'on aura mise en liberté. L'effet en sera tel, que si le vase est resté ouvert quatre ou cinq minutes dans une salle de dix lits, ceux qui entreront, une heure après, par la porte la plus éloignée, s'apercevront sur le champ qu'il y a eu dégagement de gaz oxigéné.

Cet appareil peut servir successivement à plusieurs chambres de malades. Dans les grandes salles, il suffira pour l'usage ordinaire, en le plaçant alternativement aux extrémités opposées. Si elles étoient très-vastes, ou les dangers de l'infection plus menaçans, il faudroit en établir plusieurs.

227. Lorsqu'on s'aperçoit qu'un appareil ne fournit plus que très-peu de gaz, ce qui n'arrive guère qu'au bout de trois à quatre mois, en l'ouvrant deux fois par jour, on peut lui rendre pour quelque temps sa première activité, en ajoutant dans le vase 6 décilitres d'acide sulfurique, affoibli d'avance par un tiers de son poids d'eau, et 10 grammes d'un mélange de sel et de nitre à parties égales.

Cette opération une fois faite, les vapeurs revenant à cesser, il faudra vider le vase et y renouveler toutes les substances dans les proportions ci-devant indiquées.

Si l'on n'est pas à portée de se procurer les acides nitrique et muriatique au degré de concentration nécessaire, on peut encore tirer un bon service de l'appareil avec des matières que l'on est sûr de trouver partout. Pour cela, on met au fond du vase un mélange de 40 grammes de sel commun, 15 grammes d'oxide de manganèse en poudre, et 6 grammes de nitre (ces matières simplement mêlées sans pulvérisation); on verse dessus, en une seule fois, 16 décagrammes d'acide sulfurique, affoibli par l'addition de 8 décagrammes d'eau; on remet aussitôt le vase à sa place, et on le ferme en abaissant l'obturateur.

Ce procédé a déjà été décrit dans une Instruction que S. Exc. le Ministre de l'Intérieur a fait imprimer à la suite de sa circulaire du 20 janvier 1805 (*voyez* la note 15). Une lettre de Madrid, du 5 mars suivant, insérée dans le Moniteur du 22, annonce que dom *Pedro Guittierrez Bueno*, pharmacien de S. M. C., et professeur de chimie, chargé par le gouvernement de faire exécuter les appareils désinfectans de Dumotiez, pour être envoyés dans les différentes provinces d'Espagne, et y servir de modèles, s'est assuré des bons effets de la présence du nitre, et a pris en conséquence le parti de substituer au mélange de manganèse et de sel commun, le mélange de manganèse et de *salpêtre brut*, fort abondant en ce pays, et *qui paroît contenir autant de sels muriatiques que de salpêtre.*

228. L'APPAREIL PORTATIF est un petit vase de cristal, renfermé dans un étui de buis, contenant, comme l'appareil permanent, de l'acide muriatique, de l'acide nitrique et de l'oxide de manganèse. Il suffit d'annoncer cette destination,

pour faire sentir combien il importe que l'exécution en soit soignée, non seulement pour assurer la durée de l'effet, mais encore pour prévenir tout accident.

On s'est servi d'abord de petits flacons ordinaires, dont on fixoit le bouchon par une vis passant par le couvercle de l'étui; mais il falloit chaque fois dévisser ce couvercle, et la pression qu'avoit reçue le bouchon, en rendoit l'enlèvement si difficile, qu'on étoit souvent exposé à le casser. En substituant au bouchon un obturateur, comme dans l'appareil permanent, on a fait disparoître ces inconvéniens.

La *figure Ire*., planche II , représente cet appareil enfermé dans son étui. *a* est un des trous pratiqués dans le couvercle, pour donner issue au gaz , lorsqu'on a desserré l'obturateur en tournant la vis *b*. Ces trous sont de forme ovale , pour donner la facilité de détacher l'obturateur, lorsque l'expansion n'est plus assez forte pour le soulever.

On voit dans la *figure* 2 la coupe de cet appareil, sur la ligne qui traverse les deux ouvertures *a a*. On y remarque principalement, 1°. l'épaisseur du couvercle, soit dans la partie qui reçoit la vis , soit sur les côtés, pour conserver le fil du bois sur une longueur capable de résister à l'effort de la pression ; 2°. l'espace laissé tout autour du vase, sans lequel le bois venant à se retirer, ne manqueroit pas d'éclater; 5°. la hauteur à laquelle la liqueur doit être tenue dans le vase, pour n'occuper qu'environ le tiers de sa capacité.

La *figure* 3 est une coupe séparée du vase et de son obturateur, pour indiquer les épaisseurs et faire distinguer les parties qui doivent être d'autant plus renforcées, que la courbure les éloigne plus de la ligne de pression de la vis.

On voit par l'échelle à laquelle se rapporte cette figure, que la capacité du vase est à peu près d'un décilitre; ainsi les doses qui conviennent à sa préparation sont 8 grammes d'oxide de manganèse en poudre, et 335 centilitres d'un mélange d'acide nitrique et d'acide muriatique, à parties égales.

Ces dimensions sont les plus grandes que l'on puisse donner à ces appareils pour les rendre vraiment portatifs. On en fait, pour la commodité de l'usage, de plus petits, dans lesquels le mélange est réduit à proportion.

Dans les *figures* 4 et 5, cet appareil est représenté à vue d'oiseau, pour donner les diamètres de l'étui et de toutes les parties de l'intérieur.

Lorsqu'on ouvre un de ces appareils, il faut le tenir droit, pour ne pas répandre l'acide dans l'étui, et se garder de respirer de trop près le gaz qui en sort, dont la surprise pourroit occasionner momentanément une trop vive impression. Voilà les seules attentions qu'il exige.

229. Je venois de terminer cette description, lorsque M. Dumotiez m'a fait remettre un de ces appareils, exécuté avec quelques changemens, que j'ai jugés assez importans pour me déterminer à en donner le dessin.

La *figure* 1ere., planche III, le représente fermé ; a, est une des quatre ouvertures pratiquées dans le couvercle pour donner issue au gaz, lorsque l'obturateur est levé.

Cet obturateur b, *fig.* 2, s'abaisse par le seul mouvement de la vis de l'étui; et comme le fond du couvercle qui le presse est légérement convexe, il a toute liberté pour prendre en tous les points le contact de l'orifice du vase. C'est encore la même vis qui détache et soulève l'obturateur, au moyen de ce qu'il est retenu dans la partie cylindrique du couvercle par un cercle saillant, en forme de drageoir.

On voit en $c\,c$ deux des ouvertures latérales par lesquelles s'échappe le gaz.

On conçoit que, pour que la pression s'exerce librement sur l'obturateur, le couvercle ne doit pas pouvoir arriver au dernier pas de vis ; le

vide qu'il laisse a été masqué par un recouvre-
ment, afin que l'on ne fût jamais tenté de dé-
passer le terme de cette pression.

Il faut, au surplus, appliquer à cet appareil
tout ce qui a été dit de la préparation et de
l'usage de ceux de même capacité. Lorsque le
mélange y aura été introduit, on l'ouvrira et on
le fermera avec la plus grande facilité, en faisant faire seulement un ou deux tours au couvercle de l'étui.

CONCLUSION.

230. Je crois avoir réuni dans ce Traité tout
ce qui pouvoit servir à faire connoître les vrais
moyens de désinfecter l'air, de prévenir et d'arrêter la contagion ; j'ai établi la théorie de leur
action sur des principes généralement adoptés ;
j'ai mis leurs effets en évidence par des expériences directes et des témoignages authentiques ;
j'ai indiqué la manière de les appliquer, suivant
les circonstances ; j'en ai rendu la pratique facile par des instrumens qui dispensent de toute
manipulation ; les faits nouveaux et décisifs qui
en constatent l'efficacité, les mesures que viennent de prendre plusieurs gouvernemens pour
en répandre l'usage, et les suffrages des hommes
les plus éclairés, m'autorisent à répéter aujour-

d'hui, avec une conviction plus entière, ce que je disois déjà, il y a trois ans, appuyé de l'autorité de deux savans médecins, MM. Rollo et Odier : LA CONTAGION NE PEUT PLUS NAÎTRE ET SE PROPAGER QUE PAR L'EFFET DE LA PLUS COUPABLE NÉGLIGENCE.

NOTES.

(1) *Page 7.*

« O_N doit se proposer, dit Vic–d'Azyr, de dénaturer les mias-mes dont l'atmosphère et les murs sont imprégnés, et de faire circuler l'air dans les étables. Celui qui veut remplir ces indica-tions commencera par mettre des cendres ou du sable dans une terrine ; au milieu de ce bain, il placera un vase rempli de sel de cuisine ; il fera chauffer le tout. Il versera l'acide vitriolique (sul-furique) peu à peu sur le sel ».

Montigny en parle en ces termes, dans un article concernant la désinfection des hardes :

« Les vapeurs les plus efficaces contre l'infection paroissent être celles du sel marin décomposé par l'huile de vitriol : on en doit les premières applications à M de Morveau, qui s'en servit très-heureusement en Bourgogne pour désinfecter l'air de plusieurs églises empoisonnées par l'ouverture des fosses cadavéreuses, etc. ».

(2) *Page 23.*

Extrait de la Lettre du Ministre de la Guerre, du 14 thermidor an VIII.

« Le Conseil de Santé reconnoît la solidité des principes sur lesquels repose votre doctrine ; il les trouve parfaitement sem-blables à ceux qui formèrent, en l'an II, la base de l'instruction publiée par le Comité de Salut public. On n'a point oublié l'em-pressement avec lequel vous y concourûtes. Cette Instruction fut distribuée, dans le temps, avec profusion, et les *moyens qui y sont indiqués furent mis en usage dans le cours de l'épidémie dont fut affligée, à cette époque, l'armée des Pyrénées occi-dentales.* Depuis, dans toutes les occasions où les circonstances l'ont exigé, on a renouvelé l'envoi de l'Instruction et les ordres pour employer les moyens qu'elle indique. *Dans la cruelle maladie qui a fait de si grands ravages, l'année dernière, à l'armée d'Italie et dans les divisions méridionales, l'usage en a été recommandé et suivi* .... Le Conseil de Santé m'a proposé de les insérer à la suite du Formulaire, dont il prépare une édition.... La simplification et l'économie qui les caractérisent ne laisseront aucun prétéxte pour s'en dispenser, et je donnerai les ordres les plus précis pour que l'on s'y conforme ».

(3) *Page 24.*

Rapport fait à la Classe des Sciences Physiques et Mathématiques de l'Institut national, le 11 fructidor an XI, par MM. Berthollet, Hallé et Vauquelin.

Lorsque Guyton eut achevé la lecture de son Traité des Moyens de désinfecter l'air, la classe, frappée de l'importance de l'objet dont il venoit de l'entretenir, nomma une commission pour s'occuper de la perfection de ces procédés et des moyens d'en propager l'utilité.

Nous avons tardé jusqu'à présent à nous acquitter du devoir dont elle nous avoit chargés, non qu'il existât quelque doute à éclaircir, quelque méthode à perfectionner, mais, au contraire, parce que Guyton a traité son objet avec un tel soin, que nous sommes réduits à ne vous en présenter qu'un extrait, qui ne contiendra rien qu'on ne trouve exposé avec beaucoup de clarté dans son ouvrage : nous ne pourrons que vous proposer quelques moyens de hâter l'application de ses procédés.

C'est en 1773 que Guyton fit voir que le gaz acido muriatique avoit la propriété de détruire l'infection de l'air : jusque là aucun principe de physique n'avoit guidé ceux qui cherchoient à combattre son influence dans les hôpitaux, dans les lazarets et dans les circonstances accidentelles où elle produisoit ses funestes effets. On n'avoit suivi dans le choix des moyens que l'on employoit qu'une indication trompeuse des sens : c'étoient principalement des feux qui ne pouvoient agir que sur une très-petite partie de l'air qu'il falloit désinfecter, et des aromates qui produisoient peu d'effets réels. ou qui même en avoient de contraires : cependant la combustion du soufre que l'on joignoit quelquefois à ces moyens auroit pu remplir le but qu'on se proposoit, si l'on n'eût employé ordinairement cette substance qu'en très-petite quantité, et si on ne l'eût mêlée le plus souvent à des résines ou à des bitumes, qui la changeoient en hydrogène sulfuré. L'acide acétique, dont on faisoit usage, doit encore recevoir une exception : lorsqu'il peut être appliqué dans l'état liquide, il est efficace, mais sa foible volatilité limite beaucoup l'effet de son évaporation ; et, lorsqu'on lui fait subir une combustion, il cesse d'avoir les propriétés qu'il tient de l'acidité.

L'expérience que Guyton fit dans une église à Dijon étoit la plus concluante que l'on pût desirer : l'église étoit vaste, l'infection étoit extrême ; un seul appareil, dans lequel le muriate de soude fut décomposé par l'acide sulfurique, une seule opération firent disparoître toute l'infection.

La même année, les prisons de Dijon éprouvèrent les ravages de cette fièvre qui naît de l'accumulation des malades ; le souvenir récent des effets du gaz acide muriatique fit recourir à ce moyen, qui fut également efficace dans cette circonstance.

Dès-lors il fut prouvé que le gaz acide muriatique détruisoit les effets de la putréfaction, et ceux qui sont dus à la trop grande accumulation des malades, et qui rendent funestes les maladies les plus simples, dont ils changent la nature. On dut même conclure que toutes les substances qui pouvoient corrompre l'air, quelle qu'en fût l'origine, céderoient à l'efficacité de cet agent.

Ce trait de lumière éclaira les corps savans. L'Académie des Sciences, la Société de Médecine, le Conseil de Santé, indiquèrent ou prescrivirent ce procédé salutaire. Le Gouvernement a, dans différentes circonstances, donné des ordres pour qu'il fût exécuté dans les hôpitaux militaires et sur les vaisseaux de la république. Le succès n'a jamais trompé les espérances, lorsqu'on a pu obtenir de le mettre en pratique.

Cette méthode de désinfecter l'air a été adoptée dans les pays étrangers, et particuliérement en Angleterre , où les opérations du docteur *Smith* ont acquis beaucoup d'éclat. Nous ne rappellerons point la discussion de l'antériorité de découverte ; cette propriété précieuse est si clairement acquise à Guyton , qu'il est inutile de s'en occuper ; mais le docteur Smith a employé les vapeurs de l'acide nitrique , ce qui indique que la propriété de désinfecter appartient à tous les acides : il ne s'agit plus que d'examiner lequel mérite la préférence.

Guyton a *soumis* cette question à l'expérience, en comparant les effets des différentes vapeurs acides sur l'air infecté par la putréfaction ; il résulte , 1°. que le gaz muriatique a une plus grande expansion dans l'espace que le gaz nitrique ; en sorte que son usage est plus sûr pour les grandes pièces, et surtout pour les salles élevées ; 2°. que le dégagement de la vapeur nitrique doit être fait à froid, pour qu'elle ne devienne pas nuisible à la respiration par le gaz nitreux qui se forme à chaud ; 3°. que par la même raison , on doit éviter le contact de toute substance métallique qui pourroit décomposer l'acide.

Sous ces rapports le gaz muriatique mérite la préférence ; mais on lui a reproché d'être offensif pour la respiration : ce reproche nous paroît peu fondé ; l'un de nous peut attester que, d'après les ordres donnés par le Comité de Salut public, l'an III, on faisoit , tous les jours, des fumigations d'acide muriatique dans le vaisseau l'*Orient* , qui transportoit en Egypte celui dont les glorieuses destinées sont devenues les nôtres , et personne ne se plaignoit de la moindre incommodité : il est à remarquer que la flotte , toute soumise au même régime, fit sa traversée presque sans avoir de malades, quoiqu'elle fût surchargée de combattans ; il en est de même des frégates qui ramenèrent le premier Consul.

Cependant , si les malades se trouvoient accumulés dans des salles basses, ou si le caractère de leurs maladies faisoit craindre une impression facile sur le poumon , il seroit alors préférable d'employer les fumigations d'acide nitrique.

Fourcroy avoit proposé , en 1791 et 1792 , l'usage de l'acide
muriatique

muriatique oxigéné pour détruire les substances qui portent l'infection, non seulement dans les hôpitaux, mais encore dans les salles de dissection : il l'a même recommandé dans toutes les maladies où s'établit une corruption particulière, telles que les ulcères et les cancers, et pour la destruction de tous les virus. Il a insisté, depuis lors, sur ces propriétés de l'acide muriatique oxigéné, dans plusieurs ouvrages, ainsi que dans ses cours aux élèves de médecine, où il a même donné des leçons particulières sur les moyens de désinfection : cet objet mérite bien, selon l'exemple que nous lui devons, d'entrer dans l'enseignement de la médecine.

Cruickshank a introduit, depuis plusieurs années, avec succès, les fumigations d'acide muriatique oxigéné dans l'hôpital de Woolvich. Il n'en falloit pas tant pour engager Guyton à soumettre cet agent à ses expériences comparatives, et il a reconnu qu'il étoit supérieur en raison de sa grande expansibilité et de la promptitude de ses effets.

Une considération de théorie se réunit aux expériences directes pour faire donner la préférence à l'acide muriatique oxigéné : les acides qui ne se décomposent pas, ou qui se décomposent difficilement, ne font que soustraire le principe de l'infection en formant avec lui une nouvelle combinaison ; mais l'acide muriatique oxigéné doit le détruire par un effet analogue à celui de la combustion, et si l'acide nitrique peut produire un semblable effet, cette propriété doit être plus active et plus déterminée dans le premier.

L'odeur vive et même dangereuse de l'acide muriatique oxigéné, lorsque ses vapeurs sont condensées, ne doit point en faire craindre l'application. On sait que, dans les nombreux ateliers où l'on en fait usage, les ouvriers le supportent sans inconvénient pour leur santé, dans un état de condensation beaucoup plus considérable que celui qui est nécessaire pour la désinfection.

Une propriété particulière de l'acide muriatique oxigéné, c'est que les ingrédiens qui le produisent peuvent être conservés dan un vase, de manière que leur action réciproque devienne pou longtemps un foyer de désinfection en ouvrant le vase qui les contient, sans qu'il soit besoin de les renouveler ou d'y appliquer la chaleur. Guyton lui a procuré cet avantage dans la préparation qu'il a désignée par acide muriatique oxigéné *extemporané*. C'est un mélange d'oxide de manganèse et d'acide nitro-muriatique : en ouvrant le flacon qui le contient, il se répand aussitôt des vapeurs que l'on dirige en transportant le vase, que l'on modère, et que l'on fait cesser à volonté. Guyton a fait construire des appareils de poche qui, semblables aux flacons de senteur, ont, pour celui qui en fait usage, l'utilité bien plus grande de le préserver de l'infection.

Ainsi, l'acide muriatique oxigéné doit être considéré comme le moyen de désinfection le plus efficace, et de l'application la plus facile et la plus variée.

Le gaz acide muriatique, dégagé du muriate de soude par l'acide sulfurique, doit être regardé comme très-efficace et peut être employé avec confiance, surtout lorsqu'on a de grands édifices à désinfecter.

La vapeur nitrique, dégagée à froid du nitrate de potasse par l'acide sulfurique, a beaucoup d'efficacité, mais elle est moins expansible : comme la respiration en est moins affectée, elle peut être préférable dans le cas où le poumon demande des ménagemens particuliers.

Le gaz formé par la combustion du soufre seroit trop contraire à la respiration ; mais il peut être employé avec succès pour les fumigations des vétemens et autres objets infectés.

L'acide acétique et les autres acides végétaux ne sont efficaces que lorsqu'ils sont employés en lotion.

Les procédés sont si simples, qu'une légère indication suffit à ceux qui voudront en faire usage.

Pour dégager le gaz acide muriatique par le moyen de l'acide sulfurique, la proportion du muriate de soude et de l'acide sulfurique est de 15 du premier, et de 12 du dernier. Le sel est supposé dans un état un peu humide, et l'acide à une pesanteur spécifique qui est à celle de l'eau comme 17 à 10.

Ce procédé doit être exécuté d'une manière différente, lorsque l'on veut désinfecter un lieu qui n'est pas habité, ou lorsque l'on fait l'opération au milieu de personnes qui ne doivent pas en souffrir d'incommodité. Dans la première circonstance, on intercepte, autant qu'il est possible, les issues au gaz ; on fait l'opération dans une capsule de verre au bain de sable échauffé. Dans le second cas, on se passe de toute chaleur, on promène l'appareil (ce qui est avantageux pour toutes les fumigations acides), et il est convenable de n'ajouter l'acide que par partie.

Les quantités des ingrédiens doivent varier selon l'étendue et l'espace ; l'expérience a fait voir que trois kilogrammes de muriate de soude étoient suffisans pour purifier complétement, et en une seule fumigation, l'air d'une église dont la capacité étoit d'environ 15000 mètres cubes : pour une chambre de 35 mètres cubes, il ne faut que 19 grammes de muriate de soude et 16 d'acide.

La vapeur de l'acide nitrique doit être dégagée à froid ; les proportions sont 15 grammes de nitrate de potasse et autant d'acide sulfurique pour une chambre de 35 mètres cubes. Si l'on opère dans un espace qui exige de plus grandes doses, il faut multiplier les capsules, et non pas réunir les quantités dans un seul vase, pour éviter les vapeurs rouges.

Pour le gaz muriatique oxigéné, on mêle deux parties d'oxide de manganèse pulvérisé, avec dix parties de muriate de soude : on verse dessus six parties d'acide sulfurique, auquel on a mêlé auparavant quatre parties d'eau. L'opération se fait à froid. Si ces parties sont des décagrammes, les quantités indiquées conviendront pour une salle de dix lits.

Les doses que l'on vient de prescrire peuvent paroître très-fortes, en les comparant à celles des substances qui sont employées dans les procédés qui précèdent ; mais cette différence est due à ce qu'on n'obtient qu'une partie de la décomposition en opérant à froid, principalement à cause de l'eau qu'on est obligé d'ajouter pour éviter un dégagement trop tumultueux. On ne peut douter que si, lorsque l'action à froid est terminée, on plaçoit le vase sur un bain de sable échauffé, des doses beaucoup plus foibles ne puissent suffire.

Guyton prescrit, pour l'acide *extemporané*, de mettre quatre grammes d'oxide de manganèse dans un flacon de la contenance de trois décilitres, dont on remplit les deux tiers d'acide nitro-muriatique. Après avoir agité le vase, le gaz s'en dégage bientôt avec vivacité; on fait cesser cet effet lorsqu'on le juge à propos, en fixant le bouchon du flacon par des moyens qu'il est facile d'imaginer, pour qu'il puisse résister à l'expansion du gaz. Le même flacon conserve longtemps sa propriété, sans qu'on soit obligé d'en renouveler les ingrédiens.

Des vases pareils, d'une grandeur proportionnée aux effets que l'on doit en obtenir, peuvent être d'une grande utilité pour tenir dans un état de désinfection des salles où se trouvent accumulés des lits de malades, ou qui renferment quelqu'autre cause de corruption ; par exemple, des salles de dissection. Ils sont commodes à l'insouciance ou à la paresse ; car ils n'exigent, pendant longtemps, d'autre soin que celui de les ouvrir, de les fermer, et tout au plus de les déplacer.

Comment se fait-il que des moyens si efficaces, si simples et si peu dispendieux aient été négligés dans des épidémies et des contagions récentes et désastreuses ? On peut répondre à cette question par l'histoire de toutes les découvertes, mais il est de notre devoir de chercher les moyens de propager l'utilité de celle-ci, et il convient d'examiner d'abord quelles doivent être les limites de son application.

Il est constant que lorsque les malades sont accumulés dans un lieu où l'air ne se renouvelle pas facilement, leur maladie dégénère et prend un caractère de malignité qui les a fait désigner par les noms de fièvre d'hôpital, de fièvre des prisons.

Il est constant encore que les personnes saines, lorsqu'elles sont réunies longtemps dans des édifices peu aérés, éprouvent dans la santé des altérations qui se rapprochent de plus en plus de ces premières maladies, et qui ne peuvent être expliquées que par la seule diminution du gaz oxigène dans l'air qu'elles respirent.

Ne peut-on pas conclure de ces faits que, même dans l'état sain, il se fait, soit par la transpiration, soit par la respiration, une émanation vaporeuse qui altère les propriétés vitales de l'air, d'une manière analogue à celle des substances qui entrent en putréfaction ? Cette émanation est même assez forte dans quelques individus pour affecter désagréablement l'odorat.

Ainsi cette cause, qui est suivie d'effets calamiteux lorsqu'elle agit avec énergie, doit produire, dans des circonstances moins favorables à son action, des altérations de santé qui sont moins prononcées, qui se déguisent, et dont on cherche la source ailleurs.

N'est-ce point à l'altération produite par ces vapeurs que pourroient être dus le dépérissement et la mort des enfans que l'on nourrit dans un lieu commun, et dont on a trop cherché la raison dans le régime alimentaire ? Ces tendres victimes peuvent succomber sous une cause physique qui seroit impuissante contre des organes plus vigoureux.

Si nous appliquons à ces circonstances où les émanations exercent une action même douteuse, les moyens dont nous avons reconnu l'efficacité lorsque ces émanations ont une grande énergie, et dont l'innocuité est également prouvée, nous pourrons, sans inconvéniens, prévenir et combattre tous les effets de l'infection.

Il est des maladies contagieuses dont la cause matérielle a une origine et un caractère encore inconnus, l'expérience a déjà fait voir qu'elle avoit beaucoup d'analogie avec celles qui produisent une autre infection. C'est donc dans les moyens qui peuvent détruire celle-ci que l'on doit avoir le plus de confiance ; ainsi, l'acide muriatique oxigéné doit dénaturer ces funestes combinaisons, comme il dénature les parties colorantes, les molécules odorantes, les émanations putrides.

Déjà cette propriété de l'acide muriatique oxigéné a été appliquée aux ulcères et aux foyers extérieurs de corruption, avec un succès qui doit engager à faire de nouvelles tentatives : l'analogie doit conduire à diriger encore ces tentatives vers les altérations putrides qui s'établissent dans l'estomac et les intestins, mais avec la prudence qu'impose la délicatesse de ces organes.

Mais, en rappelant cette extension des méthodes qui sont propres à la désinfection, nous n'avons pour but que d'engager aux épreuves qui peuvent constater toute l'étendue de leur utilité ; ce que l'on peut regarder comme suffisamment établi, et ce qui nous engage par conséquent à proposer des mesures au Gouvernement, c'est l'efficacité de leur application aux effets délétères des émanations putrides, et de celles qui, provenant de l'accumulation des malades, ou même des hommes sains, produisent ou dénaturent leurs maladies. Tous les principes contagieux ont un tel rapport avec ces émanations, que l'on doit sans doute leur opposer les mêmes moyens.

Ce que nous avons établi pour l'espèce humaine doit s'appliquer aux maladies des animaux domestiques, qui paraissent provenir d'une infection particulière de l'air des écuries et des étables mal aérées, ou d'une contagion.

Nous proposons à la Classe d'inviter le Gouvernement, 1°. à ordonner qu'il sera fait habituellement des fumigations acides dans les lazarets, dans toutes les salles d'hôpitaux civils et militaires, et dans celles des hospices d'enfans de la patrie, ainsi que dans tous les vaisseaux de la république qui seront en navigation ; 2°. à engager les professeurs de médecine clinique, et ceux des écoles vétérinaires, à donner tous les ans à leurs élèves une leçon pratique sur les moyens de désinfection.

Lo Classe a approuvé ce rapport et en a adopté les conclusions.

(4) *Page* 37.

Rapport fait au Gouvernement par le Ministre de l'intérieur,
(Moniteur du 16 *septembre* 1802).

La Chambre des Communes, en Angleterre, vient de voter une récompense de 5000 liv. sterl. en faveur du docteur Smith, auteur d'une découverte importante, propre à désinfecter l'air vicié des prisons, hôpitaux, etc.

Comme une découverte dans les sciences, surtout lorsqu'elle intéresse essentiellement le bien de l'humanité, me paroît liée à la gloire de la nation qui l'a produite, je crois devoir revendiquer celle-ci en faveur de la France; et il me suffira, pour établir cette propriété d'une manière incontestable, de rapprocher quelques faits.

Le C. Guyton-Morveau a fait connoître, en 1773, l'effet heureux des fumigations de l'acide muriatique pour désinfecter l'air corrompu.

La première expérience a été faite, le 6 mars 1773, pour corriger l'air contagieux de la principale église de Dijon, à la suite de l'évacuation des caves sépulcrales de ladite église. (*Journal de Physique, tome I, page* 436).

Sur la fin de la même année, le C. Guyton, en employant le même procédé, arrêta les progrès alarmans de la fièvre des prisons, qui s'étoit manifestée dans celle de Dijon. (*Journal de Physique,* 1774, *page* 73).

En 1774, ces fumigations furent employées avec succès par Vicq-d'Azyr, pour combattre une épizootie qui désoloit le midi de la France.

En 1775, M. de Montigny publia deux Instructions sur les maladies putrides et pestilentielles, et recommanda les fumigations acides; dont il dit qu'on doit les premières applications au C. Guyton-Morveau. (*Instructions et Avis,* etc.)

En 1780, l'Académie des Sciences, consultée sur les moyens de corriger l'insalubrité des prisons, proposa les fumigations acides, en donna la première idée au C. Guyton-Morveau (*Mémoires de l'Académie, pour* 1780, *page* 421).

En l'an II (1794 *vieux style*), le Conseil de Santé rédigea une instruction sur les moyens de purifier l'air des salles dans les hôpitaux militaires, en exécution du décret du 14 pluviose de la même année. On y conseille le procédé du C. Guyton-Morveau.

En l'an VII, on a pratiqué avec succès, à l'armée d'Italie, la méthode proposée par le C. Guyton.

En l'an IX, on s'en est servi avec avantage contre la maladie contagieuse qui ravageoit une partie de l'Espagne ; et en l'an X, on en a vu de très-heureux effets dans le traitement d'une épizootie qui a régné dans le département de l'Oise.

Enfin, en l'an IX (1801), le C. Guyton-Morveau a publié un *Traité sur les Moyens de désinfecter l'air*, dans lequel il donne avec détail l'historique de sa découverte, fait connoître les résultats qu'on a obtenus de la pratique de ses procédés, et rend hommage à M. Smith, qui a fait les applications les plus heureuses des fumigations acides, depuis 1780, dans les hôpitaux de Winchester, jusqu'à 1795, dans l'hôpital de Sheerness, et sur divers vaisseaux de l'escadre.

La seule différence qui existe entre le procédé employé par le chimiste Français et celui du médecin anglais, c'est que le premier a fait usage des fumigations de l'acide muriatique, tandis que le second conseille celles de l'acide nitrique.

Ainsi, tous deux emploient des fumigations d'acides minéraux, tous deux ont obtenu des résultats également heureux : il n'y a donc qu'une découverte, et cette découverte appartient essentiellement au chimiste Français.   *Signé* CHAPTAL.

(5) *Pages* 38 et 66.

« J'avois pensé, dit M. Smyth, que la déflagration du nitre produiroit de l'acide nitreux, et c'est dans cette idée que j'en fis usage à Winchester. Je vois, par l'ouvrage du docteur Rush, sur la fièvre jaune, que les médecins de Philadelphie ont eu la même pensée, et ont, en conséquence, eu recours au même moyen pour détruire la contagion. Mais c'est une erreur dont les nouvelles connoissances que j'ai acquises depuis en chimie m'ont détrompé : l'acide nitreux se décompose à l'aide de la chaleur, et se résout en gaz azote et oxigène ; en sorte que la déflagration du nitre ne peut être un moyen de purification que par la quantité d'oxigène qu'elle produit. » *Observations sur la fièvre des prisons , etc. par M. J. C. Smyth , traduites par M. Odier , page 64.*

(6) *Page 38.*

« Il est assez remarquable, dit M. Odier , que ce n'est que quinze ans après l'essai que M. Smyth avoit cru en faire à Winchester, que les bons effets de ces fumigations ont été démontrés par des expériences faites en grand..... Celle de Winchester n'étoit rien moins que concluante....; au lieu de décomposer le nitre par l'acide sulfurique , on avoit cru arriver au même résultat, en le décomposant par le feu. Or, il est prouvé que les vapeurs qui s'élèvent dans ce procédé n'ont plus les propriétés de cet acide , etc. » *Observations sur la fièvre des prisons , etc, page* 79. Le même auteur dit ailleurs : *L'idée qu'avoit conçue, depuis longtemps, le docteur Smyth..., n'étoit pas aussi neuve qu'il paroît l'avoir cru , lorsqu'il entreprit en 1780, de la réaliser dans l'hôpital de Winchester. Dès l'an 1773, un Chimiste français, le C. Guyton de Morveau...., avoit déjà employé, dans ce but , et avec le plus brillant succès, les vapeurs de l'acide muriatique.* ibid. pag. 76.

M. Bressy tient à peu près le même langage. Après avoir expliqué la manière d'agir des ventilateurs , il ajoute : « Les Anglais sentant l'insuffisance de ce moyen de désinfection , lui ont substitué en dernier lieu des fumigations de vapeurs acides , dont le C. Guyton avoit fait la première application à cet usage. » *Théorie de la contagion, etc. Paris* 1802 *, page* 377.

(7) *Page 38.*

Extrait d'une lettre de M. le docteur Batt à l'auteur.
Gênes, 5 février 1804.

« Je vous reconnois pour le premier dont j'ai dérivé l'exacte connoissance des fumigations avec le sel commun, pour désin-

fecter l'air , et ce fut d'après vos renseignemens que j'en fis faire
usage ici, il y a environ vingt-cinq ans , aidé de l'autorité de
M. Marco Massone, député des Magistrats de santó, pour désinfecter quelques églises, et les sépulcres qu'il y avoit , comme
il conste des archives de l'office de santé.

» Ce ne fut que sur la fin de 1799 que j'eus connoissance des
expériences du docteur Smyth , sur les fumigations avec le
nitre pour désinfecter les chambres même des malades , et
ayant reconnu , par mes propres expériences , qu'elles sont très-
tolérables au poumon, je ne tardai guère à en faire usage.....
Nulle indication ne peut être utile qu'à proportion qu'elle est
connue et pratiquée ; c'est pourquoi celui qui est le premier à
introduire dans une nation quelque invention utile , a juste prétention à une portion de la gratitude publique. Je n'ai jamais
cru que le Parlement d'Angleterre ait décerné au docteur
Smyth ses récompenses comme l'inventeur des fumigations ,
mais parce qu'il avoit bien mérité de la nation , y ayant efficacement développé et introduit la connoissance et la pratique d'une
invention bienfaisante qui, avant ses travaux en Angleterre ,
au moins servoit à peu de chose, ou à rien. »

(8) *Page* 40.

Les auteurs du *Medical and physical Journal*, s'expriment
ainsi sur la prétention de M. Johnstone : *This solitari fact was
soon neglected , and nothing more appeared on the subject ,
till in the yeas 1773 M. Morveau......from his own reaso-
ning, etc.* vol. VIII , page 185.

C'est dans une lettre au D[r]. Bradley , insérée trois mois
auparavant dans le même Journal, que M. John Johnstone
voyant, comme il le dit , *que le pouvoir des vapeurs acides mi-
nérales de corriger la contagion, étoit devenu d'un grand intérêt,*
avoit cru devoir rappeler une dissertation publiée par John
Johnstone son père, en 1758 , sur une fièvre épidémique qui
avoit régné à Vorcester, en 1756 , et un Traité de l'angine maligne, par James Johnstone le jeune , imprimé en 1779.

On voit , par le passage qu'il tire de la première , que l'auteur recommandoit principalement les vapeurs du vinaigre pour purifier l'air de putréfaction , en ajoutant seulement que ceux qui préféreroient les acides minéraux, pouvoient faire brûler du soufre , ou dégager l'acide du sel marin par l'huile de vitriol. Mais il n'est question d'aucune épreuve faite, d'aucune observation des effets de cette dernière opération.

Ce n'est encore, dans le Traité de 1779, qu'un conseil vague, qui paroît n'avoir pas eu plus d'exécution, dont l'auteur n'a pas su profiter pour lui-même , puisque la même lettre annonce qu'il est mort en 1783, d'une fièvre d'hôpital. D'ailleurs l'époque de l'impression de ce Traité est postérieure de six ans à la grande expérience que j'en fis en février 1773, et qui fut publiée, non pas comme le dit M. Johnstone , pour la première fois dans le Recueil de l'Académie des Sciences, dix ans après, mais dans le Journal physique du mois de juin de la même année 1773, avec tous les détails de l'opération et de ses résultats , sous le titre de *Nouveau Moyen de purifier absolument , et en très-peu de temps . une masse d'air infectée.*

Au reste, c'est contre la prétention de M. Smyth qu'il paroît avoir dirigé sa réclamation ; il ne suppose même pas que j'aie pu, en 1773, avoir connoissance de l'Opuscule de son père. Une dernière réflexion lui prouvera que j'ai bien plus à cœur de m'appuyer sur des opinions qui font autorité, que d'en déguiser la source. Si la date d'une première pensée, souvent jetée au hasard, ou seulement fondée sur quelque analogie apparente, devoit faire déférer l'honneur de l'invention à son auteur , à l'exclusion de celui qui l'auroit mise en pratique et démontré ses avantages, ce ne seroit pas au père de M. Johnstone que cet honneur appartiendroit, puisque le grand Boërhaave avoit dit, quarante-cinq ans auparavant : *In peste , causticis, alcalicis , halitibus putridis , conducunt fumi aceti , SPIRITUS SALIS , pulveris pyrii.* Il y a peu de temps qu'un jeune médecin m'a fait lire ce passage, au paragraphe 1120 des *Institutiones medicæ*, imprimées à Amsterdam, en 1727. On sait que la première édition fut donnée à Leyde, en 1713.

(9) *Page* 48.

EXTRAIT d'une lettre de M. le professeur Mojon à l'Auteur.
Gênes, 24 novembre 1802.

« Dès que l'on s'aperçut des progrès de l'épidémie, on prit toutes les mesures pour faire cesser ce fléau...... Le docteur Batt publia, en janvier 1800, le procédé de Smyth sur les fumigations nitriques...... On défendit d'allumer de grands feux dans les rues, comme quelques-uns le proposoient. Les fumigations acides furent pratiquées dans les églises, les hôpitaux, les lazarets, les prisons, les casernes et les chambres de plusieurs malades.

» Le 20 mars 1800, je fus appelé dans l'église de St.-André, où deux fossoyeurs étoient tombés morts au moment où ils vouloient descendre dans un caveau. Je trouvai l'église infectée d'exhalaisons putrides ; je fis sur le champ murer l'ouverture du caveau. Après avoir fait fermer les fenêtres, je plaçai au milieu de l'église un grand vase de terre contenant six livres de sel marin et trois livres d'acide sulfurique. On mit autour du vase des fagots allumés pour accélérer le dégagement des vapeurs ; elles cessèrent au bout de deux heures ; on ouvrit alors les fenêtres. L'odeur infecte avoit entièrement disparu, et l'on rentra dans l'église comme auparavant, sans rien sentir.

» J'ai observé le même effet encore plus marqué, lorsque j'ai fait des fumigations d'*acide muriatique oxigéné* dans les plus vastes édifices, et particulièrement dans l'église St.-Dominique, où l'air étoit tellement infect et chargé d'émanations putrides, que la fétidité se faisoit sentir à quelque distance, et dans les maisons voisines. J'employai pour la fumigation huit livres de sel marin, quatre livres d'acide sulfurique et une livre et demie d'oxide noir de Manganèze.

» Pour purifier l'air des lieux resserrés et habités, j'ai pratiqué de préférence les fumigations d'acide nitrique, qui ont également réussi, en détruisant les miasmes contagieux sans causer la moindre incommodité aux malades. *Il n'y a pas eu d'exemple que quelqu'un ait reçu la contagion des malades près desquels se faisoient habituellement ces fumigations.*

» Pour me garantir de l'impression des exhalaisons putrides et contagieuses auxquelles j'étois journellement exposé, je n'ai fait usage d'autre préservatif que d'un petit flacon d'acide acétique (vinaigre radical), que je tenois sous le nez ; et par ce moyen, j'ai eu le bonheur d'échapper à l'infection, pendant toute la durée de l'épidémie. »

(10) *Page* 51.

La première pièce de ce Recueil est intitulée : *Medios propuestos por Don Joseph Queralto, fisico de Camara de S. M., director de la Real Junta de la facultad reunida, director general por S. M. de la epidemia que ha reynado; para que el pueblo sepa desinfeccionar y precaverse vuelva a reproducir la que le ha consternado, en Sevilla 1800.*

M. Queraldo déclare que l'heureuse cessation de l'épidémie, dans les quartiers de S. Bernard, S. Roch et Calzada, est due au zéle avec lequel les fumigations ont été pratiquées par MM. Gutières de Rosas, Juan de Villegas, Miguel Cabanellas, Miguel de Roxas, et à l'empressement de MM. les Curés et Professeurs pour les aider dans ces manipulations.

La pièce suivante a pour titre : *Observaciones sobre los gases acido-minerales, que por orden de Don J. Queralto, hizo el D'. D. Miguel-Joseph Cabanellas, fisico de las reales exercitos, etc. en Sevilla 1801.*

Ce recueil est terminé par les deux certificats de Don Miguel Alphonse de Rosas et Don Juan de Rosas.

(11) *Page* 61.

PRÉCIS historique de la maladie qui a régné dans l'Anda-

lousie, *en* 1800, contenant un aperçu du voyage et des opérations de la commission médicale envoyée en Espagne par le
Gouvernement français, ainsi que diverses observations sur la
nature de la fiévre jaune, sur quelques méthodes de traitement
recommandées contre cette maladie, et sur les dangers plus ou
moins probables de son introduction et de son établissement en
Europe; par J. N. Berthe, professeur de l'École de Médecine
de Montpellier, etc. Paris 1802, *in-8°.*, 400 pages.

Cet ouvrage est précédé du rapport fait à l'École de Médecine
de Montpellier, le 2 octobre 1802, par MM. H. Fouquet,
Méjan et Dumas.

On lit, page 300, le passage suivant: « Il est impossible
de ne pas accorder la préférence à la méthode de désinfection
proposée par ce dernier (Guyton-Morveau), et qui consiste,
comme l'on sait, à verser dans une atmosphère chargée de
miasmes putrides et contagieux, une quantité de *gaz acide muriatique oxigéné* suffisante pour neutraliser ces miasmes. La facilité avec laquelle on peut se procurer partout les substances
propres à produire l'effet qu'on desire, la certitude des résultats
de l'opération établie par une théorie judicieuse, et par les
expériences les plus décisives, tout se réunit en faveur de cette
méthode. »

(12) *Pages* 116 *et* 186.

*EXTRAIT de deux lettres de M. Keir, jointes au rapport de
M. Smyth. Birmingham, 25 janvier 1796.*

« Je regarde la découverte du D[r]. Smyth comme très-importante. Par son procédé, la fumée est absolument differente
de la vapeur nitreuse ordinaire dans la distillation de l'eau-forte,
ou de celle que produit la dissolution des métaux par l'acide
nitrique; celle-ci est excessivement suffocante et nuisible, on
peut l'appeler vapeur acide nitreuse *phlogistiquée.* La fumée
produite, suivant la méthode du docteur Smyth (s'il n'y a
point de matière métallique dans le vase) *est une vapeur nitreuse
très-déphlogistiquée ou oxigénée*, mêlée par conséquent d'une

grande quantité de *pur air* déphlogistiqué, qui est dégagé des matières ; et cette fumée, au lieu d'être suffocante, a au contraire une odeur fort agréable. »

Birmingham, 3 *mars* 1796.

« La différence entre l'acide nitreux blanc (acide déphlogistiqué du docteur Priestley, acide nitrique des chimistes français) et l'acide rouge, appelé phlogistiqué, ou acide nitreux, est aujourd'hui bien connue ; elle a été d'abord remarquée par Schéele, qui enseigna comment on pouvoit les séparer par la distillation. Il y a ici même différence dans la couleur des vapeurs de ces deux acides. Le D^r. Smyth avoit lui-même observé que les vapeurs de la distillation de l'acide *nitreux* n'étoient point malfaisantes, et il en a fait une heureuse application. Lorsque j'ai distillé cet acide d'une très-petite quantité de nitre, avec l'huile de vitriol (acide sulfurique), dans des vaisseaux de verre, et les matières étant bien pures, je n'ai jamais eu que des vapeurs blanches, comme cela arrive dans le procédé du D^r. Smyth. Schéele dit, à la vérité, que, sur la fin de l'opération, il s'élève quelques vapeurs rouges; mais cela ne peut avoir lieu que lorsque l'on donne un trop grand coup de feu.... Il y a ici une bonne partie d'*air vital* dégagée du mélange ; mais *je ne puis être d'accord avec ceux qui lui attribuent une vertu médicamenteuse.* Nous avons peu de connoissances sur ce sujet ; cependant l'analogie de la destruction de toute fermentation animale ou végétale par les acides minéraux, qui est bien constatée, me porte à accorder l'efficacité de ces acides pour détruire la contagion, qui est vraisemblablement la matière animale dans une sorte de fermentation vicieuse. »

(13) *Pages* 2o5 *et* 352.

Lettre de M. Desgenettes, l'un des inspecteurs généraux du service de santé des armées, etc. communiquée à la première classe de l'Institut, le 12 *messidor an XIII, par M. Cuvier.*

« Depuis le 12 messidor an XII, époque à laquelle j'eus

l'honneur d'adresser à la classe l'extrait d'un rapport fait à son Ex. le Ministre directeur de l'administration de la Guerre, j'ai continué de faire faire, dans l'hôpital militaire de Paris, des fumigations de gaz acide muriatique oxigéné, suivant le procédé et la méthode de M. Guyton de Morveau.

» Ceux qui attendent des résultats de ces fumigations, non seulement sur la salubrité, mais encore sur leur influence dans la guérison ou la prophilactique des maladies, apprendront avec plaisir les faits suivans :

» 1°. Les maisons d'arrêt militaires de cette capitale fournissent régulièrement à l'hôpital militaire des fièvres adynamiques, qui non seulement s'aggravent dans nos salles, mais se communiquent très-fréquemment aux malades des lits voisins, et aux infirmiers. Il est constant que depuis un an ces sortes de communications n'ont point eu lieu.

» 2°. Des gangrènes très-étendues parmi les blessés ont été également limitées aux malheureux qui en étoient atteints. L'odeur spécifique n'est point anéantie, mais elle est modifiée par les fumigations.

» 3°. Nous avons, depuis plusieurs années, un grand nombre de scorbutiques ; trois, dont un existe encore, ont été sequestrés à cause de l'insupportable infection qu'ils répandoient, avec des torrens de salive sanieuse ; on est parvenu à neutraliser cette odeur spécifique ; elle s'est en quelque sorte concentrée dans une atmosphère de quatre à cinq mètres. Des infirmiers robustes et bien nourris, auxquels on a donné aussi journellement une certaine quantité d'eau-de-vie, sont parvenus à coucher assez près de ces scorbutiques, et à les servir très-régulièrement.

» La Classe a eu communication du toisé de l'hôpital. Je joins ici un mouvement des neuf premiers mois de cette année ; jamais la mortalité n'a été moindre. »

(14) *Page* 209.

Je dois à l'obligeante prévenance de M. de Bock, de m'avoir fait connoître les deux ouvrages du Dr Reich, dont il a publié

la

la traduction ; le premier intitulé : *Traitement de différentes maladies guéries par M. le D'. Reich, avec le remède qu'il a nouvellement découvert, etc. ; le second : De la fièvre en général, de la rage, de la fièvre jaune, et de la peste, etc. Metz, 1800.*

On trouve à la suite du premier le rapport de la Commission du Collége Royal de Médecine de Berlin , composée de MM. Selle, Fritze, Richter et Formey, qui ont suivi le traitement de vingt-huit malades, dont vingt-cinq ont été guéris par la nouvelle méthode. Ces médecins desirent un plus grand nombre d'expériences pour obtenir des résultats concluans ; cependant ils disent avoir été témoins d'effets très-heureux et très-prompts ; ils pensent que le remède du docteur Reich peut être employé avec grand succès dans les maladies des camps et des hôpitaux.

Dans le second ouvrage , le Collége de Médecine publie la Doctrine du docteur Reich , et la manière d'administrer son remède, en conséquence des ordres de S. M. le roi de Prusse.

(15) *Page* 353.

Extrait de la lettre circulaire de S. Exc. le Ministre de l'intérieur , à MM. les Préfets des départemens méridionaux et maritimes, du 30 nivose an XIII (20 janvier 1805.)

« Mon prédécesseur vous adressa, en l'an IX, un Traité de M. *Guyton-Morveau ; sur les moyens de désinfecter l'air , de prévenir la contagion et d'en arrêter les progrès* par les fumigations d'acides minéraux. Il vous invita , en même temps , à prescrire l'emploi de ces moyens dans tous les cas où l'on pourroit présumer l'air infecté de miasmes putrides.

Mon prédécesseur vous envoya en outre, le 7 floréal an XI, une Pharmacopée à l'usage des hospices civils, des établissement de secours à domicile, des prisons et dépôts de mendicité , dans laquelle il vous recommandoit de faire appliquer, de préférence

à toute autre méthode de désinfection, celle conseillée par
M. *Guyton*.

D'après ces invitations réitérées, et plus de trente années
d'expériences, toutes suivies du plus heureux succès, on auroit
dû s'attendre à voir adopter généralement un préservatif aussi
précieux et aussi assuré. Mais il a eu le sort de presque toutes
les découvertes utiles; que *l'ignorance* ou *l'insouciance* ont dé-
daignées ou négligées......

Je crois devoir, en conséquence, fixer de nouveau votre attention sur un objet qui intéresse aussi essentiellement la société....
Vous aurez soin de faire connoître que toutes les expériences
ont prouvé que les fumigations acides, en détruisant les miasmes
contagieux et l'odeur putride qui les accompagne, opéroient
sans aucune espèce de danger.

Vous recommanderez principalement l'usage de cette pratique
salutaire dans les prisons et dépôts de mendicité, dans les lazarets et dans les hospices; et vous observerez, à ce sujet, qu'en
même temps qu'elle fait disparoître le danger de l'infection,
elle diminue encore l'intensité de la maladie.

Les fumigations acides peuvent aussi être très-utiles pour désinfecter des salles de dissection, des ateliers nombreux, et tous
les lieux qui renferment une grande accumulation d'hommes,
même dans l'état de santé.

Enfin, vous ferez pratiquer les fumigations dans les épidémies et dans les épizooties.

Je vous serai obligé de me rendre compte du résultat des mesures que vous prendrez pour faire pratiquer les fumigations anti-
contagieuses dans tous les cas où elles pourront être nécessaires.
L'Académie des sciences, ainsi que la Société royale de médecine,
en avoient reconnu l'efficacité avant la révolution; et depuis,
le Conseil de santé des armées, l'Ecole de médecine de Paris,
et la première classe de l'Institut national, ont conseillé ou
prescrit ce procédé, contre lequel il n'existe plus aucune objection raisonnable. Il a été employé dans différentes circonstances,
tant en France que dans les pays étrangers, et toujours le succès

a répondu aux espérances. Il sera enseigné à l'avenir, dans les Écoles de médecine et les Écoles vétérinaires. D'après cela, aucune considération ne doit plus s'opposer à son adoption dans les départemens ; et je vous recommande formellement, Monsieur, d'user de tous les moyens qui sont à votre disposition, pour propager dans celui que vous administrez, une découverte aussi précieuse pour l'humanité, et dont les circonstances font sentir plus que jamais l'importance, surtout dans les départemens méridionaux.

N. B. Cette lettre étoit accompagnée d'un exemplaire de la deuxième édition du Traité de désinfection, d'une caisse d'appareils pour servir de modèles, et de l'instruction sur la manière de les renouveler, qui se trouve ci-devant page 590.

Dans une nouvelle circulaire datée de Oêues, le 15 messidor an 13, et adressée à tous les Préfets des départemens, Son Exc. annonce qu'elle a eu la satisfaction *d'apprendre que les mesures prises à cet égard avoient toutes été suivies d'un succès complet ;* elle les invite *à faire établir des appareils de désinfection dans les hospices, prisons, dépôts de mendicité, et dans tous les lieux où l'air peut être vicié par l'accumulation des malades, ou même des hommes sains.*

(16) *Pages* 363 *et* 384.

EXTRAIT *des procès-verbaux et rapports des médecins, chirurgiens et conservateurs de santé du lazaret de Marseille, rédigés jour par jour, depuis le* 13 *octobre* 1804 *jusqu'au* 17 *novembre.*

Il est entré dans ce lazaret neuf malades atteints de la fièvre jaune, arrivés sur des navires danois, mahonnois, venant de Malaga, d'Alicante, dont un avoit déjà perdu en mer quatre hommes. Ils y ont été traités, à compter du 13 octobre jusqu'au 17 novembre que le dernier est sorti. L'ouverture du cadavre du subrécargue du bâtiment danois *la Minerve*, mort pendant son transport au lazaret, a fait reconnoître la fièvre jaune. Le

mousse du bâtiment mahonnois *la Vierge des Carmes*, mort
également pendant le transport, avoit eu des vomissemens noirs.
L'ouverture des cadavres de deux gardes de santé, attachés au
navire danois venant de Malaga, au moment de son arrivée, et
qui furent emportés au bout de trois jours, a présenté les
mêmes symptomes; matière noire dans l'estomac et les intestins.
Le corps d'un passager pris à Malaga sur le Brigantin, *l'jeune
Gérard*, mort en vingt-quatre heures, a donné, à l'ouverture, les
mêmes signes d'altération; il avoit eu aussi des vomissemens
noirs. Le capitaine danois, *Soland*, venu également de Malaga,
mort le septième jour, a présenté les mêmes symptomes dans
leur plus grande intensité: putréfaction accélérée, bile très-noire,
matière semblable dans l'estomac; dans le tube intestinal; *une
des autopsies, disent les médecins et chirurgiens, qui nous a le
plus fortement offert tous les caractères de la fièvre jaune*. Les
trois autres individus, qui avoient eu des symptomes très-graves,
ont été guéris; savoir: un mousse danois au bout de sept jours;
un charpentier du navire danois l'*Amitié*, le dix-septième jour;
et un matelot mahonnois venu d'Alicante sur le bâtiment *la
Vierge des Carmes*, aussi le dix-septième jour. Ce dernier avoit
eu des vomissemens bruns, des urines noires et un grand abat-
tement.

Un rapport signé de cinq conservateurs de santé, donne la
description des moyens employés. Il porte en titre: *Parfums
suivant la méthode de Guyton-Morveau, que les conservateurs
de la santé publique de Marseille ont fait mettre en usage sur les
navires venant d'Espagne et d'Etrurie, et dans les chambres des
malades au lazaret, atteints de la fièvre jaune.* Il présente
d'abord un tableau distribué en cinq colonnes, qui indiquent les
différentes capacités des navires et des appartemens, la composition des parfums, et les doses suivant les capacités.

Ce que les rédacteurs appellent *parfum* (terme consacré par
l'usage des lazarets), est ici tout simplement un mélange d'acide
muriatique et d'acide sulfurique qui, comme je l'ai observé
pag. 385, produit le même effet que la décomposition du sel,

lorsque le dernier acide est assez concentré pour réduire le premier en gaz.

	ACIDE MURIAT.		ACIDE SULPUR	
Pour un navire	Onces.	Décagr	Onces	Décagr.
De 5 à 50 tonneaux.	5	15	4	12
De 50 à 100.	10	30	6	18
De 100 à 200.	12	36	6	18
De 200 à 400.	16	48	8	24
Pour un appartement				
De 5 mètres de côtés. . . .	8	24	4	12
De 10 mètres.	10	30	5	15
De 12 mètres. . . . , . . .	12	36	6	18

« Ces parfums (est-il dit) sont administrés deux fois par jour,
et pendant huit jours, aux équipages, passagers et bâtimens procédant des lieux mentionnés dans le protocole du présent état.
Ils sont reçus dans les chambres et entreponts, ainsi que dans
les lieux où couchent les équipages et passagers, et où leurs hardes
et effets sont étalés et suspendus.

» Ces doses de parfums sont pour servir dans le moment que
ces appartemens ou locaux sont occupés. Dans les cas où les fumigations seroient faites à la suite d'une maladie ou par précaution, il faut, avant d'habiter ces lieux, doubler la quantité de
chaque dose, et tenir, pendant trois jours consécutifs, les portes
et les fenêtres exactement fermées.

» Les conservateurs ont vu, avec toute la satisfaction possible, que l'usage qu'ils ont fait faire de ce parfum a parfaitement
rempli leurs vues. Tout navire procédant d'Espagne ou d'Etrurie,
sur lequel la fièvre jaune étoit vivante, a été, par le moyen de
ces fumigations et des autres mesures sanitaires, totalement dé-

sinfecté, et les miasmes destructeurs de cette cruelle maladie entièrement décomposés et extirpés, sans que les équipages, passagers, pilotes et gardes de santé, aient été, en aucune manière,
affectés de ces vapeurs.

» Ils ont vu également qu'il produit le même effet dans les
appartemens, au lazaret des malades passagers et autres, travaillés
de ce genre de maladie; les odeurs fétides des chambres de ces
premiers ont été totalement dissipées; et, ni ces individus, ni
les officiers de santé qui les ont soignés, ni les gardes de santé qui
les ont assistés et qui ont transmarché successivement de malades
en malades, n'ont éprouvé de son usage aucune atteinte qui fût
nuisible à leur santé.

» Ils ajoutent que deux gardes de santé ont été les seules victimes des ravages de ce fléau, et qu'il est vraisemblable que ces
malheureux avoient contracté le germe du mal dès leur entrée
sur les bâtimens, et avant qu'on eût pu pourvoir aux moyens
de les purifier ».

Suivent les signatures.

TABLE DES MATIÈRES.

Les chiffres renvoient aux pages.

A.

ACIDE ACÉTIQUE recommandé comme préservatif de contagion par le directoire de plusieurs hôpitaux militaires, 21. Corrige l'air infecté, 109, 137. Est-il différent de l'acide acéteux? 139. Son action sur la peau , 140. Employé avec succès comme préservatif, 138, 340, 413. Son utilité dans les circonstances ordinaires, 380.

Acide carbonique détruit l'odeur cancéreuse , 341. Employé comme médicament dans le traitement de la fièvre jaune, *ibid.*

Acides minéraux détruisent la matière contagieuse, 148. Sont les plus puissans instrumens de désinfection , 231. Sont antiseptiques, 342. Voyez *fumigations.*

Acide muriatique s'empare de l'ammoniaque répandue dans l'air, 8. Employé en lavages par M. Smyth en 1780 , 39, 64. Expériences qui prouvent son expansibilité, 120. Désinfecte l'air par la vapeur qui s'en élève spontanément, *ibid.* Se maintient plus en état de fluide gazeux que l'acide nitrique, 174, 183. Expériences à ce sujet, 175 *et suiv.* Avantages que lui donne cette propriété pour la destruction des miasmes contagieux, 345. Voyez *fumigations.*

Acide muriatique oxigéné indiqué par le directoire de plusieurs hôpitaux militaires, comme très-puissant contre l'infection , 22. Son action éprouvée sur le gaz putride , 122. Reconnu le plus puissant anti-septique , 193. Employé comme préservatif dans les salles de dissection , 199, 263. Son usage recommandé dans tous les lazarets, 212, 327, 406. Détruit les propriétés narcotiques de l'opium et de la ciguë, 220. Employé avec succès pour la guérison des ulcères, 220 *et suiv.* Obser-

vations sur son usage interne, 223 *et suiv.* Précautions à prendre dans sa préparation, 226. Est placé au premier rang des
stimulans propres à soutenir les forces vitales, 260. Accélère
la digestion, 261. Détruit les virus spécifiques, 316 ; même
le virus hydrophobique, 317 ; même le virus pestilentiel, 324
et suiv. Est le désinfectant le plus efficace, l'anti-contagieux
par excellence. 346. Voyez *fumigations.*

Acide muriatique oxigéné extemporané conserve plusieurs années
son énergie, 123, 404. Est un préservatif commode et sûr
contre les émanations putrides, *ibid.* Voyez *appareils.*

Acide nitreux confondu par M. Smyth avec l'acide nitrique, 66.
Ses vapeurs sont suffocantes, 150.

Acide nitrique détruit les miasmes putrides, 112, 343. Est plus
fixe que l'acide nitreux, 114. Est moins expansible que l'acide
muriatique, 115, 164, 175, 183. Circonstances où il pourroit être préféré, 343. Doit être dégagé à froid, 119, 163, 344.
Voyez *fumigations.*

Acide pyroligneux change l'odeur de l'air infecté, 103. N'a
qu'une foible action sur les miasmes, 141, Voyez *feux.*

Acide sulfureux ne corrige pas complétement l'air infecté, 110.
Agit plus efficacement lorsqu'il est mis en expansion par la
combustion du soufre, 146, 342.

Acide sulfurique, même étendu, détruit toute odeur putride,
111. Sert très-bien à la désinfection, lorsqu'il est produit par
la combustion actuelle du soufre avec le nitre, 147, 342. Ce
qui a fait croire à Cruickshank qu'il ne détruisoit pas subitement la matière fetide, *ibid.* Voyez *soufre.*

Acide sulfurique, glacial fumant. Avidité avec laquelle il s'empare de l'eau dissoute dans l'air, 170. Comment pourroit être
employé à sa désinfection, 343.

Affinité. Fausse idée que quelques-uns attachent à ce mot, 237.

Air tient réellement en dissolution les effluves putrides, 84.
N'est enrichi d'oxigène par les fumigations d'acide nitrique,
185. Son renouvellement très-utile, 284. Ne peut par lui-
même décomposer le virus pestilentiel, 286. Comment on peut

concevoir qu'il désinfecte à la longue , 287 , 337. Agit comme délayant sur les miasmes , dout il est le véhicule , 288. Etablissement des courans souvent insuffisant , 289. Chargé d'un 800°. de gaz hydrogène sulfuré tue les animaux , 373. Celui qui est plus foiblement imprégné de ce gaz produit un empoisonnement lent , 575.

Air commun. Ce qu'il tient d'oxigène et d'azote , 86. Enrichi d'oxigène , employé comme médicament , 292 , 257. Appauvri d'oxigène , administré avec succès en certains cas, 258.

Air infecté n'est corrigé par l'eau de chaux , 72 , 77, 579. Son action sur les dissolutions métalliques, 73, 97 ; sur le sulfure de chaux, 74 ; sur les réactifs colorés, *ibid.* Ne donne point de signe de la présence de l'hydrogène sulfuré , 76. Contient beaucoup de carbone, 77. Occasionne des coliques, *ibid.* Ne donne que de foibles différences dans les essais eudiométriques , 78 , 85. N'est corrigé par les fumées de benjoin, 101, 130 ; ni par les dissolutions de résines , 102 , 132 ; ni par le vinaigre des quatre voleurs, *ibid.* Brassé avec le vinaigre ordinaire , perd son odeur , 106. N'est pas purifié par le vinaigre versé sur un fer chaud , 108. Est corrigé par l'acide acétique , 109 , 137 ; par la combustion du soufre, 110, 145 ; par la vapeur , même spontanée , de l'acide muriatique, 120 ; par l'acide muriatique oxigéné , 41, 122, 197. Moyens de lui restituer sa salubrité, 327, 377. Voyez *fumigations* et *gaz.*

Air vital. MM. Smyth et Keir ont cru qu'il s'en dégageoit , pendant la décomposition du nitre par l'acide sulfurique , 116, 186. *et suiv.* Employé comme médicament, 256. Administré avec succès à un lépreux, 257. Son effets sur l'animal vivant , 259. Son influence dans l'animalisation , 261. Voyez *oxigène.*

Alcalis. Suivant Mittchill sont anti-contagieux et préservatifs, 267. Examen de cette doctrine, 269 *et suiv.* Elle est en opposition avec les principes et avec les faits , 271 , 281. Les virus sont détruits par les alcalis concentrés, 275. Ils donnent aux matières animales une odeur putride, 279.

Animalisation. Son excès cause de disposition putride, 261.

Anti-septique. Les substances végétales qui possèdent le plus cette propriété sont le quinquina et la noix de galle, 78. Les acides minéraux sont au premier rang, 342.

Appareils pour les expériences sur l'air putride, 69 *et suiv.*

Appareil permanent de désinfection. Sa description, 387. Procédé de sa préparation, 388. Manière de s'en servir, 389. Moyens simples de le renouveler, 390.

Appareil portatif. Description, procédés, usage, 203, 391 *et suiv.* Nouveau perfectionnement qu'il a reçu, 394. Voyez *acide muriatique oxigéné extemporané* et *fumigations.*

Asphyxie. Animaux asphyxiés par le gaz hydrogène sulfuré, rappelés à la vie par l'acide muriatique oxigéné, 374.

Azote est une des parties constituantes des matières animales, 269. Propriétés de ses diverses combinaisons avec l'oxigène, 270. Erreur de Mittchill sur les qualités vénéneuses de son oxide, 271 *et suiv.* Voyez *gaz azote.*

B.

Banau recommande les fumigations acides dans les épidémies, 14.

Beddoes défend la propriété de l'Auteur contre la prétention du D^r. Smyth, 39. Attribue à l'acide muriatique les succès du D^r. Smyth à Winchester; *ibid.* Ses observations sur l'usage médicinal des gaz, 222.

Berthollet. Ses observations sur le gaz putride, 77. Son rapport à l'Institut sur ce Traité, 398.

Blanchiment des murs ne détruit pas les miasmes contagieux, 92. Rendu solide par le lait, 93; par le sel, *ibid.* Voyez *lait de chaux.*

Bueno chargé par le gouvernement d'Espagne de faire exécuter les appareils désinfectans, 391. Y fait entrer le salpêtre brut, *ibid.*

C.

Cabanellas fait sur lui-même l'épreuve d'un vêtement désinfecté par les fumigations, 53.

Camphre ne fait qu'aromatiser l'air, 131. Voyez *parfums*.

Carbonate de chaux. Prétendues vertus désinfectantes que Mittchill lui attribue, 273.

Charbon corrige la viande qui commence à s'altérer, 279, 340.

Chaussier fait pratiquer les fumigations dans les hôpitaux, 22, 552. Emploie l'acide muriatique oxigéné comme préservatif dans les salles de dissection, 200. Comment il considère les effets de ce gaz pour augmenter l'action vitale, 263.

Chaux, ses effets sur les corps putréfiés, 7. Ne peut servir qu'à absorber le gaz acide carbonique, 92, 339. Comment prévient la corruption, 95. Hâte le dégagement des effluves putrides, *ibid*. Dégage le gaz ammoniacal, *ibid*. Voyez *blanchiment des murs*.

Combustion, purifie tout, 212. S'opère à froid par l'oxigène, 213.

Conseil de santé. Son instruction sur les moyens d'arrêter la contagion, 17. Fait faire des essais de fumigations d'acide muriatique dans trois hôpitaux, 20.

Contagion, les effluves animaux en sont le principe le plus commun, 90, 291, 295. Ne se contracte que par la disposition du sujet, 234 *et suiv*. Il y a toujours quelques personnes qui n'en sont pas atteintes, 235, 295. Ses effets subordonnés à des causes prédisposantes, 241, 296. Les naturels ou les étrangers plus ou moins sujets à son influence, 245, 248. Le moyen d'y résister est d'augmenter les forces vitales, 254, 295. Ne peut plus naître et se propager que par une absolue négligence, 43, 396. Le principe est essentiellement de la nature des combustibles, 313. Peut être rendu énergique par sur-azotation, 315; il est brûlé par l'oxigène, comme par le feu, 326. Voyez *air infecté* et *fumigations*.

Crawford. Ses expériences sur le gaz hépatique animal, 134; sur le virus cancéreux, 218.

Cruickshank. Son procédé de fumigation, 40. Il inocule sans effet du virus variolique qui a subi l'action de l'acide muriatique oxigéné, 316.

D.

Dalmas. Ses observations sur la fiévre jaune, 285, 293, 504, 569.

Desgenettes communique à l'Institut les heureux résultats de la pratique des fumigations d'acide muriatique oxigéné dans l'hôpital militaire de Paris, 205, 561. Donne en Egypte le courageux exemple de l'attouchement d'un pestiféré, 241.

Désinfection éprouvée sur des meubles et vétemens, 53. 55. La seule exposition à l'air peut-elle l'opérer? 284. N'exige que peu de jours au moyen des fumigations acides, 311. Celle des papiers par le vinaigre, 325. Indication des procédés suivant les circonstances et les localités, 377 *et suiv.*

Devèze. Ses observations sur l'origine et le traitement de la fiévre jaune, 229 241, 247, 299, 307.

Dupuytren. Ses expériences sur l'air méphitique des fosses d'aisance, et les moyens de préserver les ouvriers, 371 *et suiv.* Voyez *gaz hydrogène sulfuré.*

E.

Eau prend et conserve l'odeur du gaz putride, 70, 338. A plus d'affinité avec le gaz oxigène, qu'avec le gaz azote, 260. Peut ainsi exercer une foible action sur les virus fixes, 338.

Eau (l') *de chaux* ne purifie pas l'air chargé d'effluves putrides, 72, 94, 339. Ne détruit pas l'odeur fétide de la matière des ulcères, *ibid.*

Effluves putrides. Leur accumulation peut produire la peste. 90. Sont des composés de matières combustibles ou oxidables, 99. L'habitude dispose à résister à leur influence, 244. N'ont d'autre ferment que la matière pourrie elle-même, 273. Forment toûjours un foyer d'infection, quelle que soit la cause première de la mortalité, 295. Voyez *miasmes.*

Eglise (l') principale de Dijon désinfectée en 1773, 7.

Epidémies. Les fumigations recommandées pour en arrêter les progrès, 7, 17, 21, 418. Combattues avec succès par ce moyen à Gênes, 48, 41 ; à l'Ile d'Amelaud, en Prusse, dans plusieurs départemens, 357 *et suiv.*

Epizooties. Les fumigations acides sont recommandées pour faire cesser ce fléau, 19, 20, 406. Nouvelles observations qui en constatent l'efficacité, 363 *et suiv.* Elles sont ordonnées par le Gouvernement, 418.

Eudiomètre. Ne donne la mesure de la salubrité de l'air, 78, 85, 86. Ne sert pas à faire juger la présence des odeurs, 81. Le gaz acide carbonique est cause d'erreur dans les essais par cet instrument, 91.

Expansibilité plus grande des vapeurs acides à l'air libre, 168. Explication de ce phénomène, 173.

F.

Feux (les) ne purifient l'air infect, 11. Sont souvent plus nuisibles qu'utiles pour désinfecter l'air, 141, 337. Déplacent les miasmes sans les détruire, 143.

Fièvre d'hôpital. L'épidémie de Nizza et de Gênes, en 1799, n'eut pas d'autre origine, 47. Est produite par l'air chargé d'exhalaisons animales, 233, 292, 350. Rend la fièvre jaune contagieuse, 228, 302. Finit par opposer le plus grand obstacle à la cessation de la mortalité, 295.

Fièvre des prisons arrêtée par les fumigations, 11, 354 *et suiv.* Apportée dans une salle de justice par des habits d'individus non malades, 311.

Fièvre jaune. Ses ravages en plusieurs contrées, sans qu'on pense à lui opposer les désinfectans, 49, 359, 361, 363. Les fumigations la font cesser en peu de jours à Séville, 51 *et suiv.* Est-elle contagieuse ? 60, 297, 299. Elle le devient sûrement par l'infection qu'elle produit, 228, 302 *et suiv.* Bons effets obtenus dans son traitement par les acides et les oxigénans, 329 *et suiv.* Le même individu l'a-t-il deux fois ? 293. Le tropique du Cancer n'est plus sa limite, 297. Se communique-t-elle par les hardes et marchandises ? 299, 306 *et suiv.* Quelle que soit son origine, les fumigations offrent le secours le plus puissant, 305. Les cautères n'en préservent pas, 384. Les fumigations sauvent à St.-Domingue tout l'équipage d'un navire, et quelques maisons de Cadix, 359, 360. Ce n'est qu'après ses premiers ravages à Livourne que l'on reconnoit l'utilité des fumigations, 361. Vue en France pour la première fois en août 1802, *ibid.* Est apportée, en 1804, par quatre navires au lazaret de Marseille, 362. Sa propagation arrêtée dès les premières fumigations d'acide muriatique, 363, 419 *et suiv.*

Flacon, préservatif, sa préparation, 123, 203, 391, 404. Voyez *acide muriatique oxigéné extemporané et appareils.*

Fleury a fait pratiquer avec succès les fumigations d'acide muriatique oxigéné dans l'hôpital militaire de Cherbourg, 204, 221. A opéré par ce moyen la guérison d'ulcères rebelles, 550.

Fosses d'aisances, les fumigations en détruisent l'odeur, 370. Moyens de prévenir l'asphyxie des vidangeurs et de les secourir, 371 *et suiv.* 378.

Fourcroy, preuves qu'il a données de l'action médicamenteuse de l'oxigène, 198, 255. Ses observations sur l'acide muriatique oxigéné dans le traitement d'un cancer, 223. N'admet de ferment dans le miasme putride que la matière pourrie elle-même, 273. Indique l'acide muriatique oxigéné pour détruire le virus hydrophobique, 518.

Fumigations aromatiques, leur inutilité, 7. Ne font que masquer l'odeur, 13, 48, 101. Auteurs qui les proscrivent comme ne méritant aucune confiance, 126 *et suiv.* Howard en fait encore mention dans son histoire des lazarets, 129. Voyez *parfums.*

Fumigations d'acides minéraux; leur découverte revendiquée par le Gouvernement français en faveur de l'auteur, 37, 406. Sa propriété défendue contre le docteur Smyth, par MM. Kirwan et Beddoes, 38; par les auteurs du Journal de médecine anglais, 40. Ordonnées par plusieurs Gouvernemens étrangers, 44, 353, 356, 357, 360, 391; en France, 353,

417, 419. Pratiquées avec succès lors de l'épidémie de Gênes, 48. Font cesser l'épidémie de Séville, 49, 67. Détruisent toute odeur putride, 148. Décomposent les miasmes contagieux, 231. Cas où elles doivent être faites en grand, en vaisseaux ouverts, 377. Ceux où elles doivent être répétées à doses réglées, 379. Circonstances dans lesquelles les appareils désinfectans offrent plus d'avantages, *ibid*. Manuel des procédés pour ces différens cas, 380 *et suiv.* Voyez *appareils*.

Fumigations d'acide muriatique pratiquées pour la première fois en 1773, à Dijon, 7. Recommandées dans les épizooties en 1774, 12, 13. Indiquées dans le rapport de l'Académie, en 1780, pour désinfecter les prisons, 14 ; en 1786, par le D^r. Banau, comme le plus sûr préservatif dans les épidémies, 15; dans l'instruction du Conseil de Santé, de 1794, 17. Pratiquées sans accident près des malades, 20, 195. Ordonnées par le directoire de plusieurs hôpitaux militaires, 21. Pratiquées dans les hospices de Dijon, 22 ; dans les hôpitaux de la Belgique, *ibid.* Employées à l'armée des Pyrénées occidentales, en 1795, à l'armée d'Italie, en 1799; sur les bâtimens de la république à Rochefort, 23, 297 ; à bord des vaisseaux de l'expédition d'Egypte, 23, 400. Adoptées en Espagne, 45. Pratiquées sur un vaisseau danois, 46 ; à Gênes, en 1800, 48. Arrêtent la fièvre jaune à Séville, en 1800, 49 *et suiv.* 67. Eprouvées directement sur le gaz putride, 120, 199. Peuvent se faire à froid et à chaud, 193, 380. Sont très-avantageuses sous le rapport de l'expansibilité, 174, 183. Employées par Harles pour arrêter une fièvre maligne contagieuse, 357. Leur efficacité éprouvée au lazaret de Marseille contre la fièvre jaune, 368, 419 *et suiv.* Procédés à suivre dans les lieux non habités, 382; dans les lieux habités, 383. Procédé particulier du lazaret de Marseille, 384. N'exigent aucun appareil, 386.

Fumigations d'acide muriatique oxigéné pratiquées à l'hôpital de Woolwich, par M. Cruickshank, 43 ; sans incommoder les malades, 44. Recommandées par la Commission de l'Ecole de Montpellier, 61. Les craintes de M. Odier sur leur danger, destituées de fondement, 200; et complétement détruites par l'usage devenu habituel dans les hôpitaux, 203 *et suiv.* 351. Détruisent chimiquement les miasmes contagieux, 265. Préservent efficacement de leur action; *ibid.* Employées avec le plus grand succès pour la guérison d'ulcères rebelles, 350. Avantages qu'on en a obtenus pendant un an à l'hôpital militaire de Paris, 351; à l'hospice de la Maternité, 352; dans plusieurs hôpitaux en Allemagne et en Prusse, 353; pour la fièvre catarrale maligne à Delft, 354; sur une frégate danoise, 355. Font cesser les ravages de la fièvre des prisons à Coutances, à Dijon, dans la maison d'arrêt de Vire, 355 *et suiv.* Arrêtent des épidémies dans l'île d'Ameland, dans les départemens des Deux-Sèvres et de la Manche, 357 *et suiv.* Leur utilité pour la désinfection des salles de vers à soie, 366. Font-elles périr les insectes? 367. Détruisent l'odeur des peintures récentes, 569. Décomposent sur le champ le gaz hydrogène sulfuré, 373; même dans les poumons des animaux qui en sont asphyxiés, 374. Procédés à suivre dans cette opération, 380. Voyez *acide muriatique oxigéné* et *appareils.*

Fumigations d'acide nitrique pratiquées avec succès, en 1796, sous la direction de M. Smyth, 27. Employées à Gênes en 1800, 48; à Séville la même année, 52. Occasionnent la toux en quelques circonstances, 29, 67, 113, 155. Faites à l'aide de la chaleur, donnent des vapeurs rouges, 113, 157. Ne jouissent pas d'une grande expansibilité, 115, 164. N'enrichissent pas l'air d'oxigène, 116, 157, 186 *et suiv.* Doivent être faites à froid, 119, 160, 345, 386. Ne donnent alors que des vapeurs blanches, 179. Produisent du gaz nitreux en se condensant sur des métaux, 178. Recommandées contre la peste, 287. Épidémie arrêtée, ulcères gangréneux guéris par ces fumigations, 358. Quantités des matières à employer, 161. On doit multiplier les appareils, et non augmenter les doses dans le même vase, 165, 344.

Procédés

Procédés à suivre dans cette opération, 385. N'exigent point
d'appareils, 386. Voyez *acide nitrique*.

Fumigations d'acide nitro-muriatique sont plus actives que
celles d'acide nitrique, 386. Procédés de cette opération,
ibid.

Fumigations de vinaigre ne désinfectent pas l'air, 108, 154.
Voyez *vinaigre*.

G.

Gaz acide carbonique est repris par l'air, malgré son excès
de pesanteur, 85. Est un produit de la putréfaction, 91.
Moyen d'en purifier l'air, 92.

Gaz acide muriatique, très-expansible, 121, 183. Quantité
d'eau qu'il retient après la plus forte dessication, 191. Voyez
fumigations.

Gaz acide muriatique oxigéné rend sensibles les émanations de
l'huile animale, 82. Reconnu le plus efficace pour détruire
les miasmes, 290. Porte au loin son action sans troubler
la transparence de l'air, 202. Décompose les miasmes contagieux, et préserve de leur action, 268, 326. Voyez *appareils*
et *fumigations*.

Gaz ammoniacal, n'existe pas libre dans les effluves putrides, 95.

Gaz azote considéré comme dissolvant des effluves animaux,
87.

Gaz hidrogène carboné reste dans la profondeur des mines, 83.
Employé comme médicament, 268.

Gaz hydrogène sulfuré est un poison très-actif, 370; cause de
l'asphixie des vidangeurs, connue sous le nom de *plomb*,
371. L'air qui en tient un 800e. fait périr sur le champ les
animaux, 373. Est subitement décomposé par les fumigations
d'acide muriatique oxigéné, *ibid.* L'air qui en tient habituellement une très-petite quantité, produit un empoisonnement
lent, 375.

Gaz oxide d'azote est un poison suivant Mittchill, 271, respiré
impunément par nombre de physiciens, *ibid.*

Gaz oxigène augmente les forces vitales, 254, 259, 294. Contr'indiqué dans la phthisie pulmonaire, 256. Avantageux dans les cas d'asthme humide, 257. Voyez *air vital*.

Gimbernat communique à l'auteur les rapports officiels sur la maladie de Séville, 50. Traite avec succès un lépreux par l'air vital, 257.

H.

Habitude, dispose à résister aux effluves putrides, 244 *et suiv.*; même à la contagion, 252.

Hallé, ses recherches sur le méphitisme des fosses d'aisances, 137. Ses observations sur l'usage interne de l'acide muriatique oxigéné, 224; sur une maladie singulière causée par l'air d'une galerie de mine, 375.

Harles indique les fumigations contre les dangers de la fiévre jaune, 353; les emploie avec succès dans les fiévres malignes, 357.

Hôpitaux militaires, ordre d'y pratiquer les fumigations acides, 20, 398. Bons effets qu'elles y produisent journellement, 352, 417.

Howard indiquoit encore dans son Histoire des lazarets, les fumigations aromatiques comme anti-contagieuses, 129.

Huzard conseille les fumigations acides dans l'instruction sur la morve, 20.

Hygromètre (l') de M. Leslie marque diminution d'humidité dans un récipient rempli de vapeurs nitriques, 177.

J.

Johnstone, sa réclamation de la découverte des fumigations acides, 40.

I.

Insectes, est-il vrai que les fumigations acides les font périr, 368? Comment cela pourroit arriver, *ibid.*

K.

Keir croit que les vapeurs nitriques donnent de l'air pur, 116,

414. Réfutation de cette opinion, 186 *et suiv*. Refuse toute vertu médicamenteuse à l'oxigène, 207, 415.

Kirwan réclame la découverte des procédés de désinfection pour l'auteur, contre le D'. Smyth, 38.

L.

Lait de chaux. Son utilité dans les salles d'hôpital, 92. Ne détruit pas les miasmes contagieux, *ibid.*

Lazarets. On y pratique encore des fumigations aromatiques, 16, 129. On devroit y faire usage de l'acide muriatique oxigéné? 327. Les fumigations d'acide muriatique font cesser la fièvre jaune dans celui de Marseille, 363, 385, 419.

M.

Macbride. Son opinion sur la manière d'agir de la chaux, 7.

Maladies. Quelles sont celles qui se communiquent par un virus spécifique? 291. En quoi les épidémiques diffèrent des contagieuses, 292. Prennent toutes ce dernier caractère dans les grandes mortalités, 295.

Mauduit. Ses vues pour découvrir la nature du venin pestilentiel, 236, 320. A combattu l'opinion qu'il y avoit des pestes de nature différente, *ibid.*.

Médicamens. Leur action sera chimique, si elle devient manifeste, 210.

Miasmes contagieux sont certainement des substances composées, 99. Leurs élémens sont de la nature des combustibles, 100. Sont détruits par les acides minéraux, 83, 148. Voyez *effluves putrides* et *sur-azotation.*

Mines. Maladie singulière produite par l'air d'une galerie de mines de houille, 375. Analyse de cet air, 376. Moyens qu'elle indique pour en faire cesser le danger, *ibid.*

Mitchill auteur d'un système qui compose le monde de 17 atomes, 267. Attribue à l'azote oxidé la qualité vénéneuse des miasmes, 268. Indique les alcalis comme curatifs et préservatifs, *ibid.* La fiévre jaune n'est pas devenue plus traitable en Amérique, depuis sa découverte, 282.

Mojon fait pratiquer avec succès les fumigations acides lors de l'épidémie de Gênes, 48. Ses expériences eudiométriques sur l'air des hôpitaux, 85.

Moreau de la Sarthe. Reproche qu'il fait à l'auteur de traiter ces matières, étant étranger à l'expérience médicale, 211. Conseille l'usage de l'acide muriatique oxigéné dans les lazarets, 212.

Morland. Sa dissertation sur l'utilité des fumigations acides, dans toutes les maladies adynamiques, 294.

Muriate suroxigéné de potasse employé comme médicament, 217, 346. Ses bons effets dans le traitement de la fiévre jaune, 252. Agit comme stimulant, 262. Sa dissolution remplaceroit avantageusement les lessives de hardes suspectes, et les topiques anti-pestilentiels, 346.

Muriate suroxigéné d'étain. Ses vapeurs ne deviennent visibles qu'en prenant l'eau dissoute dans l'air, 170. Proposé comme préservatif par Vicq-d'Azyr, 347. Manière de l'employer comme désinfectant, 348.

N.

Nitrate d'argent administré intérieurement, 227.

Nitre. Peu d'effet de sa détonnation pour purifier l'air, 105, 144. Sa déflagration avec le soufre produit une vapeur efficace, 147.

O.

Odeur ne dépend pas d'un principe commun, 81. Ne diminue pas l'air respirable, 84. Forme-t-elle un caractère? 87. Détruire celle causée par les effluves putrides, c'est détruire le danger, 89, 220. Celle du poisson pourri semblable à celle du gaz hydrogène phosphoré, 99. Celle des eaux de buanderie est très-infecte, 279. Celle des peintures récentes est détruite par l'acide muriatique oxigéné, 369.

Odier fait voir que Smyth n'est pas l'inventeur des fumigations d'acides minéraux, 38, 409. Relève l'erreur de Smyth sur la production de l'oxigène par la combustion de la poudre, 105. Combat les objections de l'auteur contre le procédé de Smyth, 151 ; et le réforme d'après ces objections, 119, 160, 161. Reconnoît le gaz acide muriatique oxigéné comme l'agent de désinfection le plus efficace, 200. Ses craintes sur le danger de cette fumigation, sont détruites par les faits, 203.

Officiers de santé. Les fumigations leur étoient ordonnées sous leur responsabibilité, 20 ; combien ont été victimes de leur négligence des vrais préservatifs ! 50, 199, 233, 260.

Oxigène. Son influence dans les procédés de désinfection, 206. Est le remède universel de Reich, 208. Médecins qui ont prouvé son action médicamenteuse, 210, 215, 217, 222, 253. Altère les substances animales comme le feu, 215. Détruit l'odeur du gaz putride, 227. Bons effets qu'on en a obtenus dans le traitement de la fièvre jaune, 229, 232 *et suiv.* Considéré comme préservatif, 262. Décompose les miasmes contagieux par affinité, 265.

P.

Palloni recommande l'introduction de l'oxigène dans l'économie animale, 232.

Papiers suspects sont purifiés plus sûrement par l'immersion dans le vinaigre que par le parfum des lazarets, 137, 325.

Parfums. Leur utilité pour la désinfection, 7, 12. Trompent seulement l'odorat, 13, 101. Proscrits par les meilleurs auteurs, 126 ; même ceux où le soufre est mêlé avec des résines, 146, 399. Le vrai parfum seroit celui dans lequel on n'emploieroit que soufre et nitre, 147, 342. Ce nom a été donné, au lazaret de Marseille, à une fumigation d'acide muriatique, 385, 420. Voyez *soufre* et *papiers suspects.*

Parmentier, rédacteur de l'Instruction du Conseil de Santé, sur les moyens d'arrêter la contagion , 17, 127. Attribue à l'oxigène même la vertu médicamenteuse des oxigénans, 216.

Peste. On en a attribué le principe au phlogistique, 79. Peut être produite par des matières putréfiées, 90. Vues de Mauduit pour découvrir la nature de son venin, 236, 320 ; il n'affecte que ceux dont le corps est disposé à le recevoir, 235, 240, 295. Bubon touché impunément par le général en chef de l'armée d'Egypte, 241. Ce virus conserve longtemps ses funestes propriétés, 286, 319 ; fumigations nitriques indiquées pour s'en préserver, 291 ; peut-il être apporté par l'air ? 285, 322 ; n'est pas un ferment, mais une émanation du corps du pestiféré , 291. Endémique en Egypte, suivant Pugnet, 296. Dix pelisses infectées de son virus sont purifiées par le soufre brûlé avec le nitre, 335. Voyez *préservatifs.*

Pinel recommande les fumigations nitriques contre la peste, 287. Son opinion sur le principe contagieux de cette maladie, 291 ; sur les dispositions qui naissent de la diminution des forces vitales, 294.

Poudre à canon. Son explosion déplace l'air putride sans le corriger, 103, 144. Ne produit pas d'oxigène , comme l'a cru le D*r*. Smyth, 105, 146.

Préservatifs. L'acide acétique jouit à un certain point de cette propriété, 21, 138. Les acides minéraux plus efficaces, 231. L'acide muriatique oxigéné le plus puissant, 260. Prétendues vertus des alcalis, 269. Examen de quelques recettes vantées contre la peste, 328. Des frictions glaciales , *ibid.* Des frictions d'huile , 329. Des cautères, 331. Du vaccin, 333. Des chemises soufrées, *ibid.*

Prisons désinfectées, en 1773, par la fumigation acide, 11. Rapport de l'Académie sur les moyens d'en corriger l'insalubrité, 14. Terrible événement de la prison de Calcutta, 80. Voyez *fièvre des prisons.*

Pugnet. Son opinion sur la nature de la peste, 296.

Putréfaction produit du gaz acide carbonique, 91. Ne développe point d'hydrogène , 78. Arrêtée par la plus foible disso-

lution de nitrate d'argent , 228. Des cadavres considérablement accélérée dans les maladies contagieuses, 228 , 295 , 323.
N'a d'autre levain que la matière pourrie, 290. Voyez *effluves
putrides.*

Q.

Quarantaines peuvent être réduites sans danger, au moyen des
fumigations acides , 311.

R.

Reich. Sa découverte sur les vertus médicamenteuses de l'oxigène , 208 , 416.
Rollo. Son rapport sur le régime de l'hôpital militaire de Woolwich , 42. Ses observations sur le traitement des ulcères par
les oxigénans , 220.

S.

Sachets camphrés employés comme préservatifs à Philadelphie ,
131. Voyez *parfums.*
Salpêtre brut employé en Espagne pour les fumigations acides ,
391.
Sel volatil de vinaigre. Ce que c'est , 138.
Septon, nom donné par Mittchill à l'azote, 269.
Smyth. Ses premiers essais de fumigations en 1780, 25 ; celles
faites sous sa direction en 1795 , 27 , 36. N'a pas réellement
pratiqué les fumigations d'acides minéraux à Winchester ,
38. Moyens de désinfection qu'il y a employés, 40 , 64. Jugement qu'il en a porté depuis , 66. Compte qu'il a rendu de
l'effet des fumigations d'acide nitrique, en 1796, 105. A cru
que l'explosion de la poudre donnoit de l'oxigène, *ibid.* Se
trompe lorsqu'il dit que les lotions de vinaigre ne valent pas
mieux que celles faites avec l'eau , 134.
Soufre. Sa combustion agit plus sur l'air infecté que l'acide sulfureux, 110, 145. Peut être employé utilement dans les lieux
non habités, 146 , 341 Brûlé avec le nitre , purifie bien les

vêtemens, 147, 342; même ceux qui ont servi à des pestiférés, 335.

Sur-azotation forme probablement le principal caractère des
virus contagieux, 315.

V.

Valentin. Son opinion sur l'origine, la nature et le traitement
de la fiévre jaune, 229, 241, 302, 330, 352.

Vapeurs (les) de l'acide muriatique et de l'ammoniaque s'arrêtent en vaisseaux fermés, 9, 169.

Vapeurs acides. Pourquoi elles s'arrêtent quand la communication avec l'air ambiant est interrompue, 168 *et suiv.*

Ventilation. Moyen insuffisant de désinfection, 289, 409.

Vers à soie. Avantages qu'on a retirés des fumigations pour en
prévenir la mortalité et préserver ceux qui les servent de maladies putrides, 366, 379.

Vicq-d'Azyr conseille les fumigations acides dans l'épizootie;
12. Propose le muriate oxigéné d'étain comme préservatif,
347.

Vinaigre brassé avec l'air infecté, en détruit l'odeur, 106.
S'élève peu à la distillation, 108, 135. Brûlé sur un fer chaud
ne désinfecte pas l'air, *ibid.* Distillé sur l'oxide de manganèse, 109, 140. Purifie les corps qu'il touche, 134, 339.
Ses prétendues vertus anti-méphitiques, 136. Voyez *papiers
suspects.*

Vinaigre des quatre voleurs ne corrige pas l'air infecté, 102,
133. Voyez *fumigations aromatiques.*

Vinaigre radical. Voyez *acide acétique.*

Virus hydrophobique peut être détruit par les cautérisans, 276;
encore mieux par les oxigénans, 318.

Virus pestilentiel. Voyez *peste.*

Virus psorique, l'oxigène en est le vrai médicament, 216.

Virus spécifiques, maladies qui en dépendent, 291. Ils sont
tous détruits par l'acide muriatique oxigéné, 316, 326.

Virus syphilitique est décomposé par les oxigénans, 216, 317.

Virus variolique inoculé sans effet, après avoir subi l'action de l'acide muriatique oxigéné, 316.

U.

Ulcères. Le gaz acide muriatique oxigéné détruit leur odeur fétide, 41, 416. Traités avec succès par les oxigénans, 218, 220, 227, 257. Les plus rebelles guéris par les fumigations, 550, 358.

FIN DE LA TABLE DES MATIÈRES.

ERRATA.

Page 17, ligne 13 ; *au lieu de* Lassus , *lisez* Lassis.

Page 46 , ligne 1ᵉʳᵉ., *effacez* 25.

Page 137 , ligne dernière , *au lieu de* 1758 , *lisez* 1785.

Page 342 , ligne 8 , *après ces mots :* les acides minéraux sont anti - septiques , *ajoutez :* le Dᵣ. Bonvoisin a observé qu'ils détruisoient le levain de putridité du seigle ergoté, ce que ne faisoit pas le vinaigre. (*Annales de Chimie* , tome XLVIII, page 100.)

On lit, page 387, la demeure des artistes auxquels on peut s'adresser pour avoir les Flacons portatifs et les Appareils de désinfection.

www.ingramcontent.com/pod-product-compliance
Ingram Content Group UK Ltd.
Pitfield, Milton Keynes, MK11 3LW, UK
UKHW020115130726
13696UKWH00001B/57